コツのコツ

自然農薬のつくり方と使い方

農文協 編

植物エキス
木酢エキス
発酵エキス

農文協

自然農薬で無農薬栽培

return to nature

自然農薬栽培のすすめ

自然農薬とは、主に身近な植物のエキスです。植物エキスには植物ホルモンやビタミン、ミネラル、酵素、各種有機酸など、さまざまな効能を持った成分が含まれています。薬でいえば漢方薬です。手軽に手作りでき、無農薬栽培ができます。

しかし、作り方や使い方を間違えると失敗します。どんな素材を選び、どのようにエキスを抽出し、どのくらいの濃度で、どのように散布するか、三人の実践家からコツのコツを教わりました。

木酢液にニンニクを浸け込んで、抗菌・害虫忌避効果を備えた木酢エキスのできあがり。

ウドンコ病を抑えるスギナエキスを散布。

自然農薬栽培のコツのコツ

その1 作物を健全に育てる

「有機無農薬栽培の野菜は、おいしいから病原菌や害虫も好むんだ」と思っている方がいますが、間違いです。病原菌や害虫は必ず弱った株から発生します。なぜかというと、健全に生育したおいしい作物は、虫を寄せ付けない匂いや忌避成分、病気にかからないための抗菌・殺菌成分など、病害虫に対抗する力も強いからです。自然農薬には、有機栄養が豊富に含まれているので、作物の健全生育を促します。

その2 作物と共生する葉面・根圏微生物を増やす

葉面や根の周りには無数の有用微生物が共生していて、植物から養分をもらう代わりに、拮抗作用によって病原菌の繁殖を抑え、作物を守っています。この有用微生物を増やしてやることが無農薬栽培のコツです。

自然農薬には、これら有用微生物のエサになるアミノ酸、ビタミン、ミネラル、ホルモン、酵素などが含まれていて、散布すると有用微生物が繁殖し病原菌を寄せ付けません。

同じ条件で定植したブロッコリーの苗。左の株は生育不良で害虫に食害されているが、隣の右株は健全で害虫被害もなし。

肥料過剰で肥満型生育のコマツナは、濃暗緑色で害虫の標的。

肥料をひかえめにしたコマツナは、さわやかグリーンで健全。

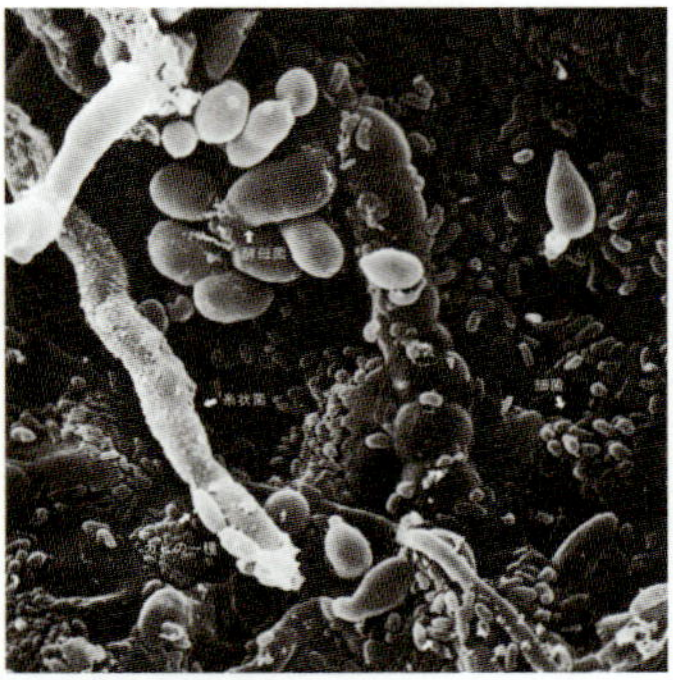

ミカンの葉面微生物。酵母菌や細菌、糸状菌など多様な微生物がいっぱい。（愛媛大学／白石雅也氏提供）

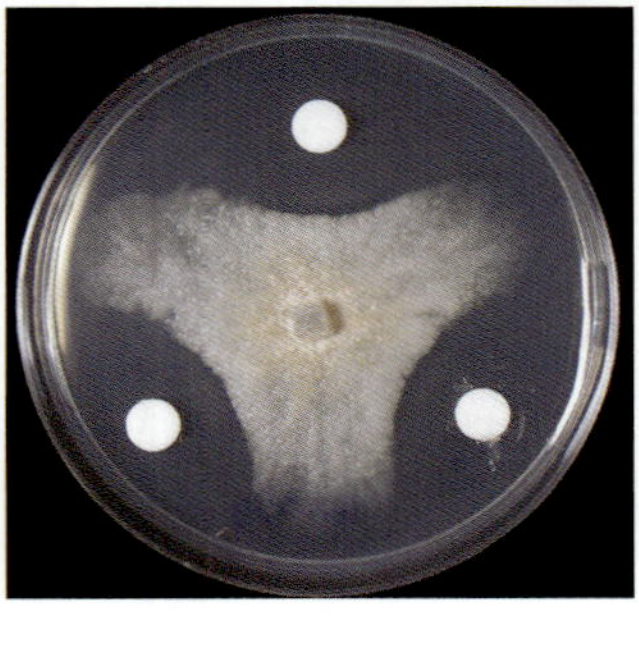

３つの円形のろ紙に共生微生物を染み込ませて置くと、中央に置いた灰色カビ病菌の繁殖が拮抗作用で抑えられる。（明星大学／篠山浩文氏提供）

その3 自然農薬による防除は二段構えで

作物の健全生育や、有用微生物の増殖を促す植物エキスを基本エキスと呼びます。基本エキスは週一回を目安に定期的に散布します。そして病害虫が発生しそうなときや発生初期に、ニンニクやトウガラシ、アセビなど病原菌や害虫に対する強い抗菌、殺虫成分を持っている植物のエキスを散布して殺菌・殺虫します。これを防除エキスと呼びます。防除エキスは病気や害虫別に、効く植物があるので、素材選びが肝心です。強い殺虫・殺菌成分もありますが、天然の植物成分は分解が早いので、三日もすれば無毒化します。

自然農薬による防除は、定期散布の基本エキスと、いざというときの防除エキスとの二段構えで散布することがコツです。

アセビの葉を煮出した防除エキス。強い殺虫効果があり、アブラムシをはじめ害虫全般に効果がある。

植物素材別に煮て、煮汁を散布前に混合して基本エキスと防除エキスに。

その4 抽出方法で違う自然農薬の作り方、使い方

抽出方法によって自然農薬は作り方、使い方が違います。福岡の白水さんは成分の異なるさまざまな植物を選んで、煮出し抽出を主体に、酢やアルコール（焼酎）に浸けて抽出しています。愛知の名木さんは樹木のエキスである木酢液と、いろいろな素材を木酢液に浸けて抽出した木酢エキスを使いこなしています。千葉県の高田さんは、砂糖浸けにして葉面微生物で発酵抽出させた発酵エキスで効果をあげています。

植物発酵エキスは植物エキスに葉面微生物が加わった、究極の基本エキスです。

いずれも誰でも手軽にできるおすすめ自然農薬です。

左から病気に効くニンニク木酢、ドクダミ木酢、害虫に効果のあるトウガラシ木酢。

砂糖の浸透圧で植物の細胞液を引き出し、葉面微生物が発酵させて作る植物発酵エキス。

基本エキスのおすすめ植物素材

どんな植物でも素材になりますが、定期散布で使用量が多いので、身近で入手しやすく、強い殺虫・殺菌成分を持っていないものがおすすめです。植物発酵エキスの高田さんは、できるだけその時期に作っている野菜を素材にしています。

以下は基本エキスに病害虫の忌避効果なども持たせた白水さんおすすめの、六種混合基本エキスの素材です。

ドクダミ
強烈な匂いで虫を寄せ付けず、抗菌効果もある基本エキスの定番素材。

クマザサ
栄養分や植物ホルモンが豊富で生育促進の効果が高い。抗菌効果もある。

オオバコ
茎葉エキスは生育促進効果があり、種子には抗菌効果がある。

スギ
マツと同様に新芽を利用。効果も同様で植物エキスの効果を長時間持続させる。

マツ
5月に伸びてくる、ヤニを多く含む新芽を利用。ヤニが展着剤となり、害虫の気門をふさいで殺虫する効果もある。

ヒノキ
茎葉には高い抗菌成分のヒノキチオールが含まれ、害虫忌避作用もある。

防除エキスのおすすめ素材

　防除エキスはニンニクやスギナなど、抗菌・殺菌作用を持っていて病気に効果のある素材と、トウガラシ、アセビ、クスノキなど殺虫・忌避作用を持っていて害虫に効果のある素材があります。

　毒性が強く殺虫効果が高いアセビやシキミなどのエキスは、マスクをつけて散布したほうが安心で、散布は収穫三日前までとします。素材の特徴を知って、安全に使うことが大切です。

病気に効果のあるもの

ナンテン
樹皮、葉、実に強い殺菌、抗菌作用のある成分を含む。病気に幅広く効く。

スギナ
荒地にも生える強靭な草で、生長促進効果とともに殺菌作用がある。ツクシにも殺菌作用がある。

ニンニク
強烈な害虫忌避効果のある匂いと、強力な殺菌作用がある成分を含み、自然農薬の病気予防の定番素材。

ユキノシタ
茎葉や実に強い殺虫・殺菌作用を持っていて害虫、病気両方に効く。

ビワ
葉にアミグダリンという抗菌・殺菌成分があり病気全般に効果がある。年間通して採れるので重宝。

害虫に効果のあるもの

ヨモギ
ヨモギやミントなどのハーブ類には害虫忌避効果がある。生育促進効果も高い。

トウガラシ
辛味成分が害虫防除に効果がある定番素材。成分は赤く熟する直前に一番高まる。抗菌作用もある。

キハダ
内側が黄色い樹皮の苦い成分に抗虫作用とともに抗菌作用もある。

クスノキ
タンスの防虫剤の樟脳。害虫全般に効果がある。ショウノウは水に溶けないので、葉を酢に浸けて抽出する。

アセビ
庭木としてよく植えられているが有毒植物。殺虫作用が強く、「馬酔木」と書くように、馬でも食べるとフラフラになる。

シキミ
仏事に用いる植物だが、強力な殺虫成分を持っている。実は植物で唯一劇物指定されており、安全散布に注意。

1 煮出す
鍋に素材を半分まで入れ、水を素材（写真は乾燥スギナ）がヒタヒタになるくらいに入れ、とろ火で 30 ～ 40 分煮出す。ドクダミなど匂いを残したいものは４～５分までとする。

2 こす
冷めてからサラシや木綿などでこす。最初から素材をストッキングなどに入れておくと、こす手間がはぶける。

3 完成
できあがったスギナエキス（右）。冷暗所で保存する。左はトウガラシのアルコール（焼酎）抽出エキス。

煮出し抽出

白水さんがもっとも用いている方法は素材の植物を煮出して、水に成分を抽出する方法です。アルコールや酢浸けによる抽出には一～二カ月以上かかりますが、煮出し抽出はわずか一時間くらいでできあがります。また鍋と水さえあればできるので経済的です。

ただし、水に溶けにくいテルペン類やアルカロイドなどの成分を含む素材は、アルコール抽出や酢抽出が向いています（三八ページ参照）。また、煮出して抽出した植物エキスの使用期限は二カ月くらいです。

アルコール・酢抽出

果実酒を作る焼酎に浸けるアルコール抽出、穀物酢や木酢液に浸ける酢抽出は、水に溶けにくいアルカロイド類やテルペン類を含む、クスノキやトウガラシ、アセビなどに向いています。じっくりと溶け出すので、一カ月以上かかりますが、何年でも保存ができます。アルコール抽出エキスは、使い方によっては葉がカサカサになることがあるので注意して使います。

酢には作物体内にたまった過剰な窒素成分を消化して、生育を健全化する働きもあります。

ニンニクの強力な抗菌成分アリシンは水に溶けにくいので食酢で抽出。

木酢液&木酢エキスの作り方、使い方

木酢液は炭窯から20～30ｍもの長い煙突を斜めに延ばし、煙（水蒸気）を冷やして採取する。半年間静置して不純物を分離、取り除いてから使う。

木酢液は炭焼きでできる樹木エキス

木酢液は炭焼きの際に出る煙（水蒸気）を冷やして回収した液体で、樹木の成分が濃縮された植物エキスです。有機酸やアルコール、フェノール類、ビタミンやミネラル、植物ホルモンなど二〇〇種類以上の成分を含み、それらの相乗効果によって多様な効果が生まれるのが木酢液です。

いろいろな市販の木酢液。

ワインレッド色で透明なものを選ぶ

いろいろな木酢液が市販されていますが、品質にばらつきがあり、選び方が重要です。値段は関係なく、色がワインレッドで透明なものを選びます。色が濁ったものや沈殿物があるようなものは避けましょう。

また、蒸留木酢液は、お風呂に入れたり肌につけたりする分にはよいですが、農業用には向きません。

中央２つのワインレッドで透明なものが良い。色が黄色で淡い蒸留木酢液は自然農薬としては向かない。

右から木酢液の原液（pH2.8）、20 倍（同 4.3）、100 倍（同 4.8）、500 倍（同 5.4）、1000 倍（同 5.8）。肉眼で、かすかでも色が識別できるようでは濃すぎる。

濃度によって変わる効果と使い方

木酢液は濃度、希釈倍率が肝心です。安全で効果のある木酢液の原液はpHが二・八〜三・二と強酸性で殺菌・殺虫力があり、一〇〇倍でも五・〇以下で殺菌作用があります。しかし、生育中の作物に一〇〇倍より濃いものを散布すると、作物は枯れてしまいます。作物に木酢液を散布する場合は、五〇〇倍以上が鉄則です。ただし土壌消毒する場合は、作付け前に二〇倍より濃いものを散布します。

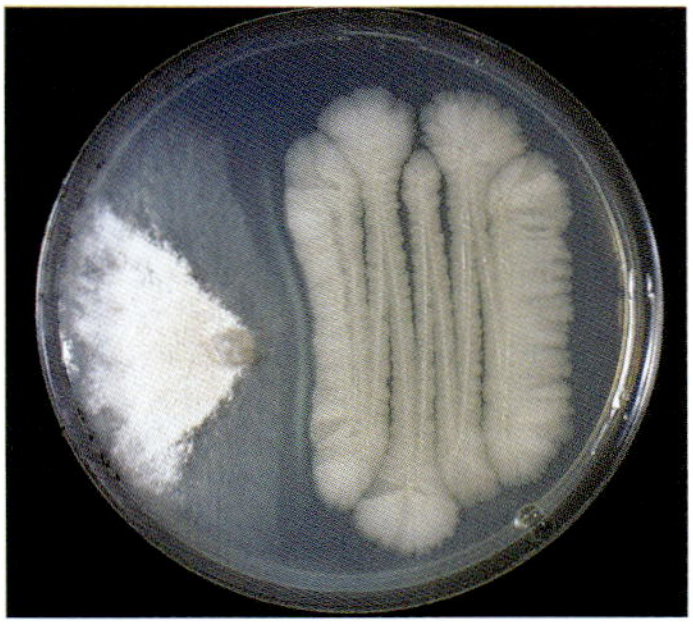

寒天培地に木酢液を散布したイチゴの生葉から分離した微生物を右に、灰色カビ病菌を左に置いた。葉面微生物が灰色カビ病菌の繁殖をかなり抑えている。（明星大学 / 篠山浩文氏提供）

五〇〇〜一〇〇〇倍液を定期散布

五〇〇倍以上に薄めると弱酸性となり、もはや殺菌力、殺虫力はありません。木酢液の散布によって病害虫被害が減るのは、五〇〇倍以上に薄めると木酢液の各種成分によって、作物自身が健全な生育をすることと、葉面・土壌中の有用微生物が増えるからです。

自然農薬の基本エキスとして週一回定期散布すると病害虫が減り、葉が厚くテリが出て、収穫物の日持ちや糖度が上がったりします。

500 〜 1000 倍木酢液を定期的に散布する。

土壌散布で根圏微生物を増やし土壌病害防止

作物の生育中に、一五日くらいおきに一〇〇〇～二〇〇〇倍の木酢液をかん水代わりにかけると、根と共生する根圏微生物が増え、根がよく張り生育が良くなるとともに、拮抗作用によって土壌病原菌の増殖を抑えます。

ジョウロで土壌にかけて土壌病原菌を抑える。

木酢液の散布で発酵菌がよく増殖したボカシ肥。夏ならば4日くらいで80℃まで温度が上がる。

堆肥やボカシ肥の発酵促進

有用微生物を増やす木酢液は、堆肥やボカシ肥などの発酵促進にも威力を発揮します。堆肥の積み込みや切り返しの際の水やりに三〇〇～六〇〇倍になるように木酢液を混ぜます。発熱が早く発酵が進み、悪臭が発生しなくなります。ただし、一〇〇倍より濃い濃度で散布すると、有用微生物の増殖を抑えてしまい、逆効果です。

抽出力を活かして作る木酢エキス

木酢液のもう一つの特徴は、優れた浸透力があることです。木酢液に植物エキスを混用すると、植物エキスが葉面からもよく吸収されます。

さらに原液は強酸性で、ものを溶かす力や抽出力も強いので、木酢液にさまざまな素材を浸け込めば木酢液の効果に加えて、植物活性や殺虫・抗菌効果を持った木酢エキスを一～二カ月で簡単に作ることができます。

基本エキスとして使う木酢エキス

シュワシュワ泡が立って、完全に溶けたら完成。散布すると葉が立ってくる。

アミノ酸とリン酸がたっぷり含まれた魚のアラを木酢液に浸けた基本エキス。樹勢回復、果実肥大や糖度アップ効果抜群。

カルシウム木酢
卵の殻（白）やカキ殻を木酢液に浸けたカルシウムたっぷりの木酢エキス。収穫２日前に散布すれば果実の着色、糖度がアップ。卵の殻に木酢液を注ぐとすぐに泡が立って溶け始める。

防除エキスとして使う木酢エキス

ヨモギ木酢
ヨモギやミントなどハーブを浸けた木酢エキス。ウドンコ病やベト病など病気に効果がある。香りで害虫忌避も。

ニンニク木酢
ウドンコ病やベト病に効果がある。トウガラシ木酢と混ぜると害虫にも効果がある。刻む、すりおろすなど必ず傷つけてから浸ける。

キトサン木酢
キトサン資材を木酢液に溶かして使う。散布すると放線菌が増えて拮抗作用で病原菌を抑える。土壌に散布する。

トウガラシ木酢
アブラムシやハダニなど害虫全般に効果があるが、殺虫よりは忌避の効果が強いようだ。発生が多いときは定期的に散布する。

早朝に茎葉エキスの材料を採取する高田さん。植物の採取は前日作った光合成養分が蓄積されている早朝、できれば陽が昇る直前に行なうのがベスト。病虫害が発生したものは避け、葉面微生物を活かすために洗うことは禁物。

植物発酵エキスの作り方、使い方

植物発酵エキスは葉面微生物が作る菌体有機栄養エキス

千葉県の高田さんは、発酵エキスの定期散布でイチゴなどの野菜の無農薬栽培を実践しています。

植物発酵エキスは、植物素材を砂糖浸けにして、砂糖水の浸透圧で植物エキス（細胞液）を抽出します。煮出し抽出や酢・アルコール・木酢液抽出の植物エキスには、微生物がいませんが、植物発酵エキスには素材に付着している微生物が砂糖や植物エキスをエサにして増殖して生きています。

さらに微生物の発酵分解、合成などの作用によりできた糖類、アミノ酸類や植物ホルモン、酵素、アルコール類など、他の植物エキスにはない有機栄養分が豊富に含まれています。植物発酵エキスは、まさに菌体有機栄養エキスです。

植物素材は散布する作物と同じものを

高田さんは、「発酵させる植物素材は身近などんな植物でもかまわないが、できるだけ散布する作物と同じ種類、また同じ生育段階のものが良い」といいます。共生している葉面微生物は、作物の種類によって違い、また必要とする栄養分も作物の生育段階によって違うからです。

たとえばトマトの葉面にはトマト、キュウリの葉面にはキュウリを好む共生微生物が住んでいて病原菌から作物を守っています。ですからトマト用の植物発酵エキスには、トマトを整枝したわき芽などを使うのです。

それが難しければ、ナス科にはナス科などなるべく近いものを選びます。

植物発酵エキスは究極の基本エキス

植物素材に抗菌・抗虫成分を多く含む植物をあえて使わない高田さんの発酵エキスには、殺虫・殺菌の効果はありません。しかし週に一度定期的に散布すると、作物に必要な栄養分補給され、活力の高い有用微生物が病原菌の増殖を抑えます。植物発酵エキスは究極の基本エキスです。

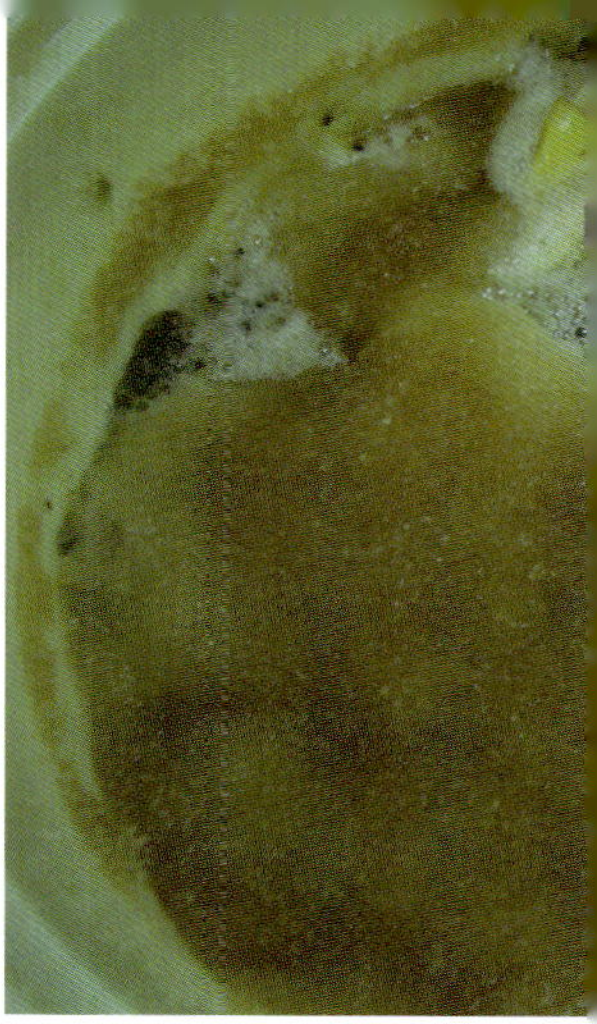

パイナップル、リンゴなどを細かく切って砂糖を混ぜて発酵させた果実発酵エキス。果実と共生する酵母菌などの微生物が増殖し、ブクブクと泡立つ。この発酵のピークが散布のタイミング。

生育段階に合わせ、茎葉エキス、花蕾エキス、果実エキスを使い分ける

茎葉が活発に伸びる時期には、茎葉や新芽を素材にした「茎葉エキス」、花芽ができる本葉が六枚開いて花芽ができるころには花や蕾を素材とした「花蕾エキス」、その後は「茎葉エキス」と、果実を素材とした「果実エキス」を交互に散布します。

左からカボチャの花で作った花蕾エキス、イチジクの実で作った果実エキス、トマトのわき芽で作った茎葉エキス。それぞれを生育ステージに合わせて使い分ける。

イチゴ栽培農家の高田さん。イチゴ用の果実エキスは出荷できないイチゴが素材。散布すると肥大も良くなり糖度も上がり、日持ちも抜群に良くなる。

茎葉エキスの作り方

1

４ℓの容器で作る場合、素材１kgに砂糖300gを用意。

2

素材を刻む（抽出しやすいよう表面積を増やす）。

3

砂糖の半分（150g）を素材と混ぜ合わせる。袋に入れて振れば簡単に混ざる。

4

容器に入れ、ギュッギュッと押し詰める。すきまがあるとエキスが出にくく雑菌も繁殖しやすい。

5

残りの砂糖を素材の上にフタをするように敷き詰め平らにならす。

6

フタは完全には閉めずに少しゆるめに開けておく（発酵中に二酸化炭素が発生）。直射日光の当たらない場所で保存。

7

３日後。プクプクと泡立ち、抽出エキスで素材が浮き上がる。この状態が散布のタイミング。すぐ使わない場合は冷蔵庫に入れ微生物の活動を止める。

8

常温で２カ月おいた状態。発酵は終わり、微生物は活動していない。散布のタイミングは過ぎているが、ビタミンやミネラルなどの有機栄養は豊富。

花蕾エキスの作り方

カボチャの花で作った花蕾エキス。水分が少なく砂糖では抽出できないので、焼酎でアルコール抽出をする。焼酎の色が茶褐色に変われば使える。

果実エキスの作り方

1

材料は購入くだものでも可。パイナップルやキウイは酵素の力が強くおすすめ。砂糖は素材の重さの半分を用意。

2

表面の共生微生物を活かすために素材は洗わないで、そのまま細かく切る。

3

切った素材と半分量の砂糖を混ぜ合わす容器にいったん入れる。

4

素材と砂糖をよく混ぜ合わせる。すぐに抽出が始まり甘い匂いが漂ってくる。

5

混ぜ終わって少し経つと、すでに表面に微生物が発する二酸化炭素の泡が浮いてくる。

6

仕込む容器に移す前に、容器を熱湯消毒。

7

保存用容器に移し、隙間がなくなるようにしっかりゲンコツで押し詰める。素材の量は容器の 2/3 以下にする。

8

しっかり押し詰めたら、上から残りの砂糖をフタのように詰め平らにならす。

9

ガスが抜けるように、中ぶたは開けておき、外ぶたもゆるめに閉める。和紙でフタをしておくだけでも良い。

10

仕込んで1週間後。抽出されたエキスに素材が浮き、散布適期の状態。

市販果実ジュースで作る果実エキス

① **材料**
市販の果汁100%ジュース、イースト菌（酵母菌）、ペットボトル

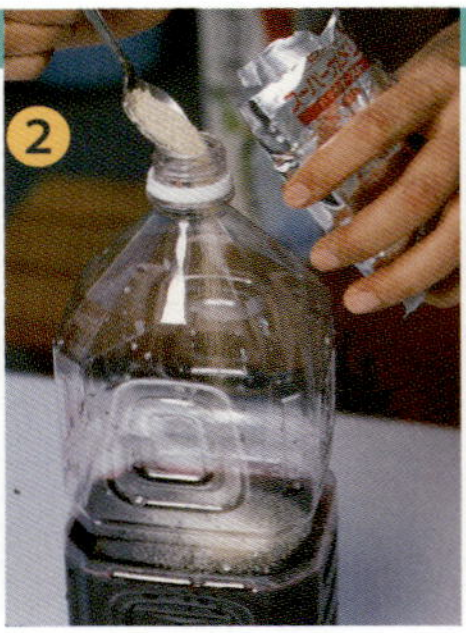

② ペットボトルの半分まで（1 ℓ）ジュースを入れ、ティースプーン１杯のドライイーストを加える。

③ 翌日。発酵が進んでペットボトルがパンパンに膨らんで、放置すると破裂する。ゆっくりキャップをゆるめる。

④ キャップをゆるめ、一気に泡が吹き出してきたら散布適期。飲んでも良い（写真は発酵の強いパイナップルジュースの果実エキス）。

そのほかの自然農薬

ポカリスエット
アミノ酸やミネラルなどを豊富に含み、散布後、乾くと葉面が瞬間的にアルカリ性に変わり、病原菌を殺菌。葉面微生物も増える。

① **乳酸菌エキス**
米のとぎ汁を暗所に置いておくと乳酸発酵して三層に分かれる。中層水が乳酸菌エキス。乳酸と乳酸菌で病原菌を抑える。

② 牛乳にヤクルト１本を入れると乳酸発酵して三層に分かれる。中層の乳酸菌エキスをこして散布。

海藻エキス
ミキサーで刻みトロトロに煮詰める（上）。サラシでこしたネバネバ液（下）をアブラムシなどに散布。気門をふさいで窒息させる。

牛乳
晴れた日の午前中、薄めずにアブラムシに散布（右）。乾くと牛乳の膜が気門をふさぎ、アブラムシが窒息死（左）。

草木灰
灰を葉面散布。強アルカリで、強い殺菌効果と害虫忌避効果がある。

まえがき

化学農薬を使わない、無農薬栽培への関心は家庭菜園だけでなく、プロの農家にも高まっています。しかし、無農薬ではどうしても虫や病気にやられてしまいます。そこで植物がもつ成分を、エキスとして利用する自然農薬が注目されています。一方で、「なかなかうまく効かず、あきらめた」という声も多く聞かれます。

本書では三人の実践家に自然農薬を効果的に効かせる使い方を教えてもらいました。そのポイントは、①健全に育てて、植物がもともと持っている病原菌や害虫への抵抗性を発揮させる、②作物の葉面や根に共生している微生物を増やして拮抗作用によって病原菌を抑える、③特定の植物が持つ殺虫、殺菌成分を抽出して散布し、病害虫を早めにたたく、の三つです。

自然農薬には、この三つの働きがあります。作物の健全生育と共生微生物の増加を支える自然農薬（基本エキス）を定期的に散布し、いざというときに病害虫への殺虫・殺菌効果をもつ自然農薬（防除エキス）を散布する、この二段構えの自然農薬防除で、無農薬栽培は誰にでもできます。

本書では自然農薬として利用の多い植物エキス、木酢エキス、植物発酵エキス、その他無農薬資材の効果的な使い方と素材の選び方を、イラストでわかりやすく紹介しました。どれも身の回りのものを使って簡単に作れ、特別な技術や資材は必要ありません。読んだらすぐに実践できるものばかりです。

平成二一年六月

農山漁村文化協会編集部

目次

口絵

自然農薬で無農薬栽培

自然農薬栽培のすすめ—1

自然農薬栽培のコツのコツ—2

植物素材の選び方と抽出方法—4

木酢液&木酢エキスの作り方、使い方—8

植物発酵エキスの作り方、使い方—12

まえがき—17

1章 植物エキス—植物の持つチカラを引き出して病害虫防除— 白水善照

1 **植物エキスによる防除の魅力** ㉔

①農薬と化学肥料が病害虫を増やす—24

②植物エキスは植物自身の成分を活かす—26

③植物が作り出す自然農薬の成分—28

④基本エキスと防除エキスの二段防除—32

2 **植物の採取と抽出方法** ㉞

①素材になる植物の採取—34

②煮出し抽出—36

③アルコール抽出—38

④酢抽出—39

3 **植物エキスの作り方・使い方の実際** ㊵

①基本エキスの作り方・使い方—40

基本エキスの素材になる主な植物…42

❶ドクダミ…42

❷オオバコ…42

❸クマザサ…43

❹ヒノキ…43

❺マツ…44

❻スギ…44

②防除エキスの作り方・使い方―45
病気に効く防除エキスの素材…47
❶ニンニク…47
❷スギナ…47
❸ナンテン…48
害虫に効く防除エキスの素材…50
❶トウガラシ…50
❷クスノキ…50
❸シキミ…51
❹アセビ…51

4 植物以外の自然農薬素材の使い方 52

❶米のとぎ汁…52
❷重曹…52
❸食酢…53
❹牛乳…54
❺海藻…54
❻クエン酸…55
❼コーヒー…56
❽ビール…56
❾草木灰…56
❿卵の殻やカキ殻…57

5 病害虫別の防除対策と効果のある植物エキス 58

①無農薬栽培で敵を知る―58
②病気別防除対策―59
糸状菌（カビ）による病気…59
❶ウドンコ病…59
❷灰色カビ病…60
❸ベト病…60
細菌による病気（軟腐病）…61
ウイルスによる病気（モザイク病）…61
③害虫別防除対策―62
❶アブラムシ…62
❷ダニ類（ハダニ、ホコリダニ）…63
❸ナメクジ…64
❹ヨトウムシ…65
❺ネキリムシ…65
❻アオムシ…66
❼ハモグリバエ…66

❽ネコブセンチュウ…67
❾アワノメイガ…68
❿カメムシ…68

2章 木酢液&木酢エキス—濃度によって、変化する多様な働きで病害虫防除— 名木酢太郎 70

1 木酢液を使いこなすコツのコツ 70

①木酢液はマルチ効果の樹木エキス—70
②木酢液は殺虫剤、殺菌剤ではない—72
③共生微生物のパワーで病原菌を撃退—74
④健全生育を促し、作物の抵抗性を強化—77
⑤効果が高い木酢液の土壌散布—79
⑥強い浸透力を活かした木酢エキスでパワーアップ—80
⑦安心して使える木酢液を選ぶ—82

2 木酢液の上手な使い方 85

①葉面散布は定期散布が基本—85
②土壌散布は濃度によって使い分け—87
③木酢液のそのほかの使い方—90

3 木酢エキスの作り方・使い方 91

①木酢液の強酸、抽出力、浸透力を活かした木酢エキス—91
②病気に効く木酢エキス—93
❶ニンニク木酢エキス…93
❷ビワの葉木酢エキス…94
❸ヨモギ・ハーブ木酢エキス…94
❹キトサン木酢エキス…95

③害虫に効く木酢エキス—96
❶トウガラシ木酢エキス…96
❷ドクダミ木酢エキス…97
❸ハッカ木酢…97
❹アセビ木酢エキス…98
❺クスノキ木酢エキス…98
❻ニーム木酢…99
④活力をつける木酢エキス—100
❶カルシウム木酢エキス（カキ殻・卵の殻）…100
❷アミノ木酢エキス（魚腸木酢）…101
❸海藻木酢エキス…102
❹ブドウ糖木酢エキス…102

3章 植物発酵エキス—葉面微生物を増やして病害虫防除—

高田幸雄

1 葉面微生物を増やして病害虫防除 104
①無農薬栽培の三原則「適期」「適土」「適肥」—104
②植物発酵エキスで葉面微生物のパワーアップ—107
③植物発酵エキスは茎葉エキス、花蕾エキス、果実エキスの三本立て—110
④四季の植物発酵エキスの材料—112
⑤植物発酵エキスをフォローする自然農薬—114

2 茎葉エキスの作り方・使い方 117
①材料の採取—117
②茎葉エキスの作り方—118
③茎葉エキスの保存法—122
④茎葉エキスの使い方—123

3 花蕾エキスの作り方・使い方 124

①生殖生長をスムーズに促す花蕾エキス―124
②材料の採取―125
③花蕾エキスの作り方（アルコール抽出法）―126
④花蕾エキスの使い方―127

4 果実エキスの作り方・使い方 128

①果実エキスは吸収しやすい総合栄養エキス―128
②果実エキスの材料の採取―129
③果実エキスの作り方―130
④果実エキスの使い方―133

5 そのほかの自然農薬の作り方・使い方 134

①おすすめのそのほかの自然農薬―134
②玄米酢の使い方―135
③焼酎の使い方―136
④海藻エキスの作り方・使い方―137
⑤乳酸菌エキスの作り方・使い方―138
⑥ポカリスエットと海水の使い方―139

索引…140

カコミ

月と農業…33
モグラには正露丸…68
草木灰はよく効く殺菌剤…95
世界の自然農薬…99
米ぬかの散布で増える微生物…116
砂糖が多すぎても失敗…121

[協力]

イラスト●
大中　洋子

写真撮影●
赤松　富仁
小倉　かよ
宇佐美卓哉
倉持　正実
篠山　浩文
白石　雅也
畠田　義雄

DTP制作●
條　克己

1章 植物エキス

植物の持つチカラを引き出して病害虫防除

白水善照

植物エキスによる防除の魅力

〈農薬で病虫害は減らない〉

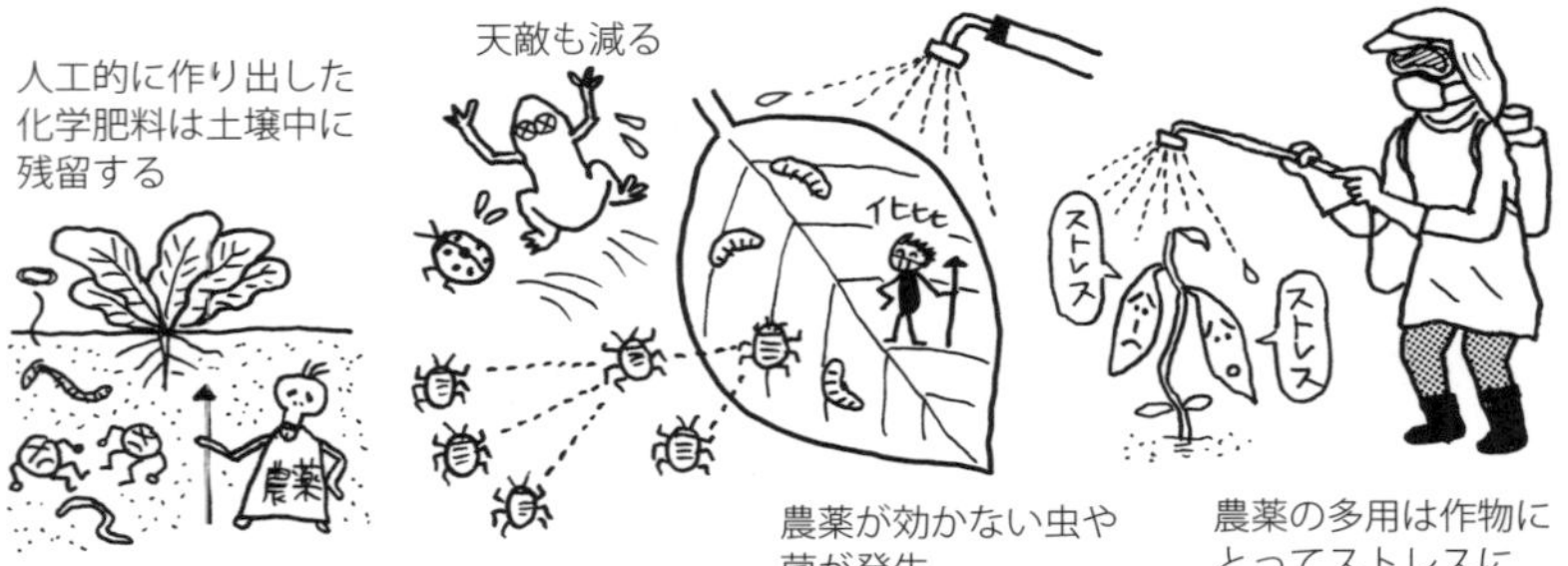
人工的に作り出した
化学肥料は土壌中に
残留する
農薬
天敵も減る
イヒヒヒ
ストレス
ストレス

ミミズや有用微生物も減って、土が死んでしまう

害虫によっては農薬散布によって産卵数が増えることがある

農薬が効かない虫や菌が発生
その子供はやはり抵抗性を持っている

農薬の多用は作物にとってストレスに
病害虫に対する抵抗性が下がってしまう

1 農薬と化学肥料が病害虫を増やす

農薬はストレスに、化学肥料は肥満体質に

私は福岡県宮若市でブドウを主体にさまざまな野菜を作って直売所で販売しています。お客さんにも自分の家族にも、なるべく安全でおいしい作物を食べてほしいという想いから、植物エキスを使って無農薬栽培に取り組んでいます。

二十歳で農業を始めましたが、当時は一生懸命に良いものを作ろう！ たくさんとろう！ と化学農薬も化学肥料もバンバン使っていました。しかしいくら農薬をまいても病気が出るし、いくら肥料をふっても収量は増えませんでした。

私は化学農薬によって病気や害虫を減らせると考えていたのですが、今思えばそれは全くの逆でした。農薬の多用によって作物には大きなストレスがかかっていて、逆に病気や害虫に対する抵抗力を失っていたのです。それどころか化学農薬を繰り返し使うと、病害虫のほうは慣れて抵抗力を持ってしまいます。効いていた農薬が効かなくなって、ますます使用量を増やしたり効果の強い農薬を使ったりすることになりました。

それから化学肥料もいっぱいやれば作物が大きく元気になると思っていましたが、それも間違っていました。作物が化学肥料、特に窒素成分を吸い過ぎると体ばかりがヒョロヒョロと大き

〈化学肥料の多用で肥満体質に〉

窒素過多の作物は軟弱に
育ち、病害虫に弱くなる
しめしめ弱そうだ
ヒョロヒョロ
害虫は窒素過剰で色の濃くなった作物に集まる
オッこの匂いは!
オッあの色は!!
モンシロチョウは
キャベツの揮発成分
に集まってくるが、
その揮発量は窒素が
多いほど増す
プワ〜
満腹だ〜
ムシャムシャ
イヒヒヒ
オッ入りやすそうだ
大きくなってくれ
化学肥料

くなり、体内にたまった窒素で色も濃くなり、ある種の匂いを発するようになります。病気や害虫はそういった作物の色と匂いに引き寄せられて、好んでとりつきます。

一生懸命農薬をかければかけるほど、肥料をまけばまくほど作物は病害虫の被害に遭いやすくなってしまうのです。

植物エキスで安心安全な作物栽培に

そうして作られた作物は安全性についても非常に不安です。化学農薬は人間が人工的に作りだしたもので、なかなか分解されず作物や土壌中に残ってしまいます。それから化学肥料を長く使っていると土がコンクリートのように固くなってきます。そんな畑で育った野菜が本当に安全なのでしょうか。私はアトピーなどのアレルギーと農薬や化学肥料とは無関係ではないと思います。

私は農家として、本当に安心安全な作物を作りたいと考えて二〇年ほど前に植物エキスを使った無農薬栽培に取り組み始めました。きっかけは古賀綱行さんが書かれた『野菜の自然流栽培』と『自然農薬で防ぐ病気と害虫』でした。それまで使っていた農薬や化学肥料を減らして植物エキスを使うようになりましたが、作物がだんだん変わってきて病気や害虫の発生は確実に減りました。

今では野菜栽培に農薬は使いません。定期的に植物エキスを散布して、病害虫が目立って発生した場合には防除用の植物エキスを使って対応しています。これから私が使っている植物エキスについて紹介していこうと思います。

いまも試行錯誤を続けている最中ですが、農薬を使いたくない、という人が、無農薬で野菜を作る助けになれば幸いです。

〈植物エキスは漢方薬〉

さまざまな成分が複合的に効いて、
病害虫を防ぎながら作物自体の
抵抗力もアップ!!
近よれない～
入れない～
ミミズも元気！
煮たり
ニンニク
ヨモギ
ドクダミ
クマザサ
ヒノキ
アセビ
クスノキ
殺虫成分も化学農薬のように
長く残留しない
酢や焼酎に浸したりして、成分を抽出
殺虫成分を抽出して、害虫防除に使う
人間の健康にもいい

2 植物エキスは植物自身の成分を活かす

植物エキスは漢方薬

植物エキスは植物が持っているさまざまな成分を抽出して使う天然の資材です。すべての植物には共通して生長に必要なビタミンやミネラル、植物ホルモンが含まれています。またある種の植物には固有の殺虫、殺菌成分が含まれています。用途に合わせてそれぞれを抽出して散布するのが植物エキスです。

中国から伝わった医術に漢方があります。漢方薬は風邪に効く成分、胃腸に良い成分等々人間の健康に効果のある植物を研究して作られました。私は植物エキスを作物の漢方薬だと考えています。植物には薬になるものもあれば毒になるものもあり、薬になるものは作物に、毒になるものは病害虫に使うのです。

化学農薬を西洋医学の薬とするならば植物エキスは東洋医学の薬といってもいいかもしれません。自然由来の資材ですので化学農薬のように長く残留することはありませんし、さまざまな成分が複合的に作用して効くので病害虫が抵抗力を持つようなこともありません。また殺虫、殺菌だけでなく、ビタミンやミネラルなど作物の生育を活性化させる成分や、微生物を増やすような成分も同時に含まれていて、病害虫を防ぎながら作物自体の体質改善を促し抵抗力をつけていくことができます。

身の回りにあるものが材料になる

植物エキスに利用する植物はすべて身の回りにある植物です。野山や畑、川辺で集めることのできる植物の中からビタミンやミネラルなどの成分を多

〈材料は身の回りにあるもの〉

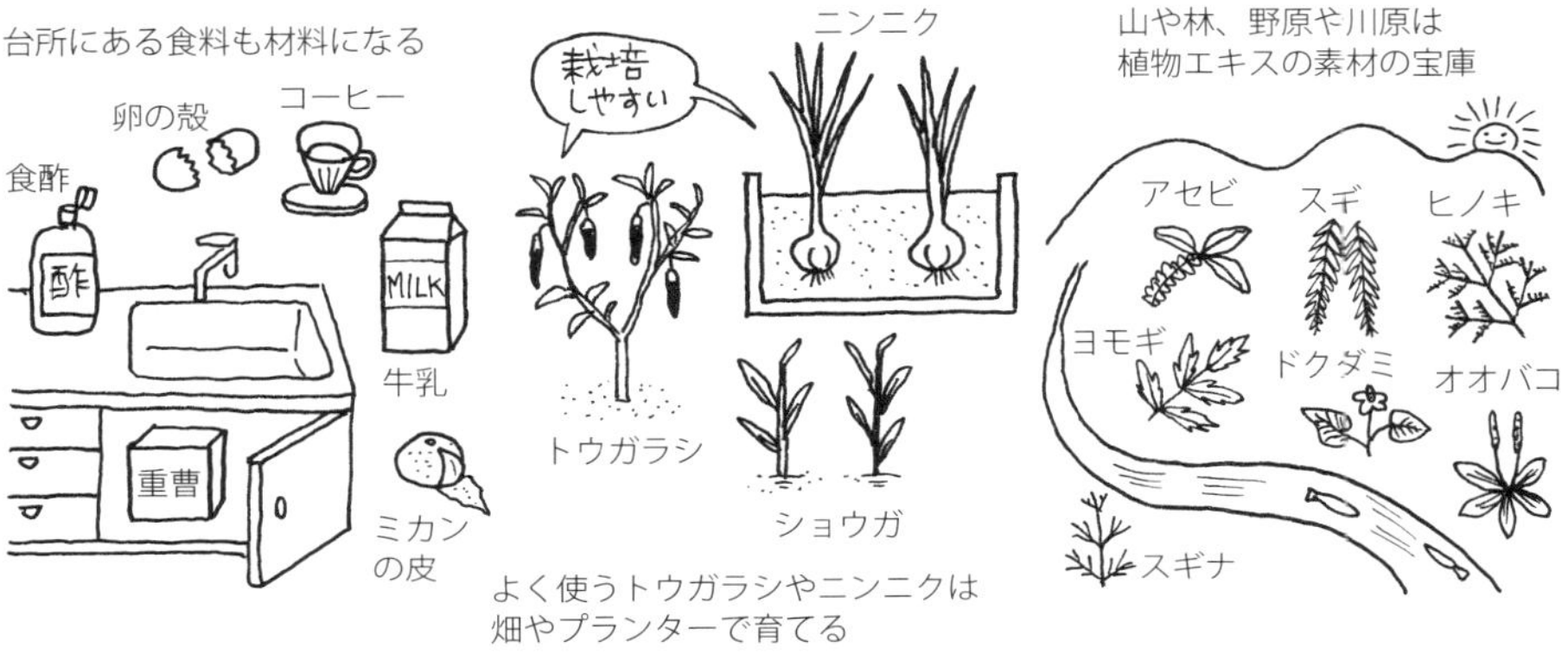
台所にある食料も材料になる
卵の殻
コーヒー
食酢
酢
MILK
牛乳
重曹
ミカンの皮
栽培しやすい
トウガラシ
ニンニク
ショウガ
よく使うトウガラシやニンニクは畑やプランターで育てる
山や林、野原や川原は植物エキスの素材の宝庫
アセビ
スギ
ヒノキ
ヨモギ
ドクダミ
オオバコ
スギナ

く含んだもの、強い匂いや毒性の成分を持つものを選んで、成分を抽出して使用します。

野山で採れる代表的な材料はドクダミやヨモギ、オオバコ、アセビなどです。雑草と思われているような植物が植物エキスの材料としては非常に有効なのです。またヒノキやクスノキ、スギなどの樹木類も利用します。畑で育てて植物エキスの材料にしている植物もあります。トウガラシやニンニクなど畑で育てて使っている植物もあります。

その他、牛乳やコーヒーがアブラムシなどの害虫退治に役立ったり、卵の殻や食酢が作物の健康的な生育に役立ったり、植物以外にも身近なもので病害虫防除に利用できる素材はいっぱいあります。

植物エキスの素材は身近にあるものでどれも手作りできてお金もかかりません。これが使えるか、あれが使えるかとアイデアしだいでいろいろ工夫できるのも楽しみのひとつです。

三つの抽出方法

私がやっている植物成分の抽出方法は、大きく分けて①煮出し抽出、②アルコール抽出、③酢抽出、の三つです。次に紹介するように植物の成分によって抽出方法を変えています。

メインとなるのは煮出し抽出です。アルコール抽出と酢抽出は時間がかかるのと、アルコール抽出したエキスは使う際に気を使うのが理由です。煮出し抽出はアルコールなどが必要なく経済的なのも大きな理由です。なので急いでいるときなどは、アルコール抽出に向いている素材も煮出ししてしまいます。

その代わりアルコール、酢抽出と違い煮出して抽出したエキスは長期間の保存が効かず、一度に作る量はだいたい二カ月間に使う分としています。

〈植物が持つ自然治癒力と天然の武器〉

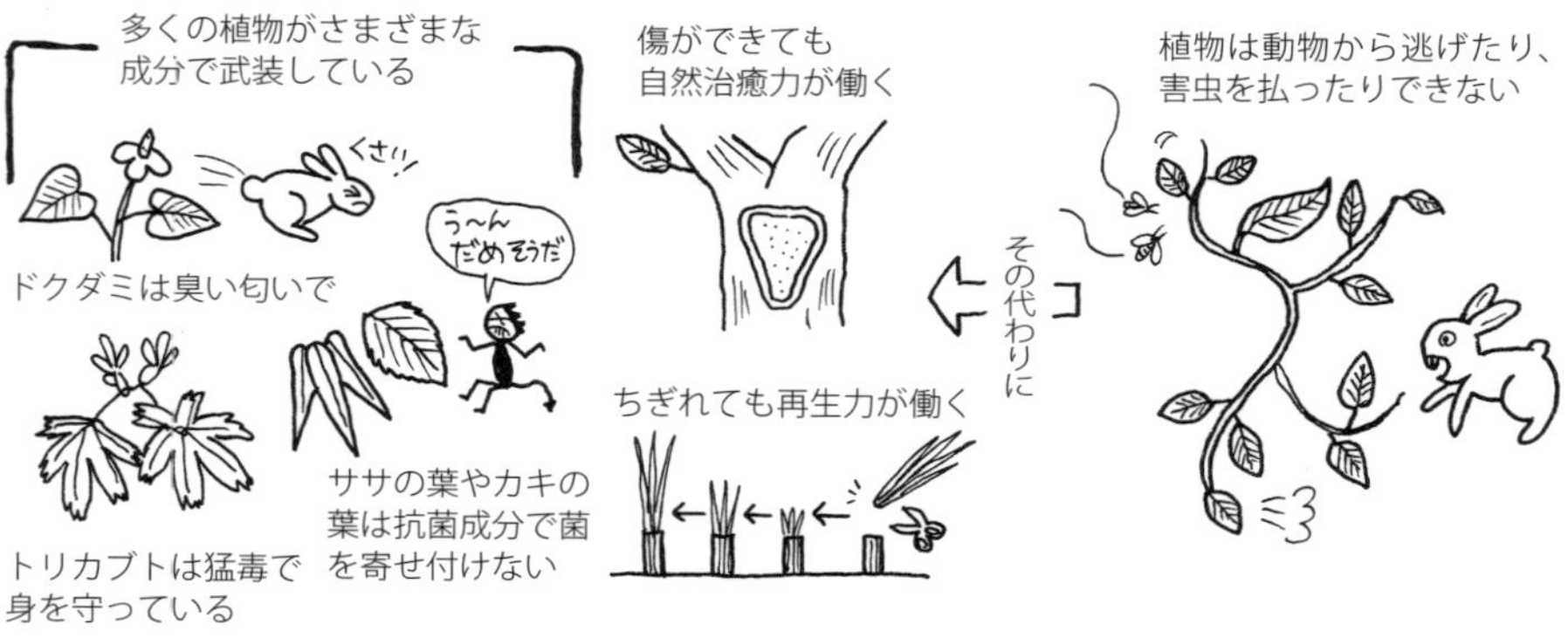
多くの植物がさまざまな成分で武装している
くさ!!
う〜ん だめそうだ
ドクダミは臭い匂いで
トリカブトは猛毒で身を守っている
ササの葉やカキの葉は抗菌成分で菌を寄せ付けない
傷ができても自然治癒力が働く
ちぎれても再生力が働く
その代わりに
植物は動物から逃げたり、害虫を払ったりできない

3 植物が作り出す自然農薬の成分

植物が持っている自然治癒力と天然の武器

植物は人間と違って動けないので虫から逃げたり、手で払いのけたりすることはできません。また病気予防に薬を飲むこともできませんが、いったい植物はどのように自分の身を守っているのでしょうか。

もともと植物には自然治癒力があります。傷ついた樹木がかさぶた（カルス）を作っているのを見たことがありませんか？　各種ビタミンやアミノ酸、生長ホルモンは植物の体調を整える働きがあります。ヨモギやオオバコなどの漢方薬として利用されている植物には、それらの成分が多く含まれているので特に人間に利用されるようになったのだと思います。

そしてじつは多くの植物が体内で病害虫に対するさまざまな成分を作りだして武装しているのです。虫を寄せ付けない匂いの成分、害虫がかじれば痺れてしまうような毒成分、病原菌をやっつける抗菌成分などです。たとえばドクダミの匂いは獣や虫を寄せ付けないように、ジャガイモの芽が毒を持っているのはかじられないためです。またカキの葉やササの葉で寿司を包むのは、これらに強い抗菌作用があるからです。身の回りの植物はその多くがさまざまな化学兵器を装備して身を守っているのです。なかにはトリカブトのように非常に強力な武器を装備しているものもあります。

植物の持つ成分の分類と特徴

植物が作り出す成分（代謝物）についてもう少し詳しく紹介すると、成分には大きく分けて二種類あります。ア

〈アルカロイド〉

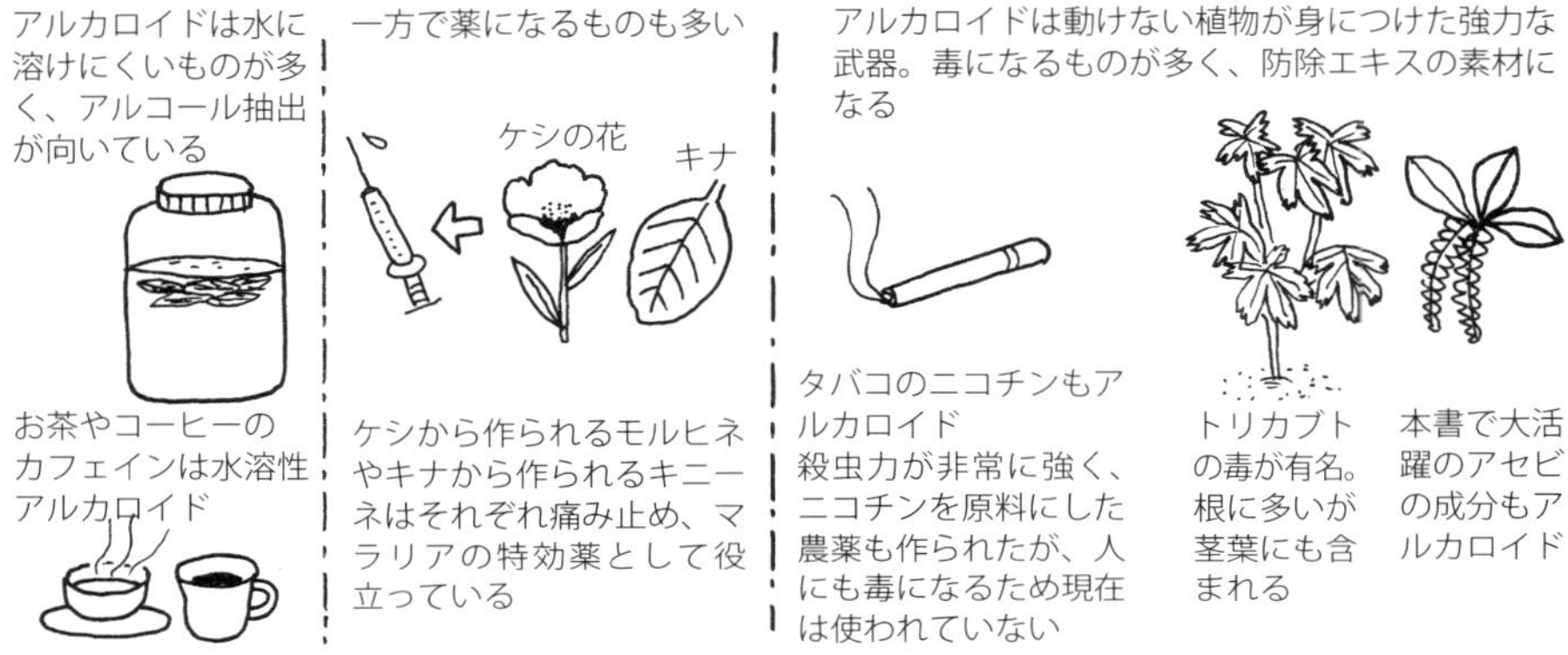
アルカロイドは水に溶けにくいものが多く、アルコール抽出が向いている
お茶やコーヒーのカフェインは水溶性アルカロイド
一方で薬になるものも多い
ケシの花
キナ
ケシから作られるモルヒネやキナから作られるキニーネはそれぞれ痛み止め、マラリアの特効薬として役立っている
アルカロイドは動けない植物が身につけた強力な武器。毒になるものが多く、防除エキスの素材になる
タバコのニコチンもアルカロイド
殺虫力が非常に強く、ニコチンを原料にした農薬も作られたが、人にも毒になるため現在は使われていない
トリカブトの毒が有名。根に多いが茎葉にも含まれる
本書で大活躍のアセビの成分もアルカロイド

ミノ酸やタンパク質、ビタミン、ホルモンなど生物に共通して必要で生命維持に欠かせない一次代謝物と、有毒成分や抗菌成分、芳香成分など特定の植物やそのグループにだけ存在する固有の二次代謝物です。

　一次代謝物は植物の自然治癒力の源で、動物も植物も持っていますが、二次代謝物は動物にはなく植物のみが作り出す成分です。動けない植物が外敵から身を守るために身につけたと考えられています。

　自然農薬は、植物の一次代謝物を作物に活力をつける基本エキスとして、二次代謝物を殺菌・殺虫する防除エキスとして利用する資材です。

　防除エキスの成分を大まかに分類して紹介します。専門家ではないので私なりの分類と理解です。成分の特徴を知ることは植物エキスとして抽出する際に役立ちます。成分によっては、水に溶けやすい、アルコールに溶けやすいなど特徴があるからです。

①アルカロイド

　有毒植物といわれる植物の毒成分のほとんどがアルカロイドです。強力な殺虫や殺菌成分が多く、防除エキスの主役となる成分です。代表的なものにはタバコのニコチン、トリカブトのアコニチン、トウラガラシのカプサイシン、ジャガイモの芽に含まれるソラニンなどがあります。コーヒーのカフェインもアルカロイドの一種です。

　一方、ケシから抽出されるモルヒネは麻酔薬として、キナという植物の樹皮から抽出されるキニーネはマラリアの薬として現在でも利用があるなど、薬としての利用が多いのも特徴のひとつです。まさに毒と薬は紙一重ということがわかります。

　アルカロイドは水に溶けにくいものが多く、アルコールや酢による抽出が向いています。

〈フェノール類〉

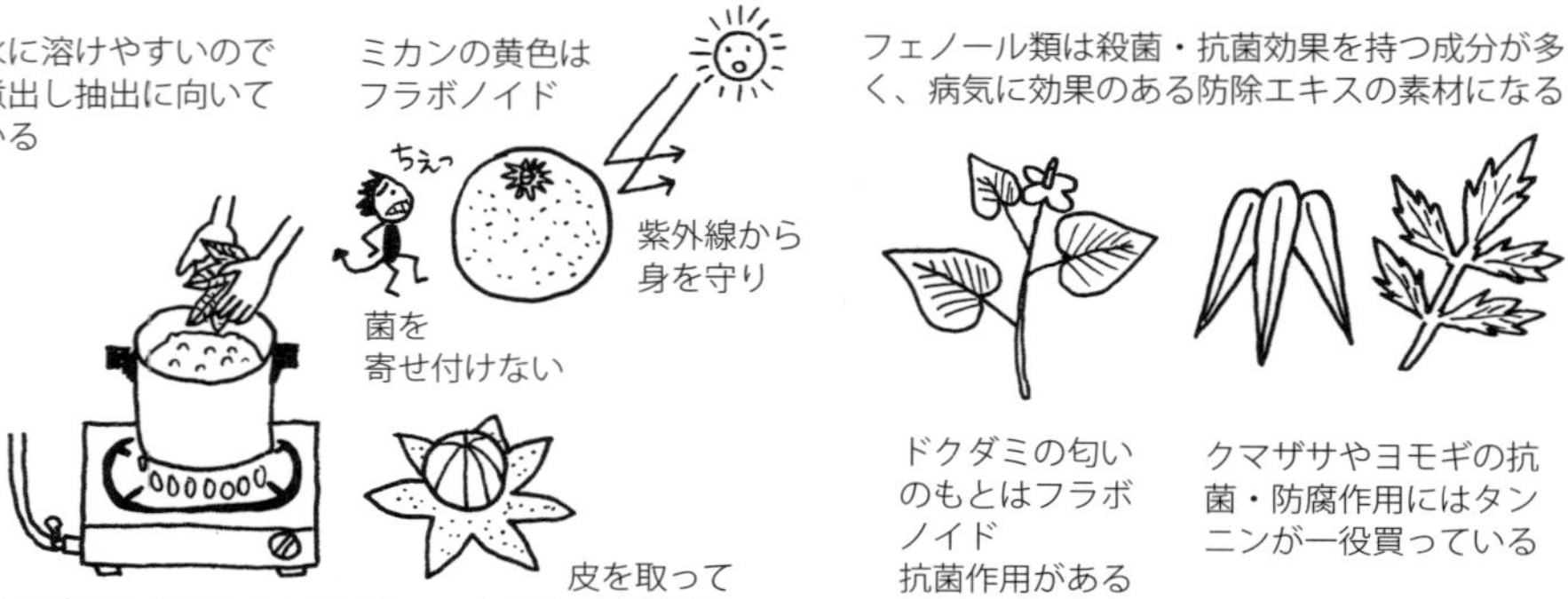
皮を取っておけば自然農薬に使える
ドクダミなど匂いを大事にしたいときは長時間煮詰めない
クマザサやヨモギの抗菌・防腐作用にはタンニンが一役買っている

②フェノール類

植物の非常に多くの植物に含まれます。代表的なものにはタンニンやフラボノイドなどの、ポリフェノールがあります。私たちが食べる食物にも多くの種類が含まれ、身体に良いと進められている成分です。

フラボノイドの「フラボ」とはラテン語で黄色を意味します。柑橘類など多くの植物が有毒な紫外線から守るために身につけました。抗菌作用が強く病原性を持つ糸状菌、ピシウム菌他さまざまな菌やウイルスに効果があります。またピーマンの葉に含まれるポリフェノール配糖体はハモグリバエ類に産卵阻害活性を持っていて、被害を抑えています。

フェノール類は水溶性のものが多いので、煮出し方法での抽出が向いています。

③テルペン類

多くの植物に精油として存在している、揮発性の香りの成分です。代表的なものにミントに含まれるメントールや、柑橘類の香りのもとであるリモネンなどがあります。

テルペン類はフィトンチッドとも呼ばれ、殺菌や鎮静などの作用によって健康にも効果があることから、ヒノキやスギの森では森林浴も盛んに行なわれています。どちらかといえばさわやかな香りが特徴です。

殺菌だけでなく害虫忌避効果も高くナフタリンとしてタンスの防虫剤に使われたクスノキのショウノウ（樟脳）もこの仲間です。

テルペン類は油ですのでヒノキやスギ、マツなど、火をつけるとパチパチよく燃えます。水には溶けにくいのでアルコール抽出が向いています。

〈テルペン類〉

テルペン類は油なので水には溶けにくいので
アルコール抽出が向いている
ホワイトリカー
焼酎
35度
ミントの葉など
マツヤニもテルペン類の物質
油なのでよく燃える
パチパチ
森林浴で味わう香りの成分で
フィトンチッドと呼ばれる
スギやヒノキの森に漂う揮発性の成分
多くの植物の精油の成分
殺菌・抗菌・害虫忌避の働きがある
ミントなどのさわやかな香りが特徴
タンスの防虫剤に使われるクスノキのショウノウもテルペン類

〈硫黄化合物〉

虫にとってもかなりの刺激
こりゃかなわん
殺菌効果も非常に高い
ニンニクは酢に浸けても強烈な匂い
抽出は必ず刻んだりすったりして傷つけてから
からい～
ツーン
人にとっても強い刺激物質
もともとは植物が自分を守るために身につけた
ワサビもニンニクも、切ったりすりおろしたりすると匂いを発し辛くなる
ニンニクやニラなどユリ科の独特の匂いの成分
ダイコンやワサビなどアブラナ科の辛味成分も硫黄化合物
ニンニクやニラの匂いは虫を寄せ付けない
抗菌作用も強い
ワサビの辛味成分の抗菌作用は有名

④硫黄化合物

ニンニクやタマネギ、ニラやワケギなどには独特の匂いがあります。あの匂いのもとが硫黄化合物です。また、アブラナ科のダイコンやワサビの独特の辛味を生み出すイソチオシアネートもこの仲間です。ともに強い抗菌、害虫忌避効果があります。

これらの作物を切ったり傷をつけたりすると、強い匂いを発します。たとえばニンニクに含まれる成分のアリインは植物体内では無臭ですが、傷ついて細胞が壊れるとアリシンという物質に変わってあの独特の匂いを発します。

このような特徴があるので自然農薬として使用する際には、効果を高めるために事前に刻んだり、すりおろしたりしてから使うようにすることがポイントです。

〈基本エキスと防除エキス〉

防除エキスは殺虫・殺菌成分を含み、いざというときの防除に使う
アセビ
ニンニクなど
トウガラシ
抗菌や殺虫・忌避の成分を含む植物
いざというときは防除エキスで抑える
ちょっとやそっとの病害虫には負けないぞ!!
これらのエキスを混ぜて定期的に散布
基本エキスは作物の生育を健全化、病害虫への抵抗性を高める働き
ドクダミ
オオバコ
クマザサなど
・大量に手に入る
・毒性がなく、栄養成分や植物ホルモンが豊富なもの

4 基本エキスと防除エキスの二段防除

基本エキスは植物活性効果

自然農薬の防除は、「基本エキス」と「防除エキス」の二段構えによってはじめて効果を発揮します。栄養成分が多い基本エキスは植物に活力をつけ抵抗性を高めるために定期的に散布します。殺虫、殺菌力のある「防除エキス」は病害虫の発生初期や発生しそうなときに、その病害虫に効くものを選んで散布して防除します。

基本エキスの材料となる植物はオオバコ、ドクダミ、クマザサ、ヒノキの葉などです。身近で手に入りやすい素材の中から、毒性がなく、ビタミンやミネラル、植物生長ホルモンが豊富で、なおかつ病害虫忌避効果の高いものを選んでいます。自然農薬による防除はこの基本エキスの一週間おきの定期散布が基本となります。

基本エキスに含まれるビタミンやミネラル、植物ホルモンなどが作物の健全な生育を促して病害虫に対する抵抗力をつけます。また匂いの強いドクダミなどの効果によって害虫に対する忌避効果もあります。クマザサは抗菌作用も期待できます。週に一度の基本エキスの定期散布によって、ちょっとやそっとでは病害虫に負けない作物に育てることができるのです。

防除エキスは殺虫・殺菌効果

基本エキスの定期散布で病害虫の被害は確実に減るのですが、それでも相手は自然です。天候の悪化や周囲の環境によっては病害虫が発生します。どうしても発生してしまう病害虫に対しては、発生動向に応じて防除エキスをピンポイントで使って対処します。

防除エキスとは、害虫に対する殺虫

〈基本エキスと防除エキスの二段防除〉

基本エキスを週一度定期散布すれば病害虫の発生は減る
どうしても発生してしまう病害虫は防除エキスで抑える

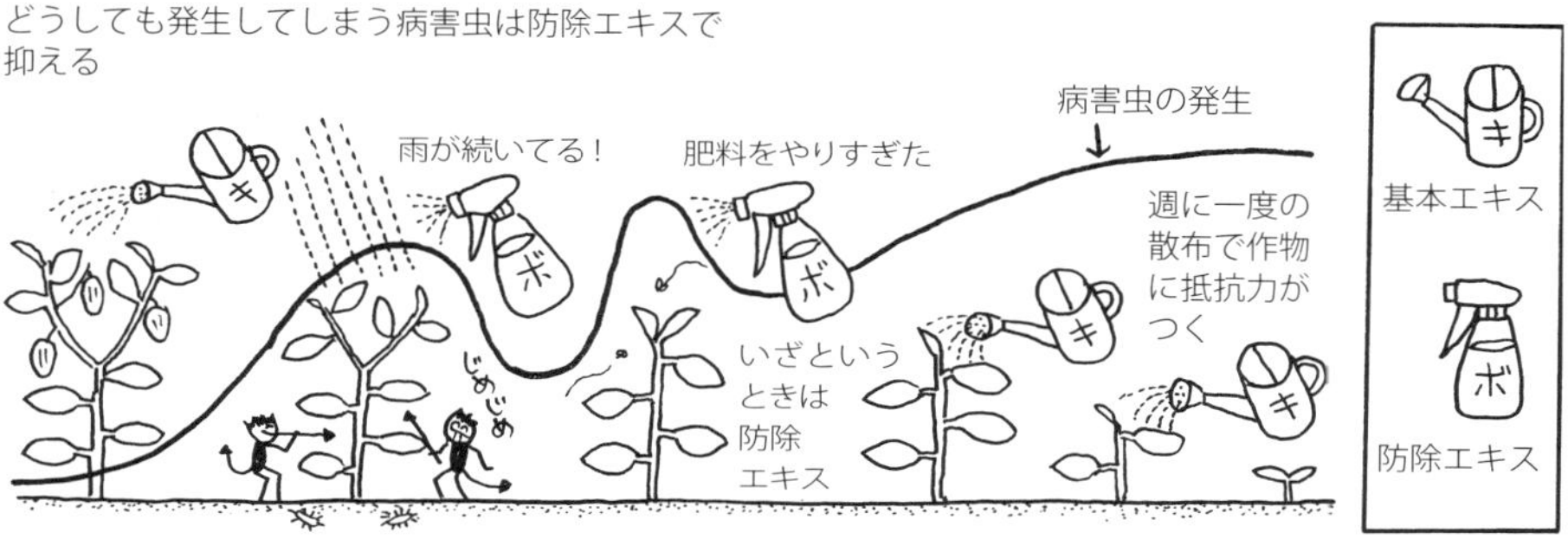

雨が続いてる！
肥料をやりすぎた
病害虫の発生
週に一度の散布で作物に抵抗力がつく
いざというときは防除エキス
じめじめ
キ
ボ
基本エキス
防除エキス

成分や病原菌に対する殺菌・抗菌成分を含んだ植物エキスです。材料にはアセビやクスノキ、シキミ、ナンテンなど病害虫に対する防除・予防の成分を含んだ植物を利用します。

　基本エキスで抵抗性をつけて、いざというときは防除エキスでピンポイント防除を行なう、この二段防除が植物エキスで病害虫防除を行なう基本のキです。防除エキスは、化学農薬のようにピシャリと効いて害虫（天敵などの益虫も）を全滅！　なんてことはできませんが、基本エキスで抵抗性をつけておいて、害虫の発生動向をよく観察して使えば充分効果があります。

　植物由来で分解が早いとはいえ、防除エキスには強い殺虫・殺菌効果を含むものがあります。アセビ、シキミなど人体に対してまったく無害とは言い切れないものもありますので、素材によってはマスクの着用が必要です。また収穫前三日間の散布は避けます。

月と農業

月の満ち欠けに合わせた防除で効率良く害虫を抑える方法があります。

　実は虫の産卵は満月に行なわれることが多いことがわかっています。これは虫に限らず、沖縄のサンゴや人間にも同じ事がいえます。地球が影響を受ける、月の引力は太陽の引力の二倍。月と地球の動植物の生命の営みには切っても切れない関係があるのでしょう。

　結論を先にいえば防除は満月の三日後に行なえば一番高い効果が得られます。虫は満月の三日前に交尾し、満月に産卵、その卵がふ化するのは三日後です。卵に守られては効かない成分も、ふ化したての一齢幼虫にはてきめんです。新月も虫の活動が活発になるので、満月と新月の大潮に合わせた散布で防除の効果は変わってきます。

　防除以外にも「播種は満月、定植は新月」など月と農業にまつわる言い伝えは多くあります。

植物の採取と抽出方法

〈植物採取のタイミング〉

❶植物の採取は花が咲く時期に、なるべく早朝に採る

❷根の採取は地下部が枯れる直前に

❸花の採取は開花直前から満開まで

❹幹皮を採るのは5～6月

❺種子は成熟直前、落下前に

成分は開花直前がもっとも高い
1日の中では朝

枯れる前に養分を根にため込む

しぼむと花の成分は落ちてしまう

皮がはがれやすくなる

オオバコは種子にフラボノイドを含み抗菌作用が

1 素材になる植物の採取

植物採取はタイミングが大事

採取の時期は植物によって違います。地域によっても大きく差があるので、四一ページ以降の表を参考に事前に調べてください。採取のタイミングのポイントは次の通りです。

①成分は開花期にもっとも高まる

植物の成分は花の咲いている時期がもっとも高まります。葉、全草を採取する場合は、花の咲いている時期、時間は早朝から朝一〇時くらいまでに採取します。これは花粉が飛び散る前に採取するためです。花粉が飛び散ってしまうと、その植物の持っている成分は著しく減ってしまいます。

②根の採取は地上部が枯れる直前に

根を採取する場合はその植物の地上部が枯れる直前が、もっとも根に貯蔵養分が多い時期です。地上部の様子を見て判断します。

③花の採取は開花直前から

花を採取する場合は、開花直前から満開期が採取に適しています。花が咲き終わると成分が落ちて効能がなくなってしまいます。注意してください。

④幹皮は五～六月に

キハダやヒノキなど樹木の幹皮を採取する場合は、皮がはぎやすくなる五～六月ころに採取します。

〈植物採取の注意点〉

❶マナーを守って

植物の採取は事前の確認が必要な場合も

❷ゴム手袋を持って行く

素手で触れるとかぶれるものも

❸毒草は気をつけて扱う

キツネノボタンとヨモギ

など毒草と見分けにくいものもあるので注意

❹早めの抽出

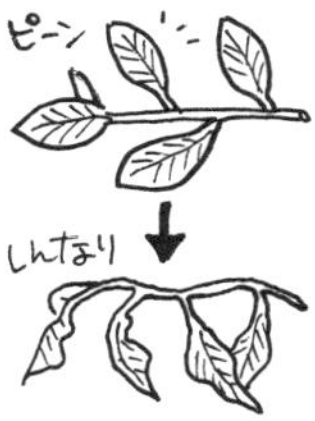

生で使う植物は早く処理しないと成分が飛んでしまう

⑤種子の採取は成熟直前に

種子を採取する場合は、種子が完全に成熟すると落下してしまうものが多いので、成熟する少し前に摘み取り、吊るして干して完熟させます。

植物採集の注意点

①植物採取はマナーを守って

植物採集は必要な分だけにするなどマナーを守りましょう。植物採取をする場所は、事前に誰の土地か確認が必要です。公園の植物も基本的に勝手に切って持って帰ることはできません。トラブルにならないようにしましょう。

②ゴム手袋を持っていく

植物採集には必ずゴム手袋を持って行きます。主に防除エキスの素材ですが、アセビやシキミなど触るとかぶれるような植物はゴム手袋をつけて扱います。ドクダミなど匂いが強いものも手袋をつけたほうがいいでしょう。

③毒草は気をつけて扱う

毒草の扱いには気を使います。へたに素手で扱うと手がかぶれたり、痒くなったりします。毒草は花の色や汁液の色で見分けます。

私の経験上、植物の花が赤色や黄色、または黒っぽいもので毒々しい感じの植物は要注意です。たとえばマムシグサ、クサノオウ、ヒガンバナなどです。茎や葉を折って白い汁や黄色い汁が出るものも要注意です。タケニグサ、クサノオウなどがそうです。

④早めに抽出作業をする

植物は採取後、早めに抽出作業をします。一晩おくと植物が持つ効能成分が落ちてしまいます。乾燥させて保存する場合も、蒸れてカビが生えないように持ち帰ったら早めに広げる、吊るすなどして乾燥させます。

〈煮出し抽出〉

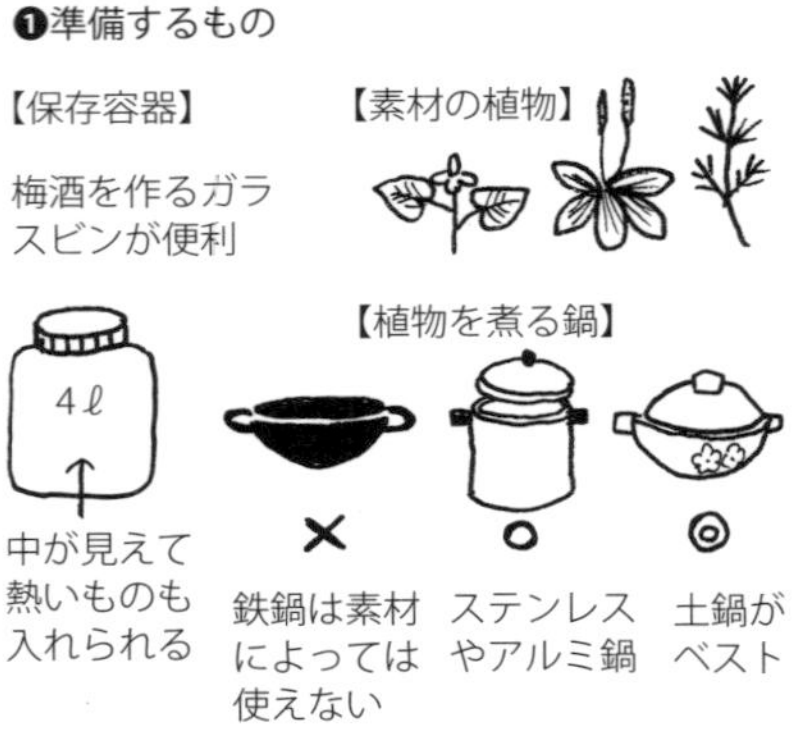
❶準備するもの
【保存容器】
梅酒を作るガラスビンが便利
4ℓ
中が見えて熱いものも入れられる
【素材の植物】
【植物を煮る鍋】
×
鉄鍋は素材によっては使えない
○
ステンレスやアルミ鍋
◎
土鍋がベスト

煮出し抽出は植物を採ったその日のうちに作ってその日に使える。お金もかからない
その日のうちに散布できる
煮出して
植物を採って
作物によくなじむ気がする
アルコール酢による抽出は１カ月くらいかかる

2 煮出し抽出

煮出し抽出は材料を煮て水に成分を抽出する方法です。私が一番頻繁に行なう抽出方法で、水溶性（親水性）の成分の有機酸、アミノ酸、糖類、ミネラル類等々、さまざまな成分を一気に、効率良く抽出することができます。

アルコールや酢による抽出は数週間から数カ月かかりますが、煮出し抽出はその日のうちにできあがるので、急いでいるときはこの方法が一番です。素材以外に特別必要なものがなく経済的なのも魅力的です。

前述したように、植物が持つ成分にはそれぞれ特徴があり、水に溶けにくいものもあります。しかし水に溶けにくい成分は、煮出し抽出では効果はないのかというと、そうではありません。なにより、今まさに散布が必要、というときに植物エキスがなければ、アルコールや酢による抽出のように一カ月も待つわけにいきません。

水に溶けにくく、アルコールや酢抽出のほうが向いている成分でも、私は煮出し抽出によって散布する場合が多くあります。もちろん前もって準備できる場合は別です。

①準備するもの

素材の植物と水、煮出す鍋、保存用の容器を用意します。素材と水の割合は素材ごとに違います。私が一度に作るのはどのエキスの場合も四ℓくらいです。一〇aの畑に週に一度定期的に使っても、これでだいたい二カ月分になります。

鍋は土鍋が一番良いのですが、なければアルミやステンレスの鍋を使用します。私は一〇ℓのステンレス鍋を植物エキスの煮出し専用の鍋にしています。キランソウやセンダンなど植物素

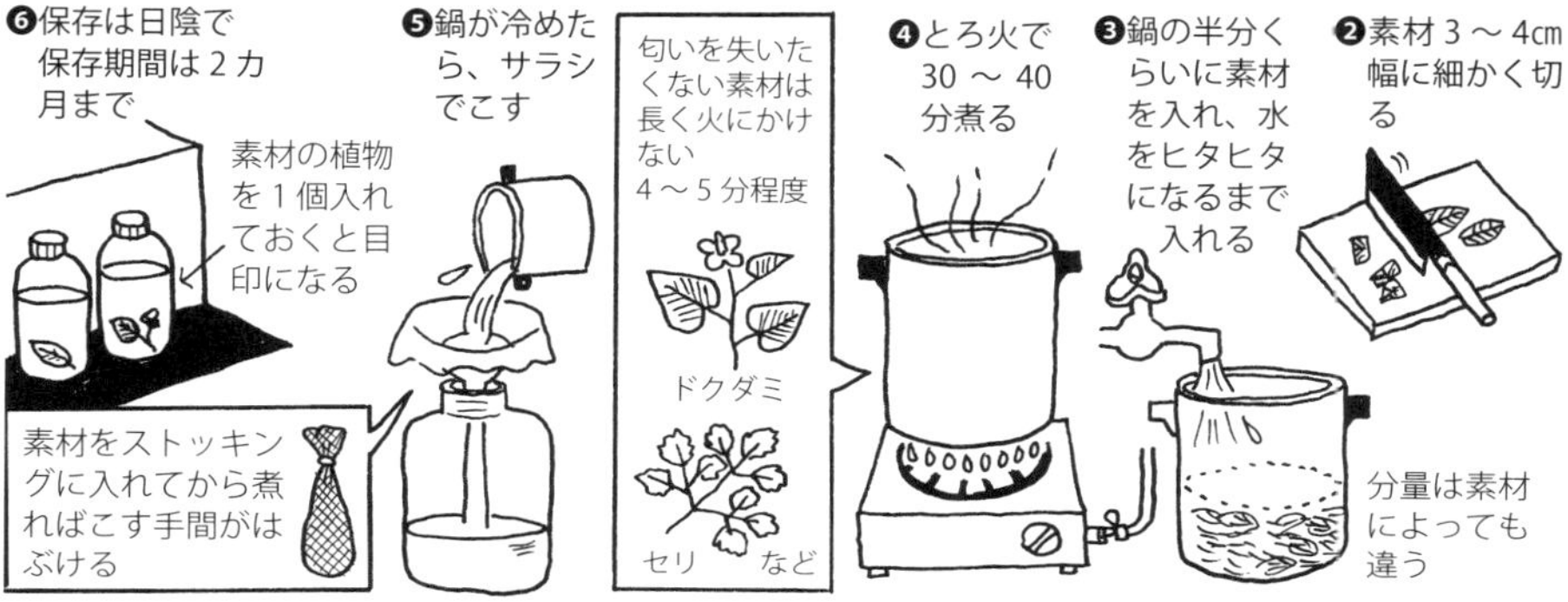
❷素材3〜4㎝幅に細かく切る
❸鍋の半分くらいに素材を入れ、水をヒタヒタになるまで入れる
分量は素材によっても違う
❹とろ火で30〜40分煮る
匂いを失いたくない素材は長く火にかけない
4〜5分程度
ドクダミ
セリ　など
❺鍋が冷めたら、サラシでこす
❻保存は日陰で保存期間は2カ月まで
素材の植物を1個入れておくと目印になる
素材をストッキングに入れてから煮ればこす手間がはぶける

材の成分にタンニンを含む場合は鉄製の鍋が使えません。タンニンと鉄は結びついて成分が変わってしまい、エキスの効果が落ちてしまいます。

保存用の容器には四ℓ入る広口のガラスビンに入れて保存しています。透明なので中身が見えるのと、煮出して多少熱い状態でも移せます。

②煮出し抽出の方法

素材を鍋に入れてとろ火で三〇〜四〇分煮込みます。素材と水の分量は素材によっても違うのですが、基本的なやり方は、素材を細かく切ってから一〇ℓの鍋半分くらいまで入れ、水をヒタヒタにして煮込みます。素材はストッキングに入れておくと、こす手間がはぶけます。

芳香成分を引き出したい素材（ドクダミ、セリなど）を煮出す場合は、芳香成分が揮発してエキスの効果が失われてしまうので長時間火にかけられません。加熱は四〜五分までとします。

また、数種の素材をいっしょにして煮出して成分が混合すると、効果が高まる場合と、落ちてしまう場合があるようなので、植物エキスの抽出は素材ごとに行なうようにしています。散布時には混ぜて使う場合も、抽出と保存は別々に行ないます。

③保存の方法

鍋が冷めたら布（サラシ）でこして保存します。その際にそのエキスの素材を目印に入れておくと、中身が一目でわかります。保存期間はだいたい二カ月までです。あまり長く保存すると腐る場合があり、腐ったエキスは葉面散布に使えません。ガラスビンは直射日光が当たらない場所に保管します。

④煮出しエキスの使い方

煮出しエキスの希釈倍率は素材によってさまざまです。

〈アルコール抽出〉

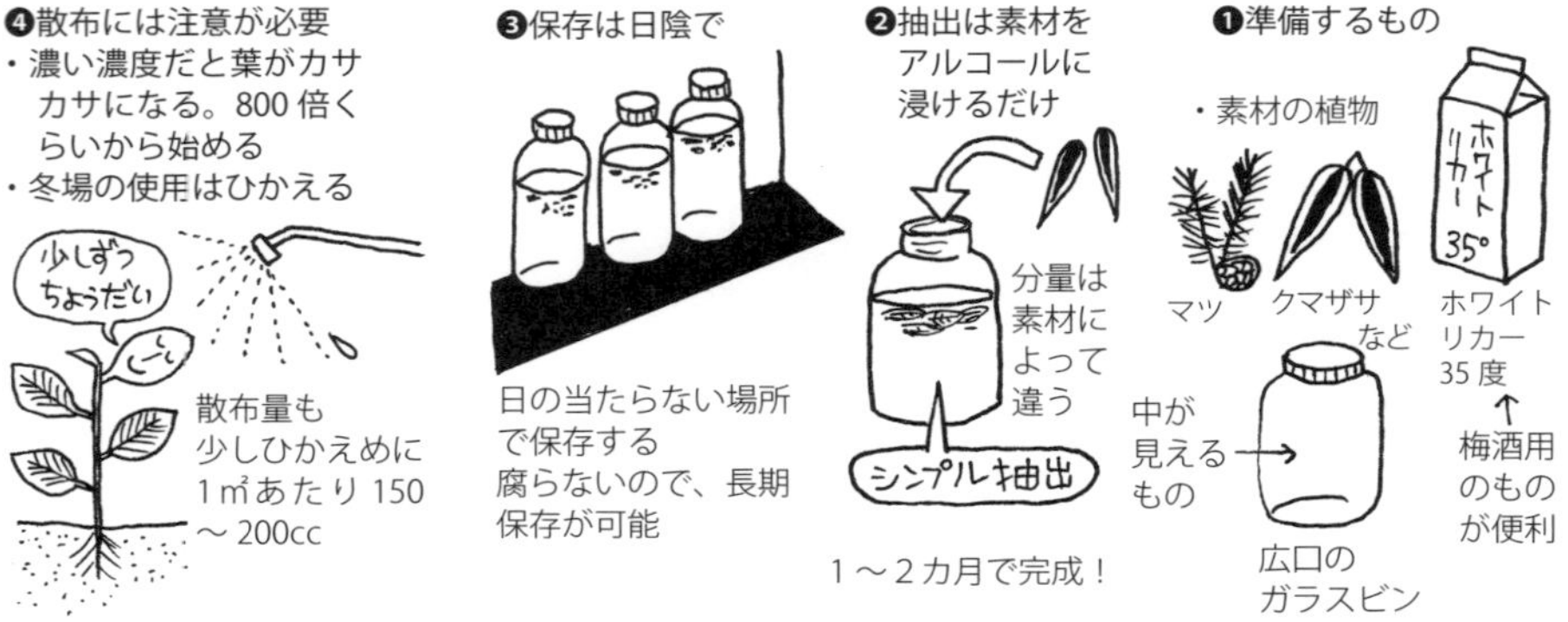
❶準備するもの
・素材の植物
マツ
クマザサ
など
ホワイトリカー
ホワイトリカー35度
35°
梅酒用のものが便利
中が見えるもの
広口のガラスビン
❷抽出は素材をアルコールに浸けるだけ
分量は素材によって違う
シンプル抽出
1～2カ月で完成！
❸保存は日陰で
日の当たらない場所で保存する
腐らないので、長期保存が可能
❹散布には注意が必要
・濃い濃度だと葉がカサカサになる。800倍くらいから始める
・冬場の使用はひかえる
少しずつちょうだい
散布量も少しひかえめに1㎡あたり150～200cc

3 アルコール抽出

焼酎（ホワイトリカーなど）などアルコール類に素材を浸け込んでエキスを抽出する方法です。アルカロイドやテルペン類の抽出に向いています。

①準備するもの

素材と焼酎などのアルコール、容器を揃えます。私は梅酒に使う価格の安いホワイトリカー（三五度）を使っていますので、本書でのアルコール抽出で使っているのはホワイトリカーです。容器は四ℓ入るガラスビンを使います。

②アルコール抽出の方法

素材をアルコールに浸けるだけです。分量は素材によって違います。浸け込み期間は約一～二カ月です。アルコールに有効成分が溶け出すので浸ける期間は長いほど良いと思います。

③保存の方法

アルコール抽出した植物エキスは、腐らないので保存がききます。直射日光の当たらない場所に保管します。

④アルコール抽出エキスの使い方

アルコール類は濃い濃度で散布したり連用したりすると葉がカサカサになります。五〇〇倍前後で散布するエキスも、最初は八〇〇倍から始め、少しずつ濃くするとよいでしょう。一回の散布量は一㎡あたり一五〇～二〇〇ccくらいにして、ドブドブこぼれるほど散布はしません。

また冬場など植物の蒸散量が減る時期の散布も葉がカサカサになりやすいので注意が必要です。冬場は煮出しか酢抽出のエキスを使います。

〈酢抽出〉

❶準備するもの
・素材の植物
ニンニク
クスノキの葉
など
・酢はいろいろ使える
穀物酢
玄米酢
リンゴ酢
穀物酢
玄米酢
果実酢
木酢液
クエン酸液
木酢液
・広口ビン
梅酒を
作る
ガラス
ビン
安い合成酒や鉄製容器
は使えない
❷抽出は素材を酢に
浸けるだけ
分量は
素材に
よって
違う
1カ月くらい
で完成
❸保存は日陰で
腐らない
ので長期
保存が
可能
❹散布の際の希釈は素材
によって
違う

4 酢抽出

穀物酢や木酢液など酢類にエキスを抽出する方法です。アルカロイドを含む植物のエキス抽出に向いています。

酢には過剰窒素を消化して、作物を引き締める効果もあります。酢抽出したエキスには、植物の成分による生育活性効果、病害虫防除と、酢の引き締め効果によって作物が健全に生育する、このダブルの効果があります。

①準備するもの

素材となる植物、酢、容器を準備します。酢は穀物酢、米酢、木酢液、クエン酸などです。私は一升四〇〇円くらいの安い穀物酢を使っています。安くても合成酒は使いません。容器はやはり四ℓ入るガラスビンです。

酢抽出する場合、鉄製の容器は使えません。酸によってエキスに鉄が溶け出してしまうので注意してください。

②酢抽出の方法

酢抽出も素材を酢に浸けるだけです。浸け込み期間は一カ月くらいです。酢抽出の場合も浸け込み期間は長ければ長いほど良いようです。

③保存の方法

酢抽出の植物エキスも腐らないのでいつまでも保存がききます。直射日光の当たらない場所に保管します。

④酢抽出エキスの使い方

酢抽出エキスの希釈倍率は素材によってさまざまです。

植物エキスの作り方・使い方の実際

〈基本エキスの定期散布で病害虫を抑える〉

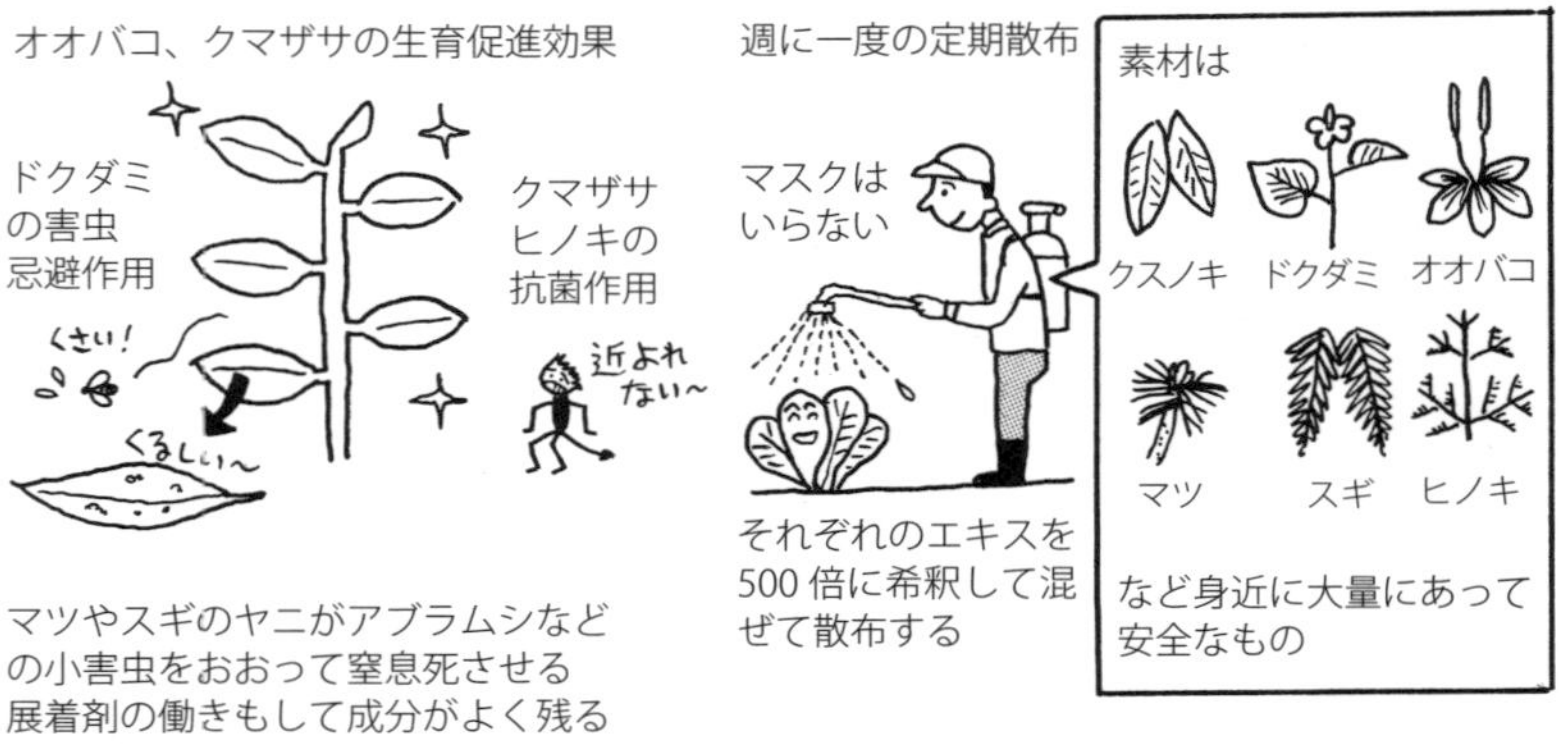

オオバコ、クマザサの生育促進効果
ドクダミの害虫忌避作用
クマザサ ヒノキの抗菌作用
くさい!
くるしい〜
近よれない〜
週に一度の定期散布
マスクはいらない
素材は
クスノキ

それぞれのエキスを500倍に希釈して混ぜて散布する
など身近に大量にあって安全なもの
マツやスギのヤニがアブラムシなどの小害虫をおおって窒息死させる
展着剤の働きもして成分がよく残る

1 基本エキスの作り方・使い方

定期散布で病害虫の発生しない生育に

自然農薬による病害虫防除は、基本エキスの定期散布が前提になります。定期的に使うので、素材の植物は身近にあって大量に手に入り、安全性の高いものを使います。表を参考に自分の地域や季節に合わせて選べば良いと思います。

私が素材として使っているのはドクダミ、オオバコ、クマザサ、ヒノキ、マツ、スギなどです。ドクダミは匂いが虫よけに、オオバコは植物活性を高め、クマザサは作物の新陳代謝を高めます。ヒノキは抗菌力に優れ、マツ、スギは油分が膜となって害虫を物理的に窒息させる効果と展着剤効果があります。これらを混ぜて定期散布することで生育促進と病害虫にかかりにくい作物にすることができます。

散布はそれぞれのエキスを、五〇〇倍前後を目安に希釈して混ぜて散布します。

一〇ℓの希釈液を作る場合は、水一〇ℓに基本エキスをそれぞれ二〇㏄ずつ加えます。散布は植物が日光を浴びて盛んに活動を始める早朝散布が基本です。一回の散布量は一〇㎡あたり三ℓです。安全性が高いものなので散布にマスクは必要ありません。

先にも述べたように、基本エキスは上記以外にもさまざまあります。地域や季節に合わせて自分に合ったものを探してください。

[四季の基本エキス一覧]

植物名	特徴、別名など	成分	採取	抽出	煮出し	焼酎	使い方
アシタバ	セリ科の多年草。「明日草」夜摘んでも翌朝には葉が出ている、といわれるほどの生命力。害虫忌避効果、抗菌、植物活性効果	フェノール類（ルテオリン）	春から夏にかけて若芽、若葉を摘み採り、水洗いしてから細かくちぎる。2〜3日陰干ししてよく乾燥させて保存	煮出し抽出 乾燥させたものは水1ℓに200〜300g入れて煮出す 生葉を同じ要領で煮出してもよい	○		600倍で散布
アマチャヅル	ウリ科のつる性植物。葉をなめると甘いことから名がつく。展着剤効果。抗菌作用	テルペン類（サポニン）	生の茎、葉を利用する	煮出し抽出 オオバコ（42ページ）と同様	○		500倍で散布
カワラヨモギ	キク科の多年草。漢方では茵蔯蒿（インチンコウ）。生育促進効果、カビ類に予防、抑制作用	テルペン類（カピリン）	開花時期に採取して乾燥させる	4ℓに100g加えて煮出すもしくはホワイトリカー1.8ℓに100g入れて1カ月	○	○	煮出しは500倍 焼酎抽出は800倍
タ　ケ	イネ科植物。抗菌作用がある。竹水（タケを1.5mで切って採る）は生育促進。タケの葉はクマザサと同じ。タケノコには抗菌作用と、生育促進効果。姫皮には新陳代謝促進効果。竹瀝（タケに火をつけて水につっこんだもの）は植物エキスの希釈に使う	フェノール類、アスパラギンサンなど、植物ホルモンが豊富	春〜初夏に採取	タケノコはアルコール抽出 姫皮や葉は煮出し抽出。方法はオオバコと同様	○	○	竹水は300倍 姫皮や葉は500倍
ナ ズ ナ	アブラナ科の一年草。春の七草のひとつ。生育活性効果。ある程度の殺虫効果もあると思うが、期待は薄い	酵素、各種ミネラル類、植物ホルモン各種が豊富	早春〜秋、開花の時期に若葉と根を採取。古い葉は除いて洗い、乾燥後、細かく切って保存する。生のままでも使える	煮出し抽出。オオバコと同様	○		300倍で散布
ヨ モ ギ	キク科の多年草。豊富な薬理成分を持っていて作物の新陳代謝を高める効果。アレロパシー物質も豊富で病原菌抑制効果も	フェノール類、テルペン類、各種ビタミンなど	茎、葉は6〜7月に新芽を採取する。古い葉は使わない。乾燥させて保存できる	アルコール抽出 葉500gを刻んで糖蜜100ccを加えた焼酎1.8ℓに半年以上浸けて熟成させる		○	500倍で散布

〈オオバコ〉　生理活性、生育促進効果
オオバコも漢方で用いられる

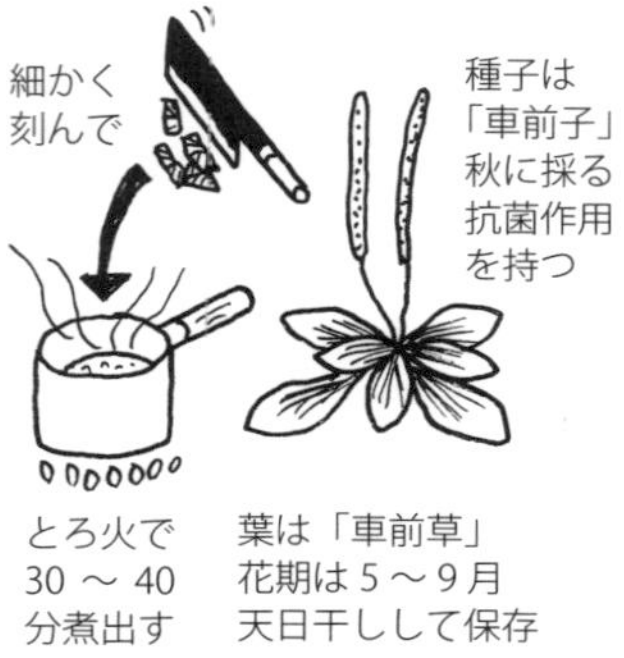
細かく
刻んで
種子は
「車前子」
秋に採る
抗菌作用
を持つ
とろ火で
30 〜 40
分煮出す
葉は「車前草」
花期は 5 〜 9 月
天日干しして保存

〈ドクダミ〉　生育促進と抗菌効果、臭いによる害虫忌避の効果
ドクダミは漢方でも「十薬」として重宝される

500 倍に希釈して他の
基本エキスと混合散布
株元にドクダミ
マルチして
ヨトウムシ、
ネキリムシ
予防に !!
細かく
刻んで
とろ火で
4 〜 5 分
煮出す
芳香成分が飛んで
しまうので長時間
の煮出しは禁物
開花する
5 〜 6 月に
採取する

基本エキスの素材になる主な植物

❶ドクダミ

〈効果〉

嫌われ者の雑草ですが、自然農薬では大活躍です。抽出エキスにも独特の匂いが残り害虫に対する忌避効果があります。また悪臭の原因であるフラボノイドは抗菌効果もあって病気にも予防効果があります。

〈抽出方法〉

開花の時期に採取して煮出し抽出します。乾燥して保存もできますが匂いが弱まります。ドクダミは細かく刻んでからだいたい鍋の半分程度まで入れ、水をヒタヒタにして煮出します。芳香成分が飛ばないように煮込み時間は四〜五分までとします。

〈使い方〉

こしてから他の基本エキスと同量ずつ混ぜて五〇〇倍になるように希釈して散布します。生葉でマルチしてもネキリムシなどの予防になります。

❷オオバコ

〈効果〉

葉は「車前草（シャゼンソウ）」、種子は「車前子（シャゼンシ）」の名で下痢止め、咳止め、利尿の漢方薬としても使われています。葉面散布で生理活性、生育促進の効果があります。

〈抽出方法〉

煮出し抽出です。茎葉は夏の開花時期に採取して水洗い後、日干しして保存します。種は秋に採取して日干しし、保存します。細かく刻んで鍋の半分まで入れ、水をヒタヒタにして三〇〜四〇分煮出します。ストッキングに入れて煮出せばこす手間がはぶけます。

〈使い方〉

三〇〇〜五〇〇倍になるように希釈して単体、または他の基本エキスと混用散布します。

〈ヒノキ〉　抗菌効果と害虫忌避効果
ヒノキやヒバはヒノキチオールという強い抗菌作用を持っている

火にかけるのは4～5分まで

さわやかな香りの成分は柑橘類が持つリモネン

〈クマザサ〉　生育促進と抗菌効果
クマザサの驚異の生長力の秘密は豊富な生長ホルモン

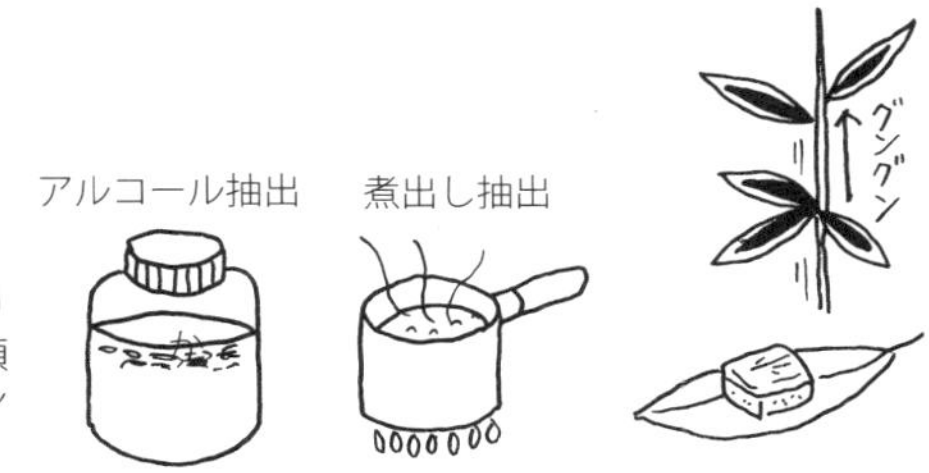
葉を細かく切ってホワイトリカーにヒタヒタに浸ける1カ月で完成
とろ火で4～5分煮る長く煮すぎない
笹寿司はササ類の葉が持つ抗菌作用を利用したもの

❸クマザサ

〈効果〉

　生長が早い植物です。秘密は豊富な生長ホルモンにあります。この生長ホルモン、フェノール類、アミノ酸の一種アスパラギン酸などによって作物の生育が活性化され病気への抵抗性がつきます。強い抗菌作用があり病気の予防効果も強力です。

〈抽出方法〉

　煮出し抽出、もしくはアルコール抽出をします。まだ若いクマザサを使う場合はアルコール抽出が向いているようです。煮出し抽出はオオバコと同様に、アルコール抽出の場合は春から初夏に採取した若ザサをホワイトリカーにヒタヒタまで浸けて一カ月ほどおけば完成です。使う前にこします。

〈使い方〉

　五〇〇倍に希釈して単体、または他の基本エキスと混用散布します

❹ヒノキ

〈効果〉

　ヒノキやヒバに含まれるヒノキチオールは食品の包装材などにも利用されているように高い抗菌作用を持っています。

　また柑橘類の香りの成分リモネンも含んでいて、これは害虫に対して忌避効果があります。

〈抽出方法〉

　ヒノキは五～七月にかけて成分が高まります。その時期に葉を採って煮出し抽出をします。煮出し抽出の方法はドクダミと同様で、長時間は煮ません。アルコール抽出も向いています。

　成分の高い時期に葉を採っておいて乾燥させて保存することもできます。

〈使い方〉

　こしてから五〇〇～六〇〇倍に希釈して単体、または他の基本エキスと混用散布します。

〈スギ〉 窒息による殺虫効果、展着剤効果
スギにもマツと同じ効果がある
〈マツ〉 窒息による殺虫効果､､ 展着剤効果
マツヤニが虫の気門（呼吸器）をおおって窒息死させる
マツもスギも 500 ～ 600 倍で他のエキスと混ぜて散布する
展着剤の代わりになる
細かく刻んで
とろ火で煮出す
マツもスギもヤニがつくので、採取の際はゴム手袋をつける
アルコール抽出
ホワイトリカー 4ℓ
生葉 300g を 2 ～ 3 カ月浸けるだけ
ベタベタ
散布後は少し葉がベトつく
気門
アブラムシやダニなどの腹部にある気門をふさいでしまう

❺マツ

〈効果〉

油分が害虫の気門（お腹にある呼吸器官）をおおって窒息死させる働きがあります。実際に散布した後は葉がベタベタし、アブラムシがくっついて死んでいたりします。植物エキスの展着剤としての働きもあります。

〈抽出方法〉

五月、新芽が伸びてきたら摘み取って集めます。ヤニがつくのでゴム手袋をしたほうがよいでしょう。

抽出はアルコール抽出です。生葉三〇〇gを四ℓのホワイトリカーに浸けて二～三カ月おけば完成です。ドクダミと同様に煮出し抽出してもかまいません。

〈使い方〉

散布は五〇〇～八〇〇倍に希釈して単体、または他の基本エキスと混用散布します。

❻スギ

〈効果〉

マツと同じようにスギもヤニが多く、エキスを散布すると油分が害虫を覆って窒息死させる働きがあります。やはり展着剤としての働きもあります。

〈抽出方法〉

スギは植林されて全国にあります。成分が高まる春、小さい枝を含む葉を採って煮出し抽出をします。ゴム手袋をしたほうがよいでしょう。

スギの葉を細かく刻んで鍋に半分程度まで入れ、水をヒタヒタにして煮出します。成分の高い時期に葉を採っておいて乾燥させて保存することもできます。

〈使い方〉

散布は五〇〇～六〇〇倍に希釈して単体、もしくは他の基本エキスと混用散布します。

〈いざというときは防除エキスの散布で抑える〉

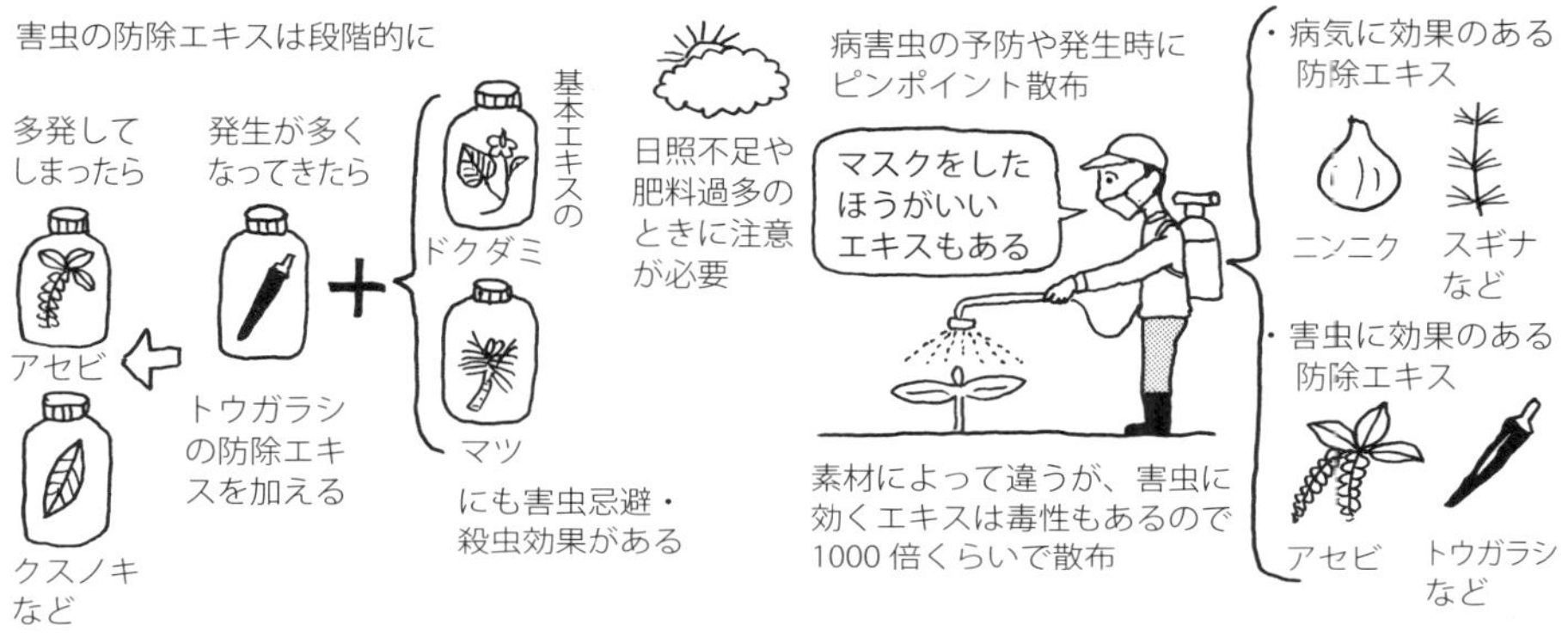
害虫の防除エキスは段階的に
多発してしまったら
発生が多くなってきたら
基本エキスの
ドクダミ
マツ
にも害虫忌避・殺虫効果がある
トウガラシの防除エキスを加える
アセビ
クスノキなど
日照不足や肥料過多のときに注意が必要
病害虫の予防や発生時にピンポイント散布
マスクをしたほうがいいエキスもある
素材によって違うが、害虫に効くエキスは毒性もあるので1000倍くらいで散布
・病気に効果のある防除エキス
ニンニク
スギナなど
・害虫に効果のある防除エキス
アセビ
トウガラシなど

2 防除エキスの作り方・使い方

殺虫・殺菌成分を持つ植物を活かす

病害虫に効く防除エキスは植物が持っている殺菌、殺虫成分を利用して作ります。病気に効く防除エキスの素材にはニンニクやスギナ、ナンテンなどそれぞれ殺菌、抗菌成分を豊富に含んだ植物を使います。

散布は発生を予測して予防的に散布するようにします。作物の病気は長雨や、日照不足、肥料過多のときに発生しやすくなります。畑の様子をみて病原菌の先手を打つようにしましょう。

害虫の防除エキスは発生の程度に応じてエキスを選びます。基本エキスのドクダミやマツ、スギも害虫に対して忌避・殺虫効果がありますが、発生が多くなってきたらそこにトウガラシの防除エキスを加えます。

それでも抑えられず、多発してしまったような場合は、アセビ、クスノキ、シキミの防除エキスを使います。殺虫効果でこれらに勝るものはありません。たいがいの害虫はこれで抑えることができますが、効果が強いので多用は避け、収穫三日前は使わないようにするなど注意が必要です。

自然農薬といえば、すなわち安全で人体に無害と考えられがちですが、必ずしもそうとは限りません。特に害虫に効果のある、アセビやシキミの毒成分は人間に対しても有効です。薄めて散布するとはいえ、防除中はマスクの着用もします。

私はアセビ、クスノキ、シキミに関してはどうしても害虫が抑えられないときのみ利用しています。基本エキスの定期散布と、トウガラシでたいがいの害虫は抑えてしまいます。

[病気に効く防除エキス]

植物名	特徴、別名など	成分	採取	抽出	煮出し	焼酎	酢	使い方
イタドリ	タデ科。スカンポと呼ぶ地域もある。抗菌作用	フェノール類。若葉にはリンゴ酸、クエン酸など	採取は秋、枯れ始めるころ。夏の開花期には全草を採って日干し乾燥させる	乾燥したものを細かく切って穀物酢に浸けて1カ月			○	500倍で散布
カキドウシ	シソ科。漢方では「連銭草」。カビ類に効果	フェノール類（タンニン）、テルペン類（リモネン）	野道、土手、道ばたに多い多年草。開花期の4～5月に全草を採る	生葉、花を細かく刻んで水4ℓに対して200gを加えて煮出す	○			500倍で散布
カンゾウ	マメ科。日本では江戸時代に栽培が行なわれていたが、現在はほぼ100%輸入品。抗菌作用	フェノール類	採取は難しい 乾燥したものを購入	煮出し抽出	○			500倍で散布
コルチカム	ユリ科の多年草。イヌサフラン。抗菌作用、害虫忌避作用	アルカロイド（コルヒチン）	6月ころ球根を掘って乾燥させる	1.8ℓの酢類に球根一片を浸け込む			○	1000倍で散布
サンショウ	ミカン科の多年性低木。中国でも殺虫剤として使用された。強い抗菌作用、殺虫作用がある	フェノール類	山野の日陰、樹林の下など自生している。5月ころ、黄色の小花が咲くころ、枝(皮をむく)、葉を採取。秋は種子と樹皮を採る	酢かアルコール類で抽出		○	○	酢は500倍アルコールは1000倍で散布
ショウガ	ショウガ科。根茎を利用。抗菌作用。ウドンコ病に効果	テルペン類（ショウガオール、ジンゲロン）	10月ころ、根、茎をよく洗う（生のまま）。しかし4月ころは古い品物を使う	ショウガ1kgをスライスして、ヒタヒタにビールに浸ける。4～5日後ホワイトリカーを4ℓのビンいっぱいに入れて3カ月おけば完成		○		500倍～800倍で散布
スイカズラ	スイカズラ科の常緑低木。香水のような芳香がある。広く強力な抗菌作用がある	フェノール類（タンニン）	全国に自生する。開花時に花、葉、茎を摘み取る。生葉のまま用いる	水4ℓに素材200gを入れて煮出す。または、ホワイトリカー1.8ℓに素材100gを浸けて1カ月	○	○		煮出しは500倍アルコール抽出は800倍で散布
スイセン	ヒガンバナ科の多年草。強い抗菌、抗ウイルス作用がある	アルカロイド（リコリン）	沼、池の隅、樹木の下に自生。4～5月に黒い実を採取。6月ころに根を掘って水洗いする。表面を乾かしておく	刻んでから焼酎に浸けて2～3カ月ぐらい置く		○		1000倍で散布
セリ	セリ科の多年草。春の七草のひとつ。水芹。強い殺菌力がある	テルペン類、フェノール類	早春～春に根を含んだ全草を摘み取る	アルコール抽出。ホワイトリカーに浸けて1カ月		○		500倍～800倍で散布
センダン	センダン科。果実は苦棟子、幹皮は苦棟皮。殺菌、抗菌作用がある。病気以外にコオロギ、アオムシへの殺虫効果もある	フェノール類（タンニン）	果実は秋に黄熟したものを採取してすりつぶしてから日干しする。幹皮はナイフで削り取って細かく刻んで日干しする。初夏の開花時に葉と花を採る	煮出し抽出。水4ℓに素材300gを加えて煮出す。葉と花は水1ℓに100gを加えて煮出す		○		実、幹皮は600倍 葉と花は800倍で散布
ニチニチソウ	キョウチクトウ科の一年草。抗菌作用がある	アルカロイド類	初夏の開花時期に全草を採集して乾燥させる	煮出し抽出。水4ℓに200g加えて煮出す	○			500倍で散布
ノビル	ユリ科。植物活性作用と抗菌作用がある。匂いでアブラムシも寄らない	硫黄化合物（アリシン）	春から秋にかけて、地下の鱗茎（球根）を掘り、水洗いをして細かく刻む	ニンニクと同様（47ページ参照）			○	500倍～800倍で散布
ハハコグサ	キク科の二年草。春の七草でオギョウともいう。殺菌効果が大きい。葉を食害する害虫に対する殺虫効果もある。速効性あり	フェノール類（ルテオリン）	春から初夏にかけての開花時期に全草を採取して。日干し乾燥後細かく刻む	煮出し方法。水1ℓに対して50gを加えて煮出す	○			300倍で散布 散布時に蜂蜜を800倍で加える
ヒキオコシ	シソ科の多年草。延命草。抗菌作用、害虫忌避作用	テルペン類、アルカロイド	全草を夏から秋にかけて採取する。茎葉を開花期に採取して日干し乾燥させる	煮出し抽出。材料を細かく切って水1ℓに5g加えて煮出す	○			700～800倍で散布
ビワ	バラ科の常緑高木。民間薬としてビワの葉茶などがある。軟腐病など病気の予防に効果	アミグダリン	春先の新葉のときと、冬の開花時期に摂取して1週間天日干しして乾燥させ新聞紙で包んで保存する	ビワの葉10枚ぐらいを1.8ℓのホワイトリカーに1カ月浸ける。煮出し抽出は水18ℓにビワの葉200gを入れて煮出す	○	○		500～800倍で散布
ミカン（皮）	ミカン科。皮は漢方で「陳皮」。抗菌作用、生育活性効果。有機酸類が微生物も増やす	フェノール類、テルペン類（リモニン）	ミカンの皮をよく日干しをする。カビが生えても大丈夫。ミカンの木の樹皮も同じように使える	水抽出。水10ℓに3kgの皮を浸ける。酢による抽出は酢1.8ℓに500gの皮を浸ける	○		○	水出しは600～800倍酢抽出は500倍で散布

〈ニンニク〉　ウドンコ病、灰色カビ病、ベト病、サビ病などの病気に効果

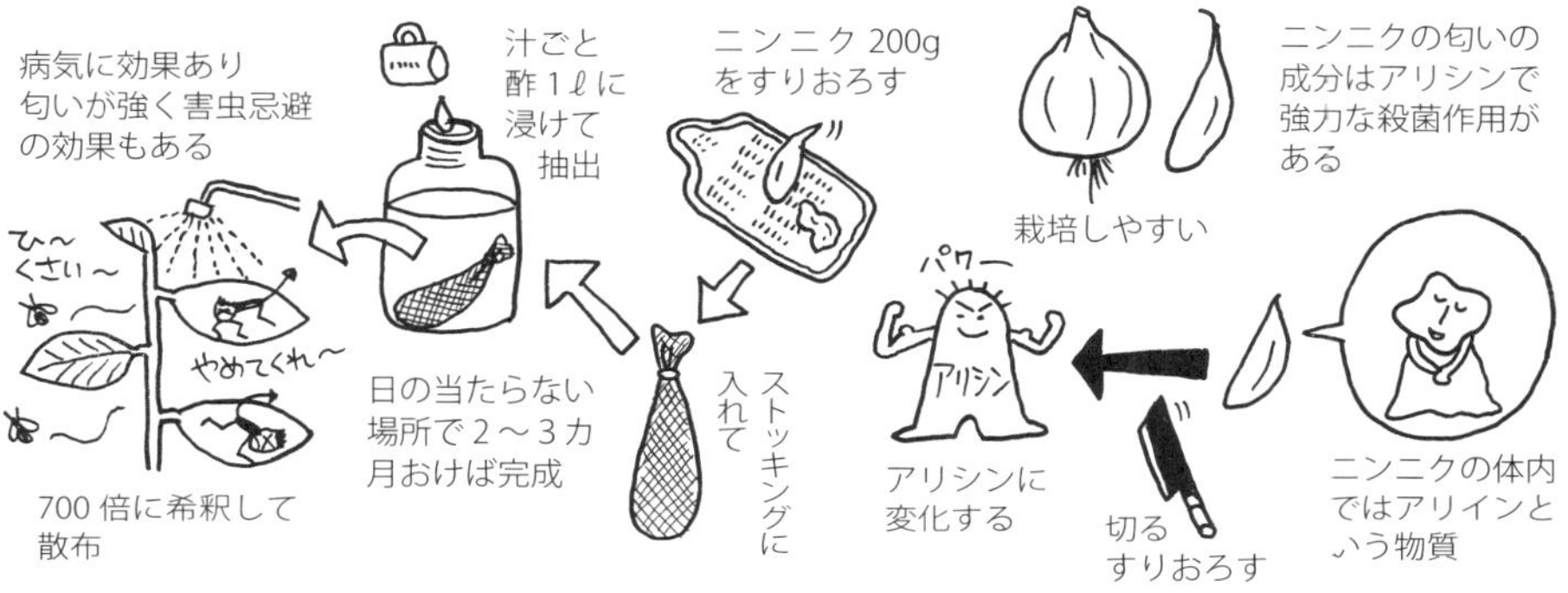
ニンニクの匂いの
成分はアリシンで
強力な殺菌作用が
ある
栽培しやすい
ニンニクの体内
ではアリインと
いう物質
切る
すりおろす
パワー
アリシン
アリシンに
変化する
ニンニク 200g
をすりおろす
ストッキングに
入れて
汁ごと
酢 1ℓ に
浸けて
抽出
日の当たらない
場所で 2～3 カ
月おけば完成
病気に効果あり
匂いが強く害虫忌避
の効果もある
ひ～
くさい～
やめてくれ～
700 倍に希釈して
散布

❶ニンニク

〈効果〉

あの強烈な匂いの成分はアリシン（硫黄化合物）といい、強力な殺菌作用を持っています。ニンニク体内ではアリインという成分で存在し、細胞が傷付くと酵素の力でアリシンに変化します。なので使う前にすりおろします。ウドンコ病、ベト病、サビ病、モザイク病に効果があり、匂いには害虫忌避作用もあります。ノビルやネギも同様に使えます。

〈抽出方法〉

酢抽出を行ないます。ニンニク二〇〇gをすりつぶしてストッキングに入れ、汁もいっしょに酢一ℓに浸して三カ月おけば完成です。

〈使い方〉

七〇〇倍に希釈して散布します。

❷スギナ

〈効果〉

スギナは体の三～一六％がケイ酸でできています。カルシウム、サポニンも豊富で、ウドンコ病、灰色カビ病、ベト病、サビ病と糸状菌が原因で起こる病気に対して高い効果があります。スギナの胞子茎（ツクシ）も同様の効果があります。

〈抽出方法〉

若い新芽を摘んで煮出し抽出します。水四ℓにスギナ三〇〇～四〇〇gを加えて煮出します。

ツクシの頭は乾燥させて水四ℓに対して一〇〇～一五〇gほど加えて煮出します。乾燥させたスギナも同様に煮出します。

〈使い方〉

そのまま使ってもよいのですが、酢と石けんを多少加えて効果を高めています。五〇〇倍に希釈して散布します。

〈スギナ〉　ウドンコ病、灰色カビ病、ベト病、サビ病などの病気に効果、生育促進効果

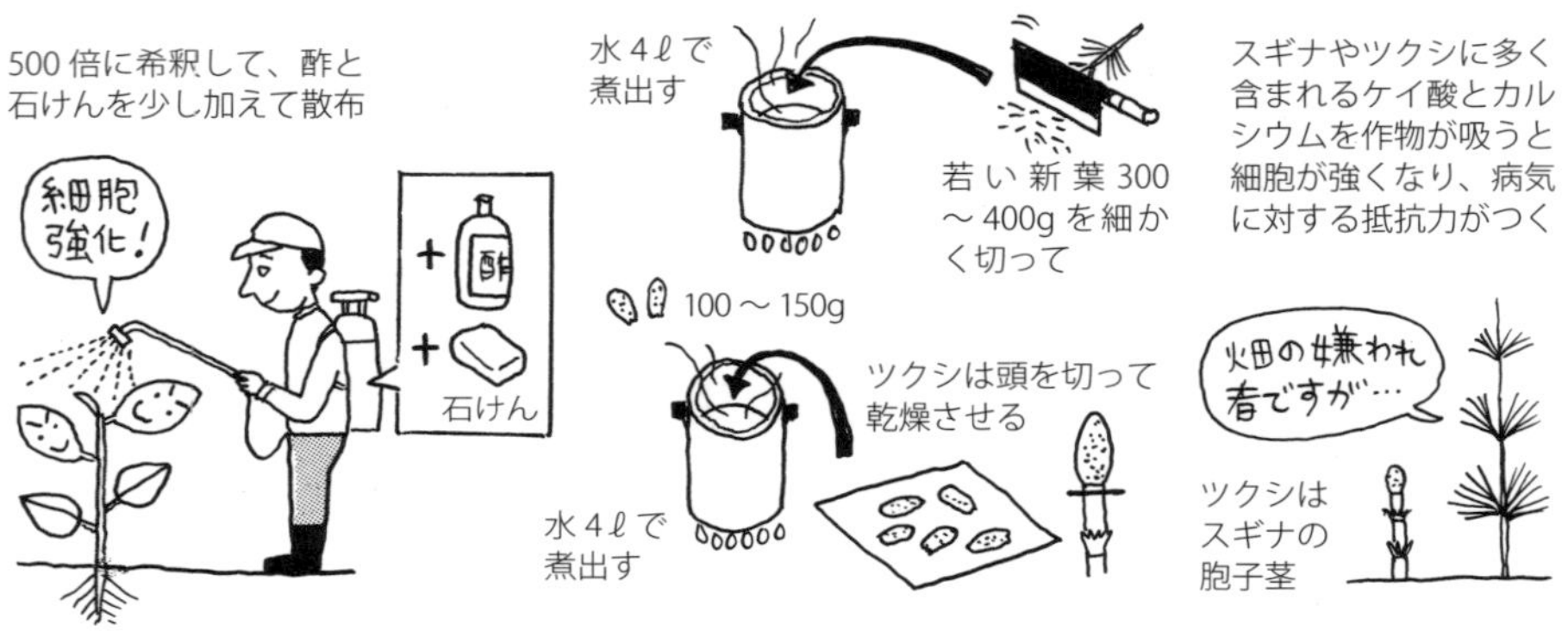
500倍に希釈して、酢と
石けんを少し加えて散布
細胞強化！
+ 酢
+ 石けん
水4ℓで
煮出す
若い新葉300
～400gを細か
く切って
スギナやツクシに多く
含まれるケイ酸とカル
シウムを作物が吸うと
細胞が強くなり、病気
に対する抵抗力がつく
100～150g
ツクシは頭を切って
乾燥させる
水4ℓで
煮出す
畑の嫌われ者ですが…
ツクシは
スギナの
胞子茎

〈ナンテン〉　生育促進、殺菌・抗菌効果

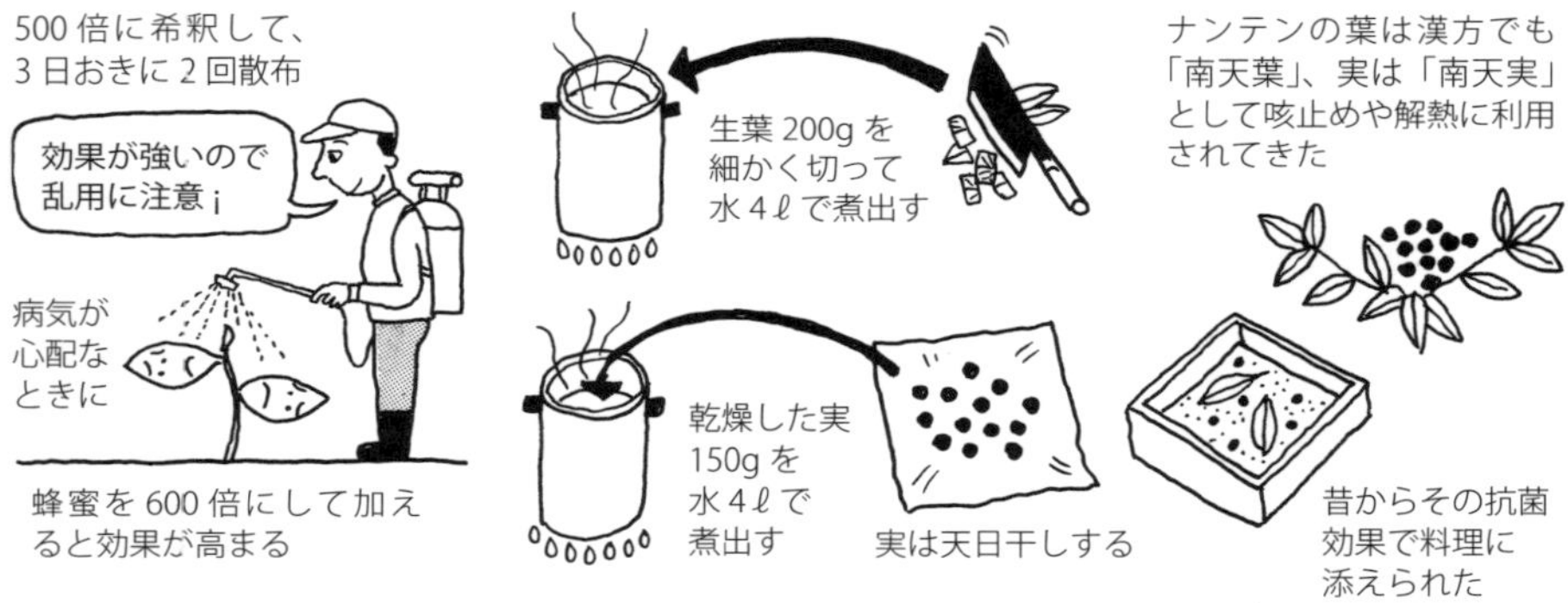
500倍に希釈して、
3日おきに2回散布
効果が強いので
乱用に注意¡
病気が
心配な
ときに
蜂蜜を600倍にして加え
ると効果が高まる
生葉200gを
細かく切って
水4ℓで煮出す
ナンテンの葉は漢方でも
「南天葉」、実は「南天実」
として咳止めや解熱に利用
されてきた
乾燥した実
150gを
水4ℓで
煮出す
実は天日干しする
昔からその抗菌
効果で料理に
添えられた

❸ナンテン

〈効果〉

ナンテンの葉に殺菌作用があることは昔から知られており、赤飯にのせられたり魚料理に添えられたりしました。実にもアルカロイドを含むので、冬場の防除エキスになります。葉も実もアミノ酸、ミネラルが豊富で生育促進効果も期待できます。

〈抽出方法〉

葉は水四ℓに細かく切った葉二〇〇gを加えて煮出します。実は一二月ころから熟し始めるのでそのころに採って天日で乾燥させます。これは水四ℓに一五〇gを加えて煮出します。

〈使い方〉

五〇〇～六〇〇倍に希釈して三日おきに二回散布します。効果が強いので乱用しないようにしています。糖蜜と相性がよく、散布時に六〇〇倍にして加えると効果が高まります。

[害虫に効く防除エキス]

植物名	特徴、別名など	成分	採取	抽出	煮出し	焼酎	酢	使い方
アサガオ	ヒルガオ科。殺虫・忌避効果	樹脂配糖体（青酸配糖体）	夏に採れる種子を使う。種子はつぶして２～３日乾燥させておく	煮出し抽出	○			100 倍で散布
オウレン	キンポウゲ科の多年草。漢方では「黄連」。殺虫・忌避効果	アルカロイド（ベルベリン）など	山地の木陰に自生する。３～４月に開花したころ、葉やひげ根を採取、洗わないで日干し乾燥する	煮出し抽出。水４ℓにオウレン 200 g を加えて煮出す	○			500 倍で散布
オトギリソウ	オトギリソウ科の多年草。「小連翘」「ヤマセンブリ」。殺菌・殺虫効果	アルカロイド	全国各地に自生している。７～８月にかけて黄色の花を咲かせる。茎葉を開花時期に採取する	アルコール抽出。生葉 120g を刻んでホワイトリカー 1.8ℓに１カ月浸ける		○		800 倍で散布
キハダ	ミカン科の落葉高木。漢方では黄柏。抗菌作用、害虫への生育阻害	アルカロイド、テルペン類	夏に枝や幹を切って樹皮をはぎ、日干しして乾燥させる	アルコール抽出。ホワイトリカー 1.8ℓに 100g 浸けて１カ月		○		800 倍で散布
キョウチクトウ	キョウチクトウ科の常緑低木。別名牛殺し。強い殺虫・忌避効果	アルカロイド類	街路樹、公園などにある。６～８月に花が咲く、このときに生葉を採取、乾燥させる	煮出し抽出。葉を細く刻んで水４ℓに対して 100g ～ 150g 入れて煮出す	○			春先のものは 600 倍開花期のものは 800 倍で散布
キランソウ	シソ科。抗菌作用、害虫防除効果	フェノール類。アルカロイド（サポニン、タンニン）	開花期に全草を採取	酢抽出と煮出しによる抽出	○		○	1000 倍で散布
キンレンカ	ノウゼンハレン科の一年草。カメムシ、ダニに対する忌避作用	テルペン類、フェノール類、アルコール	ハーブなので苗または種から栽培する、開花期に全草（花ごと）を採る	煮出し抽出。水４ℓに生葉 200g を加えて煮出す	○			500 倍で散布
クサノオウ	ケシ科の多年草。強い抗菌、殺虫効果。アブラムシ、ダニ、ネキリムシに	アルカロイド類	５～７月に黄色の小花を咲かせるころに採取する。古い葉は取るが全草利用する。細かく切って乾燥保存することもできる	煮出し抽出。生葉を水１ℓに 50g ～ 80g。乾燥葉は同 100g ～ 130g で煮出す 酢抽出も可。酢 1.8ℓに材料 200g	○			煮出しは 500 倍、酢抽出は 800 倍で散布
クララ	マメ科。かむとクラクラするほど苦いと名が付いた。害虫忌避・抗菌作用	アルカロイド（ベルベリン、マトリン）	枝や葉、根まで全草が利用できる	煮出し抽出。全草を煮出す	○			1000 倍で散布
センブリ	リンドウ科の二年草。漢方では「当薬」。昔からノミ、シラミを殺す殺虫剤として利用。忌避効果が強い	スウェルチアマリン、スウエロサイド、ゲンチオピクロサイドなど	雑木林の中に野生する。10 ～ 11 月ころの開花時に根ごと引き抜き土をはらう。水洗いせず、根を揃えて天日で吊るし干しする	煮出し抽出。水４ℓに 100 g加えて煮出し	○			800 倍～ 1000 倍で散布 多発時は 600 倍で散布
タイム	シソ科の多年草。ハーブの一種。害虫忌避、特にモンシロチョウに高い効果	フェノール類、アルコール	タイムの仲間はいろいろある。簡単に増えるので育てる。開花時期に集める、細く刻み、生葉で使用	煮出し抽出。水４ℓに 200g を加えて煮出す	○			500 倍で散布
トリカブト	キンポウゲ科。猛毒植物として有名	アルカロイド	使用はおすすめできない					
バイケイソウ	ユリ科の多年草。根は中国でも殺虫剤として利用	アルカロイド（ベラトラミン）	全草を採取。根に強い毒性がある	煮出し抽出	○			1000 倍で散布
ハナミョウガ	ショウガ科の山姜。抗菌作用と殺虫効果	テルペン類	葉は夏。根茎は秋に集める	アルコール抽出。刻んでビールに１週間浸け、その後焼酎に１カ月浸けて完成		○		1000 倍で散布
ムクロジ	ムクロジの落葉高木。実の皮を使う。石けんに使われた	テルペン類（サポニン）	国内は中部以西に植生する	煮出し抽出	○			1000 倍で散布
ユキノシタ	ユキノシタ科。虎耳草。強い殺虫力と抗菌作用	ルカロイド、フェノール類	陰地に自生する多年草。５～６月に全草を採る	煮出し抽出。全草を軽く塩で揉んで刻む。水４ℓに 150g	○			400 倍で散布
ローズマリー	シソ科のハーブ。抗菌・殺菌作用、害虫（蝶・蛾）の忌避作用	アルコール、フェノール類	開花時期に集め、細かくきざみ生葉で使用	生葉を煮出し抽出水４ℓに 200g	○			500 倍で散布

〈クスノキ〉　アブラムシ、コオロギなどに効果大

一応マスク
茎葉200gを刻んで酢4ℓに浸ける
酢
4ℓ
一年中使える
収穫3日前からは使用をひかえる
1カ月で完成
クスノキは江戸時代から殺虫剤として使われてきた

〈トウガラシ〉　害虫全般に殺虫忌避の効果
病気にも効く

コップ1杯のホワイトリカー
トウガラシ500gを刻んでストッキングに入れ、4ℓの水で20分煮る
冷めたらホワイトリカーを加えて完成
カプサイシンが効く!
辛いトウガラシほど効果がある
熟す直前を収穫して天日干ししておく

害虫に効く防除エキスの素材

❶トウガラシ

〈効果〉

辛さの成分カプサイシンとサポニン（アルカロイド）に殺虫・忌避効果、抗菌効果があります。害虫に幅広く効果があり、病気にも効果が期待でき、毒性も強くないので気軽に使えます。

〈抽出方法〉

赤く熟す直前が一番成分の充実しているときです。保存する場合は、そのときに収穫して天日乾燥させておきます。トウガラシ五〇〇gを刻んで、種ごと水四ℓに入れて二〇分ほど煮て、冷めてから焼酎を少量加えれば完成です。乾燥トウガラシはアルコール抽出です。

〈使い方〉

五〇〇〜一〇〇〇倍に希釈して単体か、基本エキスと混合散布します。

❷クスノキ

〈効果〉

クスノキの葉や樹皮に含まれる成分、ショウノウを結晶化させたものは「樟脳」として昔から衣類の虫よけに使われてきました。

アブラムシ、ダニ、アオムシ、カイガラムシ、コオロギ、ヨトウムシやネキリムシなど害虫（全般）に対して殺虫、忌避、発育阻害の効果があります。

〈抽出方法〉

クスノキの成分ショウノウは水に溶けにくいので酢で抽出します。茎葉二〇〇gを細かく刻んでストッキングに入れ、四ℓの酢に浸けます。一カ月ほどで完成です。長期保存ができるので年中使えます。

〈使い方〉

使うときには一〇〇〇倍に希釈して散布します。

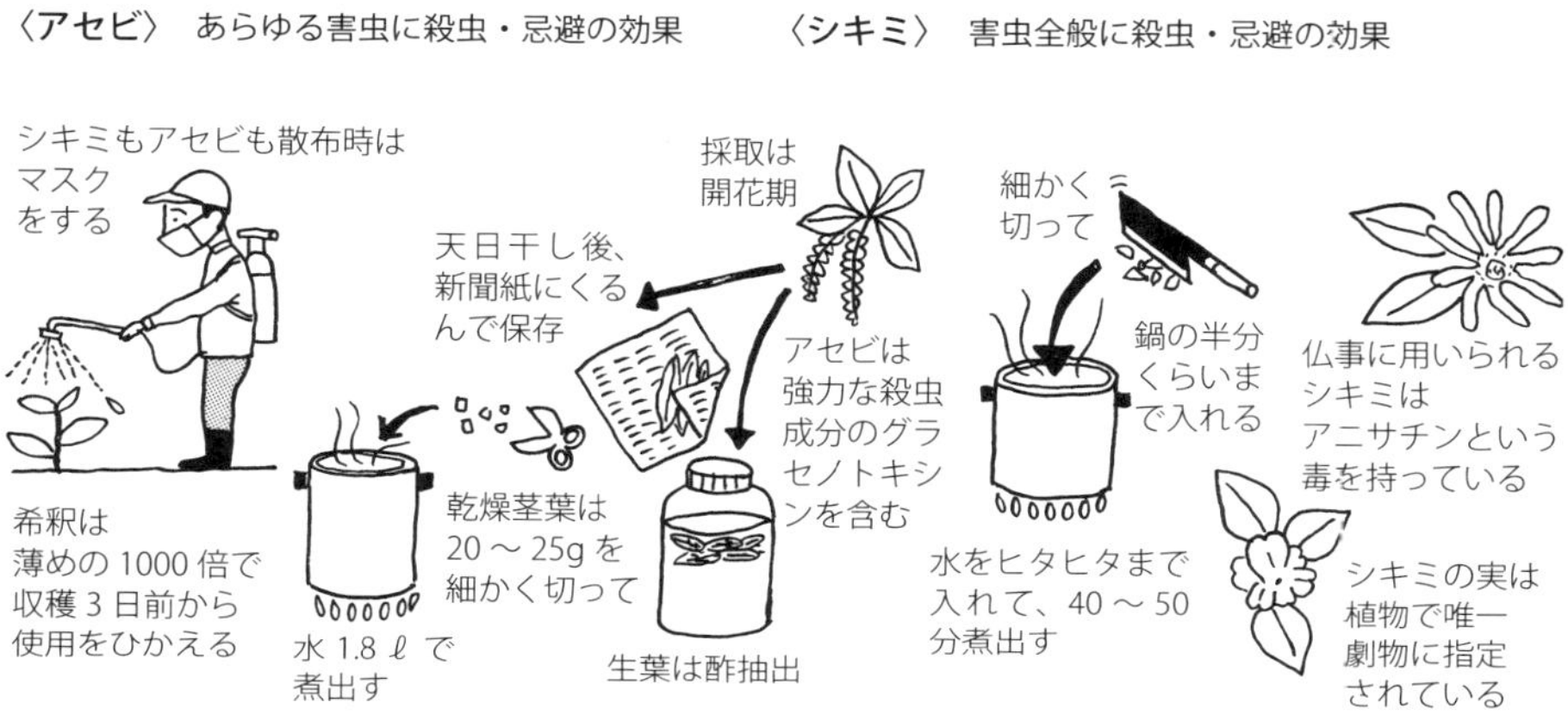
〈アセビ〉 あらゆる害虫に殺虫・忌避の効果
〈シキミ〉 害虫全般に殺虫・忌避の効果
シキミもアセビも散布時はマスクをする
希釈は薄めの1000倍で収穫3日前から使用をひかえる
水1.8ℓで煮出す
乾燥茎葉は20〜25gを細かく切って
天日干し後、新聞紙にくるんで保存
採取は開花期
アセビは強力な殺虫成分のグラセノトキシンを含む
生葉は酢抽出
細かく切って
鍋の半分くらいまで入れる
水をヒタヒタまで入れて、40〜50分煮出す
仏事に用いられるシキミはアニサチンという毒を持っている
シキミの実は植物で唯一劇物に指定されている

❸シキミ

〈効果〉

シキミはアニサチン（テルペン類）という毒を含んでおり、その実は植物の中で唯一劇物に指定されています。強い殺虫作用があり、幅広い害虫に対して駆除効果があります。

昔シキミの枝でお箸を作って、それでご飯を食べたらフラフラになったという言い伝えがあります。神様や仏様に備えるものを箸に使ったから罰が当たったともいわれますが、本当はこの毒が原因でしょう。皮をむいてなめると舌が痺れます。

〈抽出方法〉

煮出し抽出です。材料を細かく切って四ℓ鍋の半分くらいまで入れて、水をヒタヒタになるまで注いで四〇〜五〇分煮出します。

〈使い方〉

一〇〇〇倍に希釈して散布します。

❹アセビ

〈効果〉

害虫に対しての最後の手段はアセビエキスです。ほとんどの害虫に対して殺虫効果があります。

花や枝葉に含まれる成分グラヤノトキシンは強烈な殺虫成分です。漢字で「馬酔木」と書く通り、馬が食べるとフラフラになるくらいの効果です。

〈抽出方法〉

煮出し抽出します。春の開花時期に枝葉、花を採取して乾燥させ、それを細かく切って水一・八ℓに対してアセビ二〇〜二五gを加えて煮出します。

生葉は木酢液や穀物酢にヒタヒタに浸けて酢抽出を行ないます。

〈使い方〉

一〇〇〇倍に希釈して散布します。

またアセビエキス一に対して米ぬか二、小麦粉一を加えて作るアセビ団子はヨトウムシに効果大です。

植物以外の自然農薬素材の使い方

〈米のとぎ汁で作る乳酸菌エキス〉

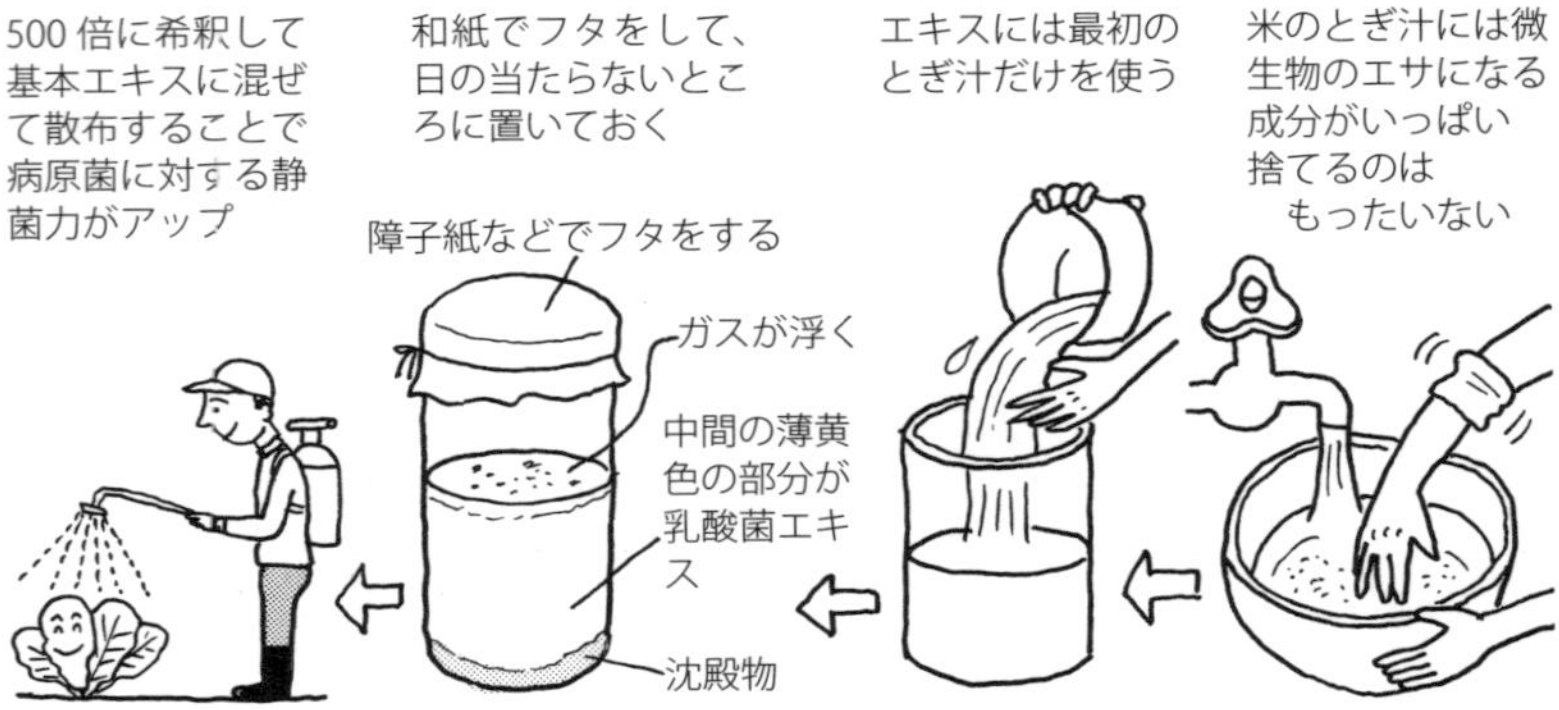
米のとぎ汁には微生物のエサになる成分がいっぱい捨てるのはもったいない
エキスには最初のとぎ汁だけを使う
和紙でフタをして、日の当たらないところに置いておく
障子紙などでフタをする
ガスが浮く
中間の薄黄色の部分が乳酸菌エキス
沈殿物
500倍に希釈して基本エキスに混ぜて散布することで病原菌に対する静菌力がアップ

❶米のとぎ汁

〈効果〉

米のとぎ汁は米ぬかと同様、乳酸菌や酢酸菌など有用微生物のエサになる成分をバランス良く含み、静菌作用のある乳酸菌エキスの材料になります。

〈作り方〉

米の最初のとぎ汁だけをビンに入れ、和紙でフタをします。台所に四日ほど置くと沈殿物が生じ、水面にカスのようなものが浮いてチーズの匂いがしてきます。一週間から一〇日ではっきり三層に分かれます。真ん中の薄黄色の部分が乳酸菌エキスです。

〈使い方〉

基本エキスや防除エキスを散布する際にいっしょに混ぜて使用することでエキスの抗菌効果が高まります。

❷重曹

〈効果〉

重層（炭酸水素ナトリウム）はウドンコ病に効果があります。パンを膨らませたり、食用での用途が多い重曹ですが、ウドンコ病に対する効果がわかり、今では毒性のない農薬として資材化され販売もされています。

〈作り方〉

重層を水で八〇〇倍に希釈します。

〈使い方〉

一㎡あたり二〇〇cc散布します。ウドンコ病の胞子が飛ぶのは午前中です。散布は胞子が飛ぶ前、朝一〇時までにすませましょう。乾燥していると散布後、葉が白くなることがあります。これは重曹の結晶で、葉焼けの原因となりますので水で流してください。

〈重曹〉

晴天の乾燥した日
ギラギラ
散布後、結晶化して
葉が白くなることが
ある
重曹の
結晶
葉焼けの原因になるので
水で洗い流す
ウドンコ病が出たら、早めに
800 倍に希釈して散布
葉を洗う
ように散布
早めに
してね
ウドンコ病の胞子が飛ぶ前、
午前 10 時までに散布をすませる
毒性はなくとも
目に入ると結膜
炎を起こす場合
があるので、メ
ガネやゴーグル
をつけて散布す
るとよい
重曹（炭酸水素カリウム）は
ウドンコ病に効果がある
重曹
重曹
パンを膨らませたり、
ワラビのアクを抜いたり、
料理での利用が多い

〈食酢〉

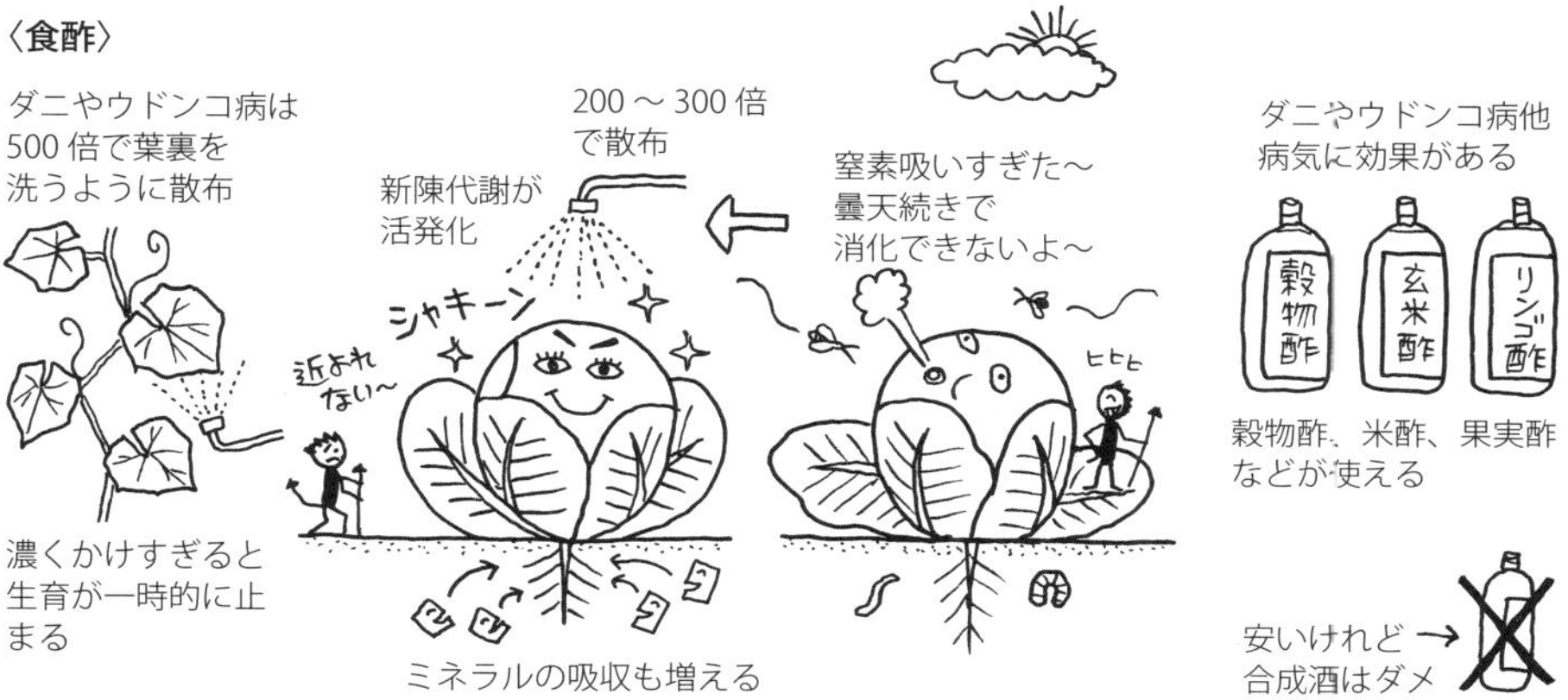
ダニやウドンコ病は
500 倍で葉裏を
洗うように散布
濃くかけすぎると
生育が一時的に止
まる
200 〜 300 倍
で散布
新陳代謝が
活発化
シャキーン
近よれ
ない〜
ミネラルの吸収も増える
窒素吸いすぎた〜
曇天続きで
消化できないよ〜
ヒヒヒ
ダニやウドンコ病他
病気に効果がある
穀物酢
玄米酢
リンゴ酢
穀物酢、米酢、果実酢
などが使える
安いけれど →
合成酒はダメ

❸食酢

〈効果〉

病気予防やダニに対して効果があります。ウリ科のウドンコ病には特に効果があります。また新陳代謝を高めて作物を引き締める働きがあります。吸われた窒素は葉で有機酸と合体してアミノ酸となります。有機酸は窒素の受け皿で、不足すれば窒素が余って窒素過剰になります。酢の散布は有機酸を補い窒素消化を助け、作物をダイエットさせる効果があります。

〈作り方〉

酢は穀物酢、果実酢などを二〇〇〜五〇〇倍に希釈して使います。

〈使い方〉

ハクサイやキャベツなど大きめの野菜には濃く、コマツナなど小さいものには薄めに散布します。窒素過多など、生育を抑える、引き締めたい場合は二〇〇倍くらいで使います。

〈牛乳〉

牛乳でアブラムシが退治できるというのは有名になった
牛乳の散布後、食酢や木酢液など酸性の液体を散布すれば凝固作用で早く固まる
食酢
牛乳
ペタッ
ペタッ
濃度が薄い、曇りの日の散布、ちゃんと乾かないと効果がないし、カビが生えたりする
乾くとアブラムシが張り付いて死んでいるので、水で洗い流す
スプレーで葉裏のアブラムシにシュッシュッ
う〜くるし〜
ポイントは原液で散布することと、晴れた日の午前中に散布すること
薄めずに使う
MILK
古い牛乳でも効果は同じ
スプレーした牛乳が乾くと固まって、アブラムシの気門（呼吸器）をふさぎ、窒息死するというしくみ

❹牛乳

〈効果〉

有名になりましたが、アブラムシには本当に効果があります。

〈作り方〉

牛乳は原液か、水で少しだけ薄めてスプレーで散布します。牛乳がよく付着するように石けんを少し溶かして使うと効果的です。

〈使い方〉

効かせるためのポイントは、必ずよく晴れた日の午前中に散布することです。曇りの日に散布すると効果がないばかりか、乾かずに残った牛乳が腐ったりカビが生えたりします。

昼になると牛乳が乾いてアブラムシの呼吸する穴（気門）がふさがって窒息死するわけです。アブラムシが死んだら散水して洗い流します。

古い牛乳でかまいません。

❺海藻

〈効果〉

海藻はアブラムシよけや肥料として使います。

消毒薬のヨードチンキは海藻のヨウ素の殺菌作用を利用して作られました。虫はこのヨウ素を嫌います。

〈作り方〉

海に行って海岸のコンブ、ワカメ、ヒジキ、テングサなどを集めます。それらを大きな容器に入れて水をいっぱいに張ってフタをします。三カ月おけば完成です。その海藻を適当な大きさに切って使います。

〈使い方〉

畑の畔に置くだけでアブラムシが寄って来ません。アリも寄ってきませんが、アリが多くて困っている場合は、海藻を浸けた水を四〇〇倍に希釈して葉面から一㎡あたり二〇〇cc散布すると効果があります。

〈海藻〉

海藻を浸けた水を
400倍に希釈してまく
ダメだ〜
水をいっぱい
に張って
フタをして
3カ月
おくだけ
海藻はアブラムシよけに使
える
2月ころ海岸
に行くと、海
藻が打ち寄せ
られている
容器に海藻を
詰める
ワカメや昆布など
海藻のヨウ素は
殺菌作用がある
消毒
ヨウドチンキ
の素がヨウ素
海藻を適当な大きさに
切って畑の通路に置くだ
けで虫よけになる

〈クエン酸〉

散布すると
葉が立って
くる
ピーン
【クエン酸】
白い卵の殻を溶かせば
クエン酸カルシウムが
できる
シュワシュワ〜
クエン酸液に卵の殻を
入れると、シュワシュ
ワ泡を出して溶ける
葉裏のダニに
かかるように
1㎡あたり
200cc散布
水10ℓ
クエン酸
クエン酸
5g
食酢か
木酢液
酢
20cc
クエン酸と食酢や木酢液
を混ぜて散布するとダニ
やナメクジに効果がある
99.5％以上
のものを
クエン酸
クエン酸も
ジュースやジャム
など食品添加物と
して利用される
ジュース
ジャム

❻クエン酸

〈効果〉

クエン酸に木酢液、もしくは穀物酢を混ぜて散布すると、ダニやナメクジに対して非常に効果があります。各種自然農薬のpH調整やクエン酸カルシウムを作る際にも使います。

〈作り方〉

九九・五％以上のクエン酸を二〇〇〇倍に希釈し、五〇〇倍に希釈した穀物酢（木酢液）を一対一で混ぜます。

〈使い方〉

散布前に散布液がpH四・五になるようにクエン酸の量を調整してください。葉の裏を重点的に、一㎡あたり二〇〇cc散布するようにします。

大発生している場合は、これにアセビ、クスノキのエキスを一〇〇〇倍で加えます。

〈ビール〉　ナメクジ退治に効果

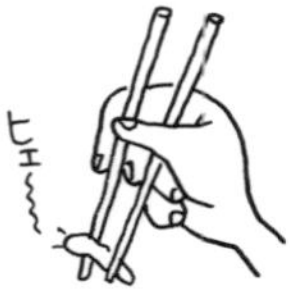

割り箸で退治！
小皿にクレゾールを入れておくとおぼれ死ぬ

夜になるとナメクジやカタツムリが集まってくる

ビールが少し余ったら、小皿に入れて畑に置いておく

〈コーヒー〉　ダニ類に効果

ドリップ後のコーヒーカスは堆肥の材料になる
ヨトウムシ、ネコブセンチュウにも効果がある

濃いほうがより効果がある

コーヒー散布はダニに防除効果がある
アブラムシもいなくなるようだ

❼コーヒー

コーヒーを散布するとダニ類に効果があります。インスタントでかまいません。濃度は普通に飲むくらいですが、濃いほうがより効果があります。

コーヒーをドリップした後のカスも利用価値があります。土にすき込んでやれば、ネコブセンチュウ、ヨトウムシの忌避作用があります。

❽ビール

ナメクジはビールが大好きで小皿にビールを入れて置いておくと、夜に飲みに集まってきます。集まったところを箸で駆除します。カタツムリも同様に効果があります。

クレゾールを少し入れておくとより効果的です。缶の底に残った分などを利用してください。

❾草木灰

〈効果〉

草木灰とは落ち葉や小枝を燃やして作った灰です。灰が防除に使えるの!?と驚かれるかも知れませんが、灰は強アルカリ性で害虫忌避、殺菌効果があります。

〈作り方〉

落ち葉や小枝を燃やして作ります。植物以外の灰は使えません。また草木灰を作る際は焼きすぎに注意してください。白い灰になってしまえば効果は落ちてしまいます。

〈使い方〉

早朝、朝露のあるあいだに、花咲かじいさんの要領でたっぷり葉面散布します。虫は臭いを嫌って近寄りません。天然のカリ成分を含み作物の生育も良くなります。根菜類には特に効果があるようです。

〈草木灰〉

早朝、朝露のある間に散布
強アルカリ性
で強い殺菌力
匂いで
害虫忌避
天然のカリ成分
で根張り向上
土壌微生物が
活発に
花咲かじいさんは草木灰をまいて、枯れ木に花を咲かせた
草木灰にはカリをはじめリン、マグネシウム、カルシウム、ケイ酸などミネラルが豊富
草木灰は江戸時代の農書にも
登場する自然農薬
真っ白まで
焼かない
害虫忌避、
殺菌効果と
肥料として
も有効
農家の野焼きは法律上問題ない
ただしポリマルチやビニールは
ダメ

〈卵の殻・カキ殻〉

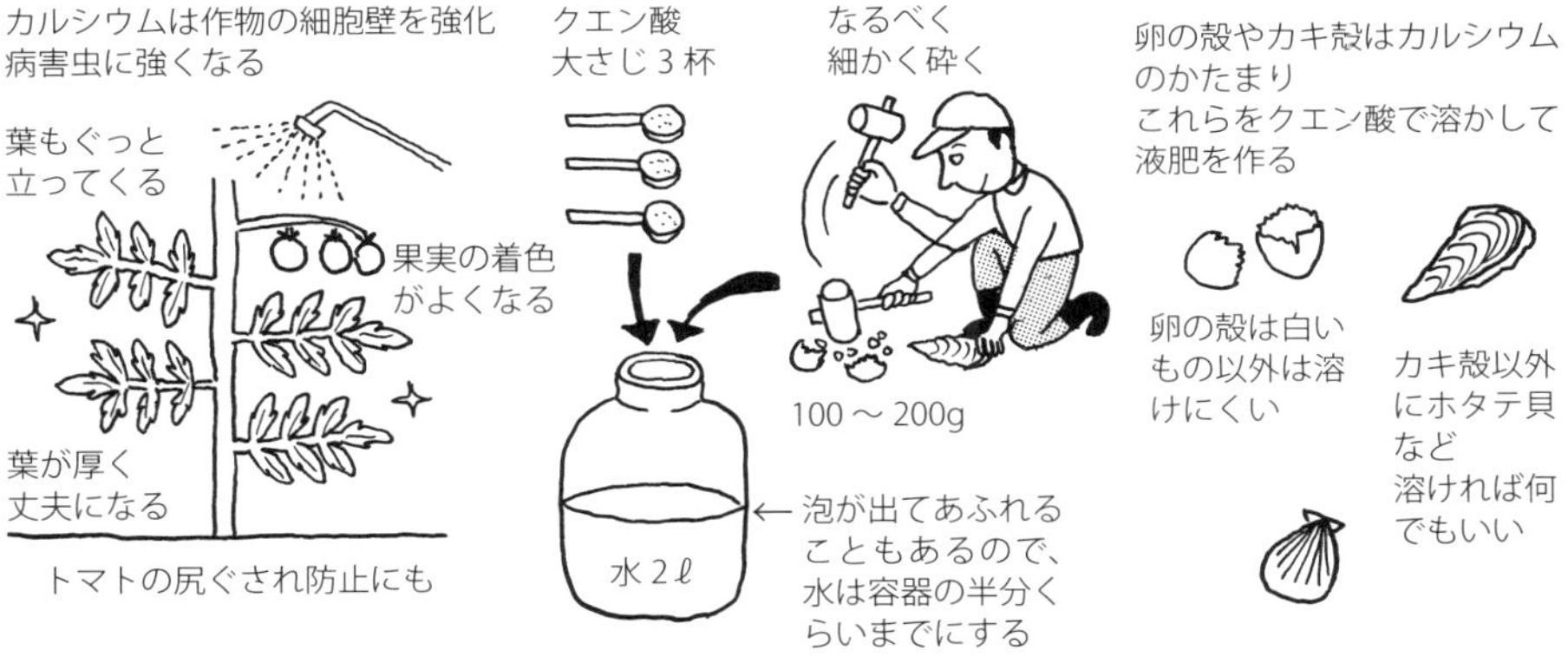
カルシウムは作物の細胞壁を強化
病害虫に強くなる
葉もぐっと
立ってくる
果実の着色
がよくなる
葉が厚く
丈夫になる
トマトの尻ぐされ防止にも
クエン酸
大さじ３杯
水２ℓ
なるべく
細かく砕く
100 〜 200g
泡が出てあふれる
こともあるので、
水は容器の半分く
らいまでにする
卵の殻やカキ殻はカルシウム
のかたまり
これらをクエン酸で溶かして
液肥を作る
卵の殻は白い
もの以外は溶
けにくい
カキ殻以外
にホタテ貝
など
溶ければ何
でもいい

⑩卵の殻やカキ殻

〈効果〉

卵の殻やカキ殻をクエン酸液に浸けて作るクエン酸カルシウムエキスは作物の抵抗力を高める効果があります。

〈作り方〉

卵やカキ殻を砕いて四ℓ容器に入れて、クエン酸を大さじ三杯入れて水を加えていくと泡が吹き出ます。殻が柔らかくなって溶けたら、ろ過して保存します。

〈使い方〉

八〇〇倍に希釈して、月に一度基本エキスに混ぜて朝方か夕方に一㎡あたり二五〇ccほど葉面散布します。カルシウムの効果で作物の葉が厚くなり、病気も出にくくなりトマトの尻ぐされも防ぎます。着色もよくなります。

卵の殻は砕いて作物の株元にばらまいておくことで、ネキリムシ、ヨトウムシよけにもなります。

病害虫別の防除対策と効果のある植物エキス

1 無農薬栽培で敵を知る

植物エキスをしっかり効かせるためには「敵を知る」、ということが欠かせません。私は畑の病害虫を観察して、発生しやすい時期や生理生態などを勉強しました。すると、たとえばアオムシはモンシロチョウが飛び始める時期に、忌避効果のあるハッカやタイムなどハーブ系の防除エキスを散布しておけば被害が出ないなど、病害虫ごとの抑えどころがわかってきたのです。

その中から特に家庭菜園で困る病気や害虫の、それぞれの特徴や弱点、効果のある植物エキスを紹介したいと思います。私なりの捉え方ですので、これを参考に皆さんが自分の畑の病害虫をよく観察して、効果的な防除方法を研究してみてください。

［家庭菜園で困る病気］

病気名	発生しやすい時期・作物	特徴、見分け方など	効果のある自然農薬
ウドンコ病	6～9月、ウリ科、ナス科、マメ科、イチゴ、果樹類に発生	乾燥すると発生する。葉にうどん粉をまき散らしたような白いカビが発生する	ニンニク、スギナ、ツクシ、ショウガなどの防除エキス
灰色カビ病	5～7月、特に梅雨時、トマト、ナス、キュウリ、カボチャ、レタス、イチゴなどに発生	低温多雨、過湿状態で発生。葉や花びら、果実などに灰褐色（ねずみ色）のカビが生える	ニンニク、スギナ、ノビル、カキドオシ、カワラヨモギ、ヒノキなどの防除エキス
ベト病	春から秋にかけてダイコン、キャベツ、キュウリ、カボチャ、ホウレンソウ、エダマメ、タマネギなどに	肥料不足のときに起こりやすい。葉脈にそって角型に斑紋ができる。葉裏にはカビ	スギナ、ニンニクの防除エキス
さび病	春から秋にかけてネギ、ニンニク、タマネギ、ラッキョウ、ニラなどユリ科の野菜に多発する	肥料切れのときに発生しやすい。サビのような橙黄色の斑ができる。ひどいと手にサビがつく	スギナ、ニンニク、アシタバの防除エキス。ミカンの皮も有効
軟腐病	初夏から秋にかけてハクサイ、カブ、ダイコン、タマネギ、ニンジン、キャベツなどに発生	高温多湿で発生しやすい。病気に強い品種を選ぶ。葉、茎と地面の接地面から腐って悪臭を放ちながら枯れる	ハハコグサやビワの防除エキス。酢の散布も有効
モザイク病	春から秋にかけてトマト、キュウリ、ピーマン、ダイコンなどほとんどの野菜に発生	アブラムシが媒介する。罹病株は焼却する。葉が緑色濃淡のモザイク状になる	ヨモギ、イタドリ、クララ、スイセンの防除エキス

〈ウドンコ病〉

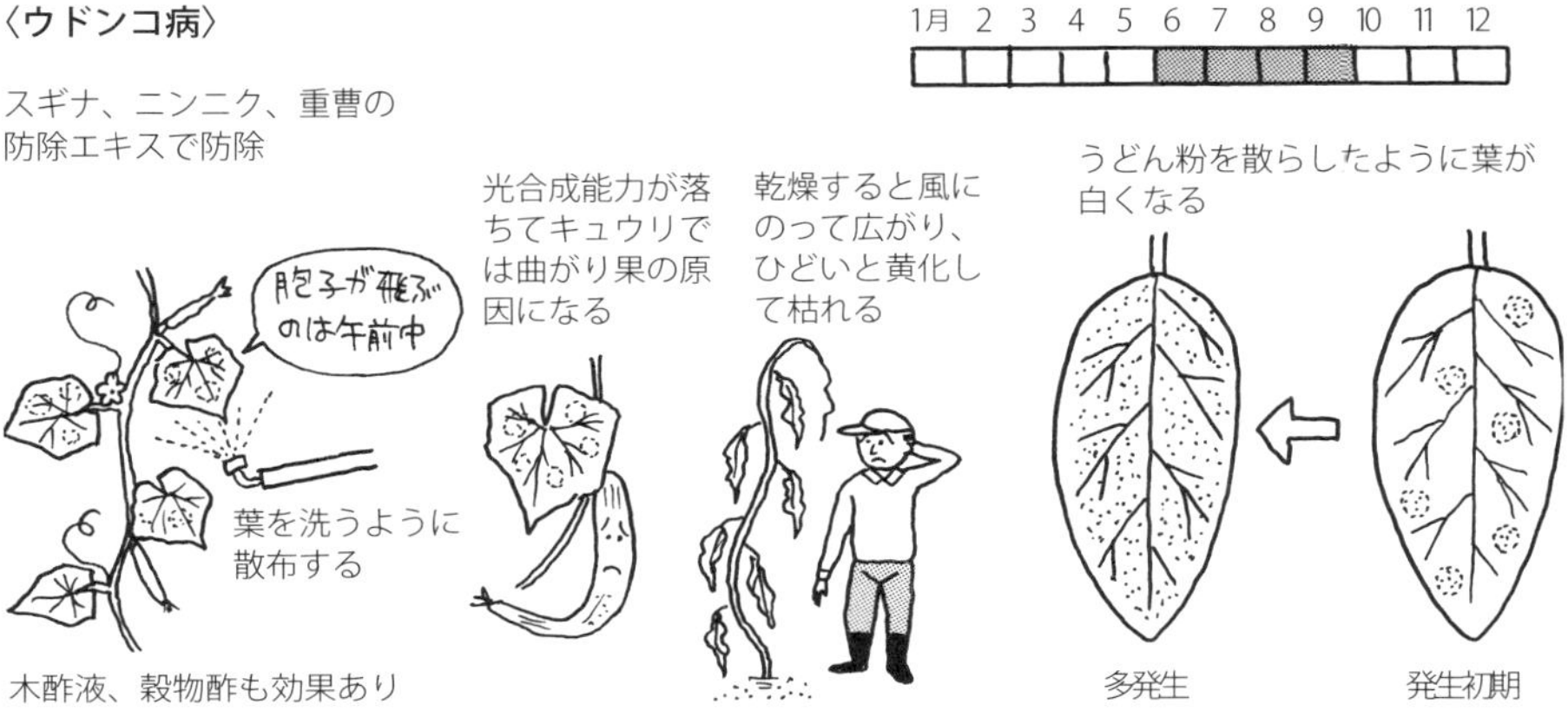
1月 2 3 4 5 6 7 8 9 10 11 12
スギナ、ニンニク、重曹の
防除エキスで防除
胞子が飛ぶのは午前中
葉を洗うように
散布する
木酢液、穀物酢も効果あり
光合成能力が落ちてキュウリでは曲がり果の原因になる
乾燥すると風にのって広がり、ひどいと黄化して枯れる
うどん粉を散らしたように葉が白くなる
多発生
発生初期

2 病気別防除対策

糸状菌（カビ）による病気

作物の病気は糸状菌（カビ）による病気、細菌（バクテリア）による病気、ウイルスによる病気に分けられます。

そのうち家庭菜園で問題になる病気のほとんどは糸状菌によるものです。糸状菌には作物にとって良い働きをするものもいれば病気の原因となるものもいます。米ぬかや木酢液を散布すると非病原性の糸状菌が増えるようです。

糸状菌類が起こす主な病気にはウドンコ病、灰色カビ病、ベト病などがあります。病気の症状はカビが生える、褐色の斑点ができる、水切れのようにしおれるなど、多様です。

糸状菌に対しては防除効果のある植物エキスは多く、発生初期に対応すれば抑えられるものもあります。

❶ウドンコ病

〈発生しやすい時期・作物〉

六～九月ころよく発生し、ウリ科、ナス科、マメ科、イチゴなど多くの作物が被害を受けます。

〈特徴〉

葉にうどん粉をまき散らしたような白いカビが発生し、ひどいと最後には枯れてしまいます。乾燥した条件でよく発生し、風によって広がります。

〈効果のある植物エキス・対策〉

乾燥すると発生して広がるので、散水だけでも予防効果があります。発生したら早めにスギナ、ニンニク、ショウガ、重曹の防除エキスを散布します。木酢液、穀物酢も効果があります。葉を洗うように散布してください。

胞子が飛ぶのは午前中なので散布は朝一〇時までにすませましょう。

〈ベト病〉

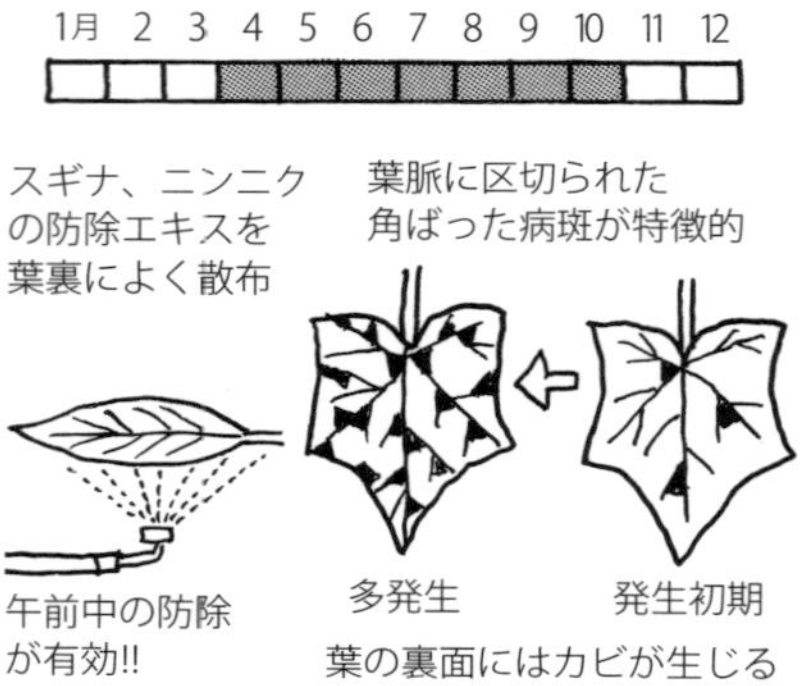

1月 2 3 4 5 6 7 8 9 10 11 12
スギナ、ニンニクの防除エキスを葉裏によく散布
葉脈に区切られた角ばった病斑が特徴的
午前中の防除が有効!!
多発生
発生初期
葉の裏面にはカビが生じる

〈灰色カビ病〉

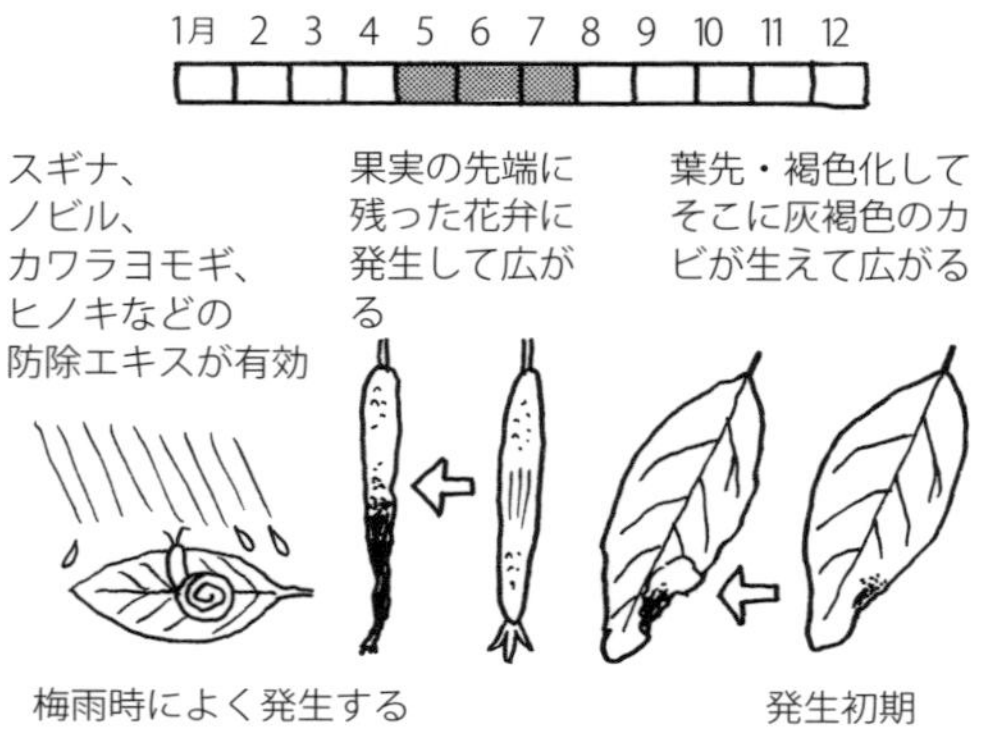

1月 2 3 4 5 6 7 8 9 10 11 12
スギナ、ノビル、カワラヨモギ、ヒノキなどの防除エキスが有効
果実の先端に残った花弁に発生して広がる
葉先・褐色化してそこに灰褐色のカビが生えて広がる
梅雨時によく発生する
発生初期

❷灰色カビ病

〈発生しやすい時期・作物〉

五～七月、特に梅雨の時期に発生してトマト、ナス、キュウリ、カボチャ、レタス、イチゴなど多くの作物が被害を受けます。

〈特徴〉

葉や花、果実に灰褐色（ねずみ色）のカビが生える病気です。ハウス栽培に多い病気ですが、低温多雨で過湿状態になると露地でも発生します。しぼんだ花や枯れた葉、傷口など弱った部分から侵入してどんどん広がります。

〈効果のある植物エキス・対策〉

風通しを良くして、終わった花や枯れ葉を取り除いて予防します。

発生してしまったら早目にニンニク、スギナ、ノビル、カキドオシ、カワラヨモギ、ヒノキの防除エキスを散布します。梅雨どきは注意して観察し、早めに手を打ちましょう。

❸ベト病

〈発生しやすい時期・作物〉

春先から秋にかけて、特に初夏に多く発生します。特にダイコン、キャベツ、ハクサイなどのアブラナ科、キュウリ、カボチャなどのウリ科に被害が多いようですが、ホウレンソウ、エダマメ、タマネギ他も被害を受けます。

〈特徴〉

葉脈に区切られて角ばった形に黄色い斑紋ができ、葉の裏にはカビが生えます。伝染のスピードは早いようです。風に乗って広がり、葉が濡れていれば菌糸を伸ばすようです。

〈効果のある植物エキス・対策〉

肥料不足で起こりやすいので肥料切れしないようにします。また水はけの悪い畑も要注意です。

防除にはスギナ、ニンニクの防除エキスが有効です。ベト病菌は葉の裏から侵入します。葉裏によく散布します。

〈モザイク病〉

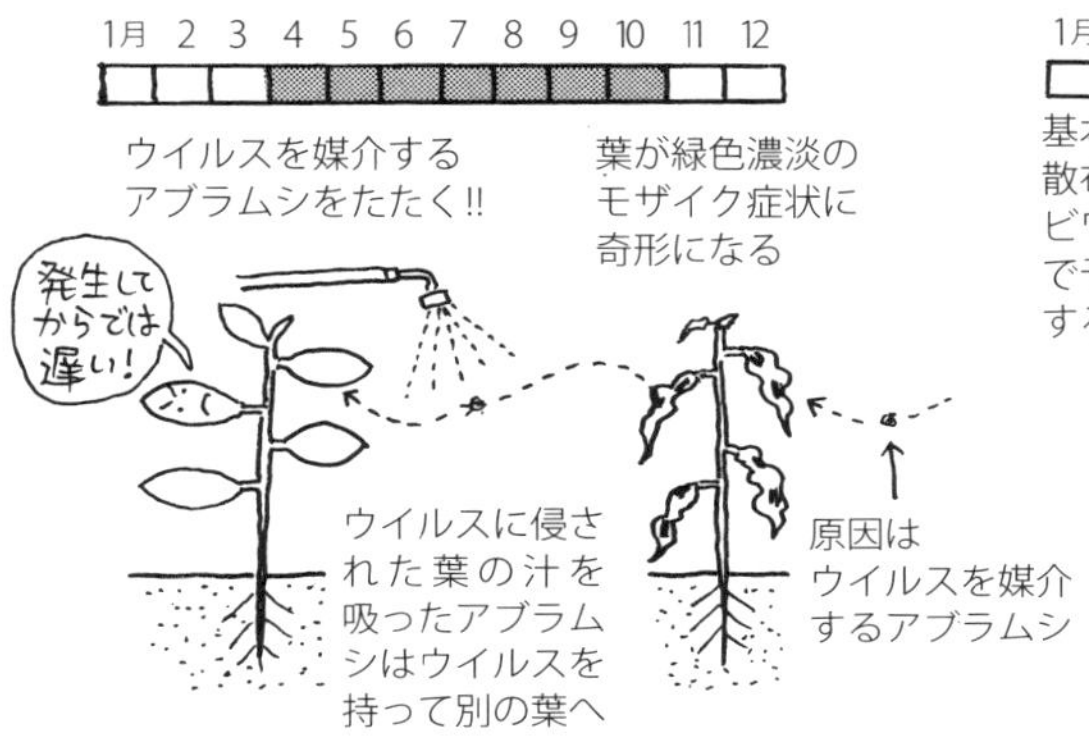
1月 2 3 4 5 6 7 8 9 10 11 12
ウイルスを媒介するアブラムシをたたく!!
葉が緑色濃淡のモザイク症状に奇形になる
発生してからでは遅い！
ウイルスに侵された葉の汁を吸ったアブラムシはウイルスを持って別の葉へ
原因はウイルスを媒介するアブラムシ

〈軟腐病〉

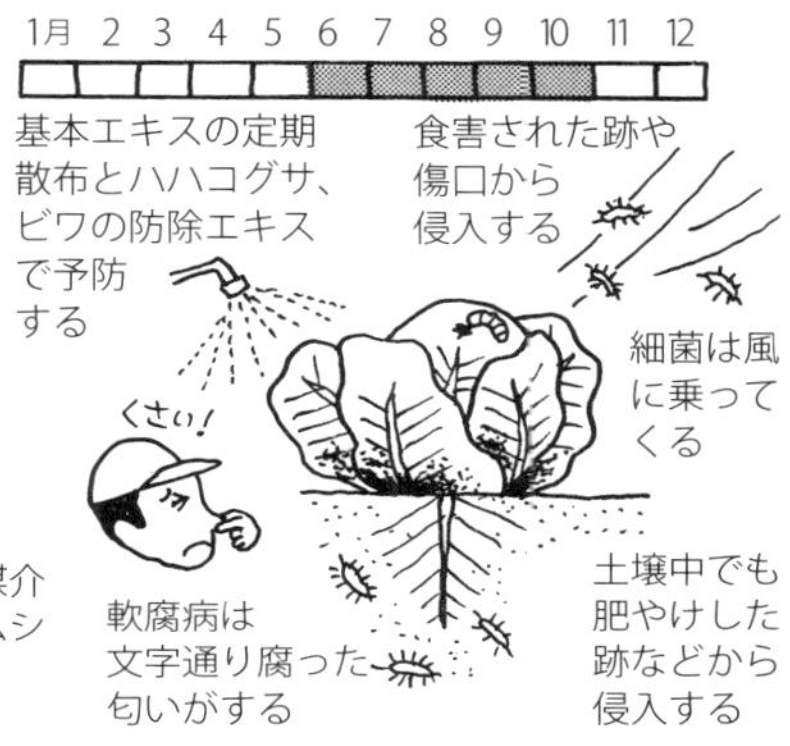
1月 2 3 4 5 6 7 8 9 10 11 12
基本エキスの定期散布とハハコグサ、ビワの防除エキスで予防する
食害された跡や傷口から侵入する
細菌は風に乗ってくる
くさい！
軟腐病は文字通り腐った匂いがする
土壌中でも肥やけした跡などから侵入する

細菌による病気（軟腐病）

細菌（バクテリア）が原因で起こる病気には軟腐病や青枯れ病などがあります。茎や根の傷口から細菌が侵入して株全体が腐ったり枯れたりします。発生後はすぐに株全体を処分します。

〈発生しやすい時期・作物〉

キャベツ、ハクサイ、カブ、ダイコン、タマネギ、ニンジンなどに六月から一〇月ころまで発生します。

〈特徴〉

軟腐病は高温多湿時、葉や茎が接地面から腐って全体がベトベトになり悪臭を放ちながら枯れてしまいます。

〈効果のある植物エキス・対策〉

抵抗性品種を選びましょう。植え付けは高うねにし水はけをよくします。

基本エキスの定期散布で強く育てます。ハハコグサやビワのエキス、または酢（木酢液、穀物酢）の散布（三〇〇倍くらい）も予防に効果的です。

ウイルスによる病気（モザイク病）

ウイルスによって起こる病気にはモザイク病や黄化えそ病があります。モザイク病はアブラムシ、黄化えそ病はアザミウマが媒介する病気です。

〈発生しやすい時期・作物〉

春から秋、アブラムシが発生する時期に発生し、トマト、キュウリ他ほとんどの野菜に被害があります。

〈特徴〉

葉が縮んでモザイク状の斑点が現れ、全体が黄色くなって枯れてしまいます。アブラムシが媒介します。

〈効果のある植物エキス・対策〉

発生したら有効な手立てはありませんので根から抜いて処分します。

ヨモギ、イタドリ、クララ、ニンニク、スイセンには抗ウイルス成分が含まれていて予防に効果があります。

アブラムシを防除することで予防できます。（次ページを参考）

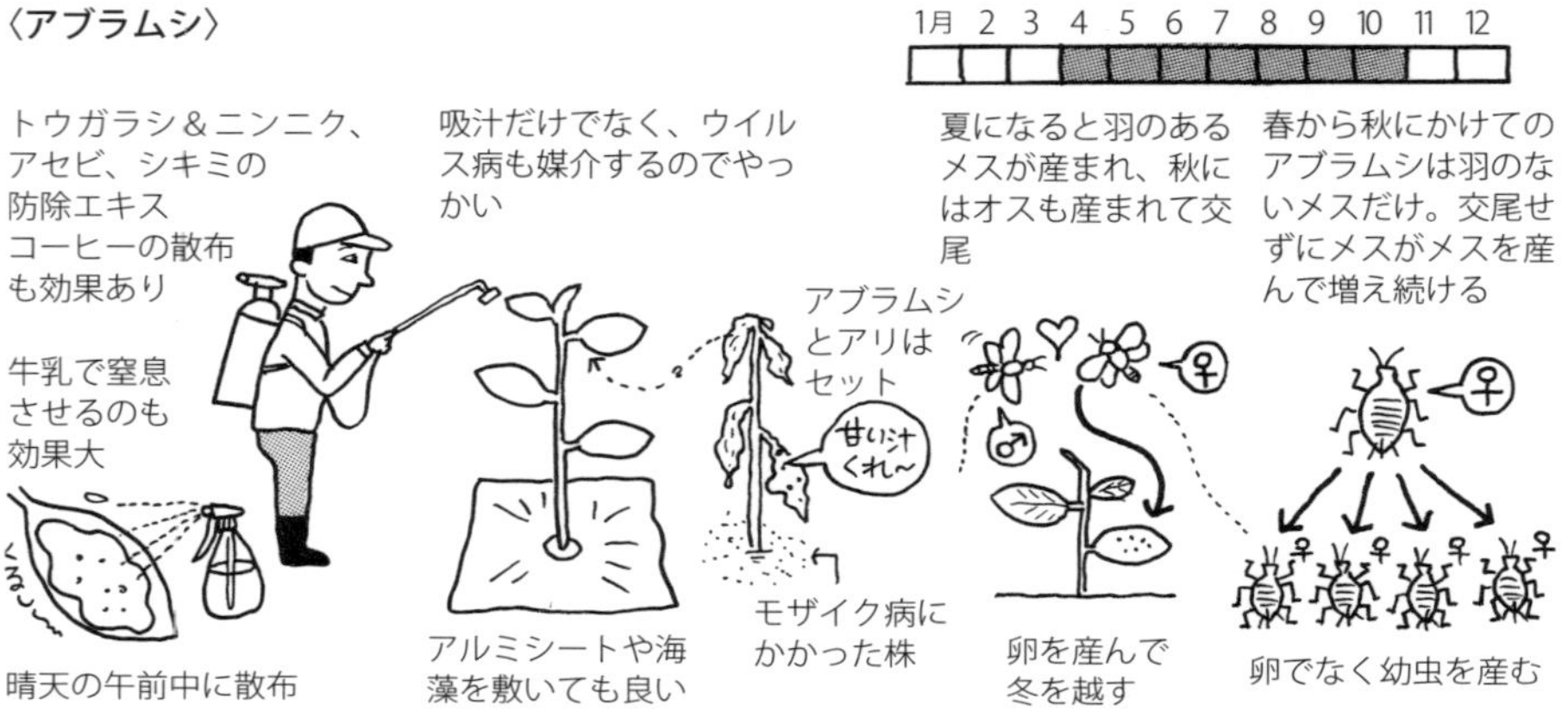
〈アブラムシ〉
1月 2 3 4 5 6 7 8 9 10 11 12
トウガラシ＆ニンニク、アセビ、シキミの防除エキス
コーヒーの散布も効果あり
牛乳で窒息させるのも効果大
晴天の午前中に散布
吸汁だけでなく、ウイルス病も媒介するのでやっかい
アルミシートや海藻を敷いても良い
アブラムシとアリはセット
甘い汁くれ～
モザイク病にかかった株
夏になると羽のあるメスが産まれ、秋にはオスも産まれて交尾
卵を産んで冬を越す
春から秋にかけてのアブラムシは羽のないメスだけ。交尾せずにメスがメスを産んで増え続ける
卵でなく幼虫を産む

3 害虫別防除対策

❶アブラムシ

〈被害を受ける時期・作物〉

害虫の代表ともいえるアブラムシ。春から秋にかけて、ほとんどの野菜が被害を受けます。

〈特徴〉

アブラムシは作物の汁液を吸うだけでなく、吸汁する際にウイルスを感染させてモザイク病を媒介したり、排泄物によってスス病を引き起こしたりやっかいな害虫です。また農薬には耐性がつきやすく薬剤防除も難しいようです。

アブラムシのお尻から排出される甘露を求めて、アブラムシがいるところには必ずアリが集まってきます。アリの行列を見つけたら葉裏にアブラムシがいると思っています。黄色が好きで集まってきます。資材などは気をつけましょう。

〈効果のある植物エキス・対策〉

アセビ、シキミの防除エキスや牛乳で殺虫することができます。またクスノキ、キハダ、トウガラシ、ニンニクの防除エキス散布で発育阻害が可能です。コーヒーも効果があります。

そもそも窒素過多の作物に喜んで集まる傾向があるので、施肥過剰にならないよう気をつけましょう。寒冷紗による予防も効果的です。アルミシートも効果があります。アブラムシは背中に光を受けることで平衡感覚を保っています。作物の周りにアルミシートを張っておくと光が地面から反射されてうまく飛べなくなってしまうのです。

それから野菜を植える際にニラ、ショウガ、トウガラシ、ニンニク、キンレンカなどを近くに植えると寄り付きません。

［家庭菜園で困る害虫］

害虫名	発生しやすい時期・作物	特徴、見分け方など	効果のある自然農薬
アブラムシ	春から秋にかけて、ほとんどの野菜が被害を受ける	窒素過多になると増える。植物の樹液を吸うだけでなく、モザイク病を媒介したり排泄物によってスス病を	アセビ、クスノキキハダの防除エキス。牛乳、コーヒーも効果あり
ダニ類（ハダニ、ホコリダニ）	春から秋にかけてウリ科、ナス科、イチゴ、マメ科、果樹類などに発生	葉の裏に非常に小さい（0.5㎜くらい）点々がつく。多発すると葉全体が白くなってしまう	ニンニク、ヒノキ、キンレンカ、クサノオウ、キハダの防除エキス。葉裏に水をかけるのも効果あり
ナメクジ	梅雨の時期と秋、多くの野菜類に発生	日陰など湿り気の多い畑に出る。主に夜間に活動する	ビールを小皿に入れて畑に置き、夜集まったところを駆除。米ぬか、バナナの皮も同様
ヨトウムシ（ヨトウムシ、ハスモンヨトウ）	春5～6月ころと秋9～10月ころの年2回、野菜全般に発生	昼間は土にもぐり夜に食害する。身体をくの字に曲げて移動するのでわかりやすい	クスノキ、キハダの防除エキス。卵の殻を株の根元に置く
ネキリムシ（タマナヤガ、カブラヤガ）	春と秋に多く、ほとんどの野菜に発生	夜行性で日中は土にもぐっている。夜に野菜の根元をかじって株を倒してしまう	アセビ、クスノキ、キハダ、クサノオウなどの防除エキス。ドクダミを生葉のまま株元に敷く、卵の殻を砕いて株元に散布
アオムシ	春から秋にかけて、アブラナ科の野菜に発生	モンシロチョウの幼虫	スノキ、キハダ、センダン、ローズマリーの防除エキス
ハモグリバエ	春から秋にかけてマメ類、ネギ類、ナス科などに発生	葉に曲がりくねった白いすじができる。家庭菜園ならそれほど問題ない	アセビやクスノキの防除エキスを予防的に散布
ネコブセンチュウ	春から秋、多くの野菜に発生	根にコブができる。地上部は朝夕元気で、日中しおれる	マリーゴールド、エビス草、ハブ草などを植える。コーヒーカスを植え付け前に土壌にすき込む
アワノメイガ	暖地で5～9月にトウモロコシに発生	トウモロコシの茎や穂にもぐって食害する	センニンソウ、クララ、アセビ、オトギリソウの防除エキス
カメムシ	春から秋にかけてイネや果樹、野菜に発生	ナスなどは吸われた部分がへこんでしまう	センダン、アセビ、クララ、オトギリソウの防除エキス
コガネムシ類（ヒメコガネ、マメコガネ）	夏に多い。ウリ類やマメ類など多くの野菜に発生	幼虫は土の中でイモを食害	アセビの防除エキス
カイガラムシ	春から秋にかけて樹木、果樹類などに発生	幹、枝に白いロウ状の物質がつく	クスノキ、キハダのエキス散布で生育阻害が可能
テッポウムシ（カミキリムシの幼虫）	年1回、果樹類に発生	幹にもぐって内部をかじる。夕方から夜に活動	アセビの防除エキス

❷ダニ類（ハダニ、ホコリダニ）

〈被害を受ける時期・作物〉

春から秋にかけて、ウリ科、ナス科、イチゴ、マメ科、果樹類など広範囲に被害があります

〈特徴〉

葉の裏に非常に小さい点々（〇・五㎜くらい）がつけばハダニです。葉の汁を吸い、吸われた部分は白くなり、多発すると葉全体が白くなってしまいます。ハダニはクモの親戚でクモの巣状の網を張るのも特徴です。乾燥すると発生しやすいので日照りが続くようなら注意しましょう。

〈効果のある植物エキス・対策〉

ニンニク、ヒノキ、キンレンカ、クサノオウ、クスノキ、キハダの防除エキスで発育阻害が可能です。またクエン酸二〇〇〇倍＋穀物酢五〇〇倍液でも効果があります。葉裏に強く放水するだけでも効果があります。

〈ダニ類〉

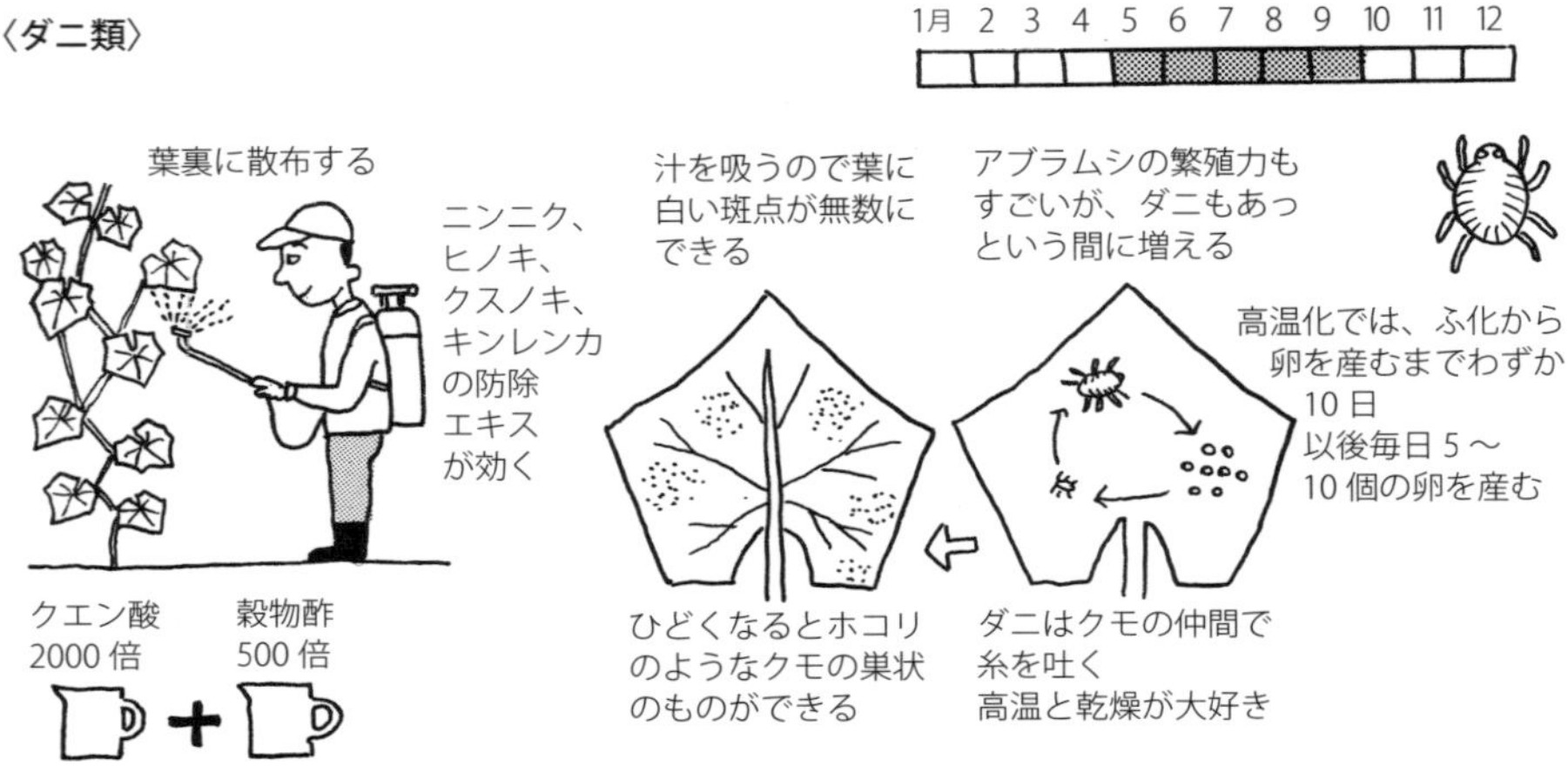
1月 2 3 4 5 6 7 8 9 10 11 12
葉裏に散布する
ニンニク、ヒノキ、クスノキ、キンレンカの防除エキスが効く
汁を吸うので葉に白い斑点が無数にできる
アブラムシの繁殖力もすごいが、ダニもあっという間に増える
高温化では、ふ化から卵を産むまでわずか10日
以後毎日5～10個の卵を産む
クエン酸
2000倍
穀物酢
500倍
でも効果あり
ひどくなるとホコリのようなクモの巣状のものができる
ダニはクモの仲間で糸を吐く
高温と乾燥が大好き

〈ナメクジ〉

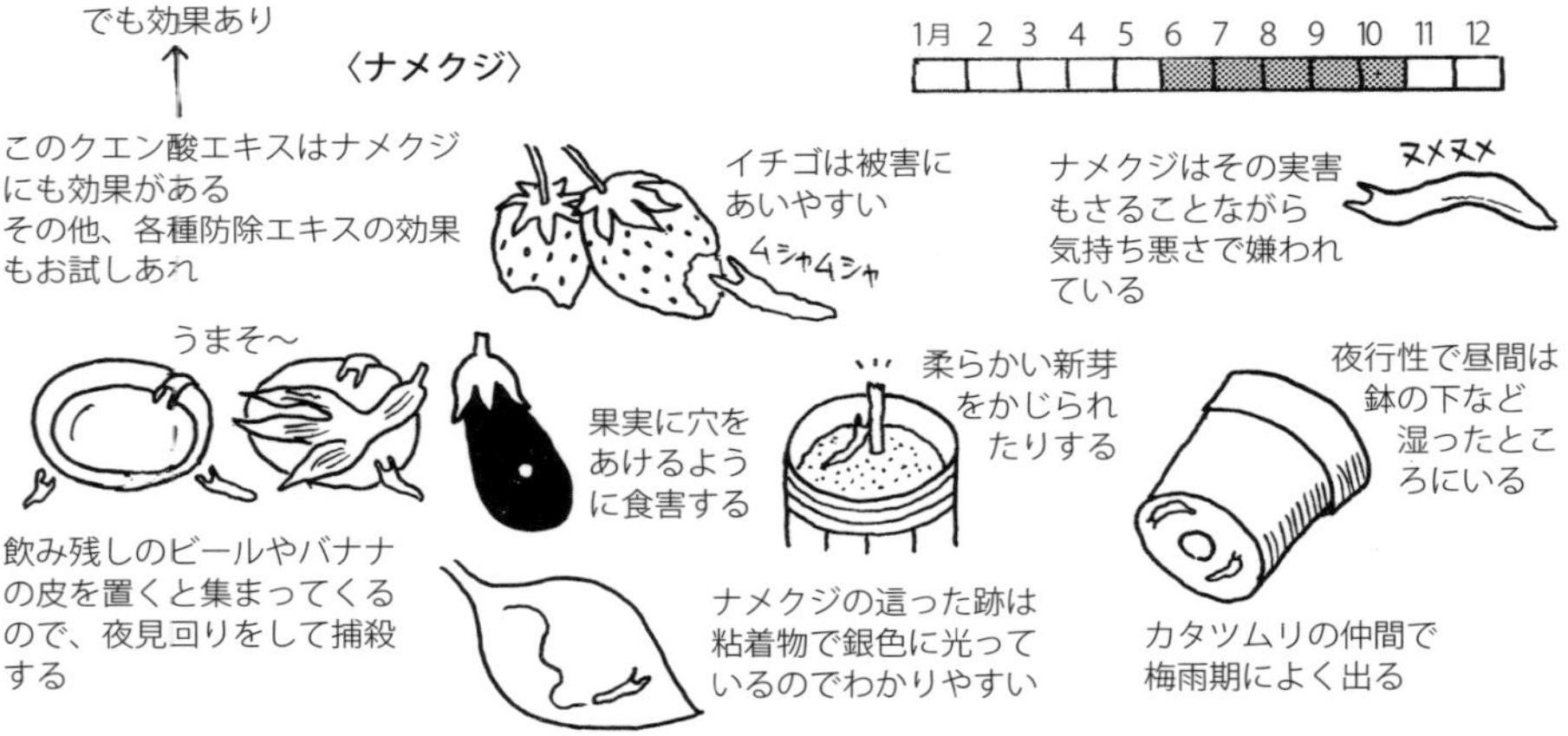
1月 2 3 4 5 6 7 8 9 10 11 12
このクエン酸エキスはナメクジにも効果がある
その他、各種防除エキスの効果もお試しあれ
イチゴは被害にあいやすい
ムシャムシャ
ナメクジはその実害もさることながら気持ち悪さで嫌われている
ヌメヌメ
うまそ～
果実に穴をあけるように食害する
柔らかい新芽をかじられたりする
夜行性で昼間は鉢の下など湿ったところにいる
飲み残しのビールやバナナの皮を置くと集まってくるので、夜見回りをして捕殺する
ナメクジの這った跡は粘着物で銀色に光っているのでわかりやすい
カタツムリの仲間で梅雨期によく出る

❸ナメクジ

〈被害を受ける時期・作物〉

イチゴ、ナス、キャベツ、ハクサイなど、梅雨の時期や秋口に被害が多くなります。キャベツの中に潜んでいることがあり、台所で驚くことになります。

〈特徴〉

日陰など湿り気の多い畑に出ます。ワラや枯れ草の下を住みかにして主に夜間活動します。意外と大食漢でナスなどには穴をあけます。食べた後に粘着物がついて銀色に光るのが特徴です。

〈効果のある植物エキス・対策〉

ビールを小皿に入れて畑に置くと夜集まってくるので割り箸などで駆除します。米ぬか、バナナの皮などでも同じように集まります。

アセビやクエン酸エキスも効果大です。

〈ネキリムシ〉

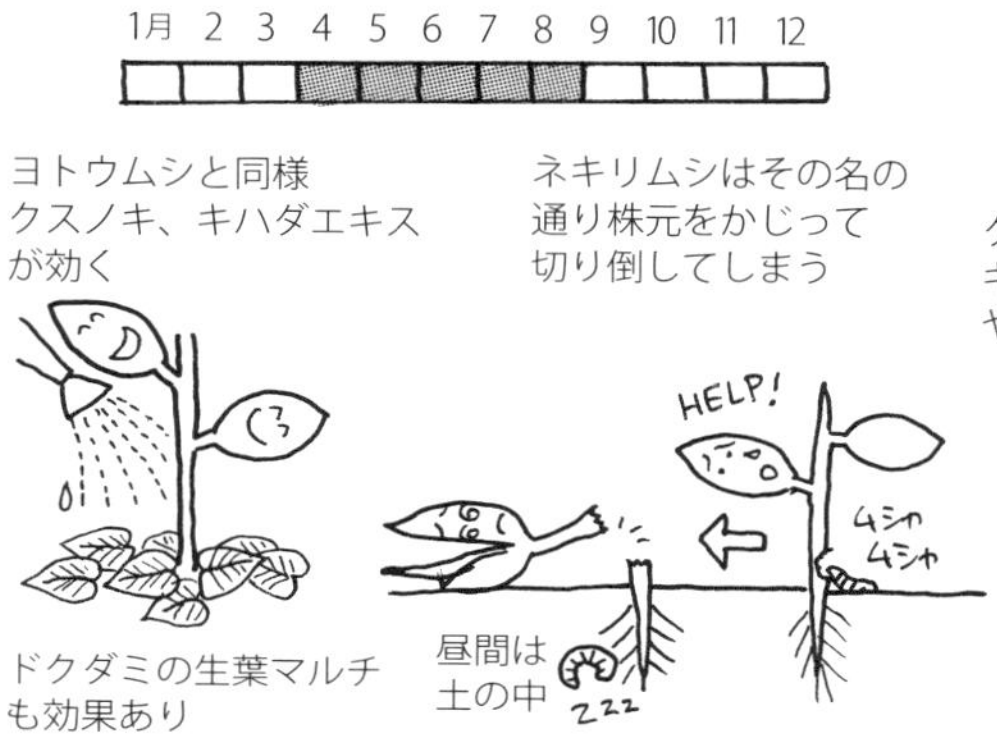
1月 2 3 4 5 6 7 8 9 10 11 12
ヨトウムシと同様
クスノキ、キハダエキス
が効く
ネキリムシはその名の
通り株元をかじって
切り倒してしまう
HELP!
ムシャ
ムシャ
ドクダミの生葉マルチ
も効果あり
昼間は
土の中
ZZZ

〈ヨトウムシ〉

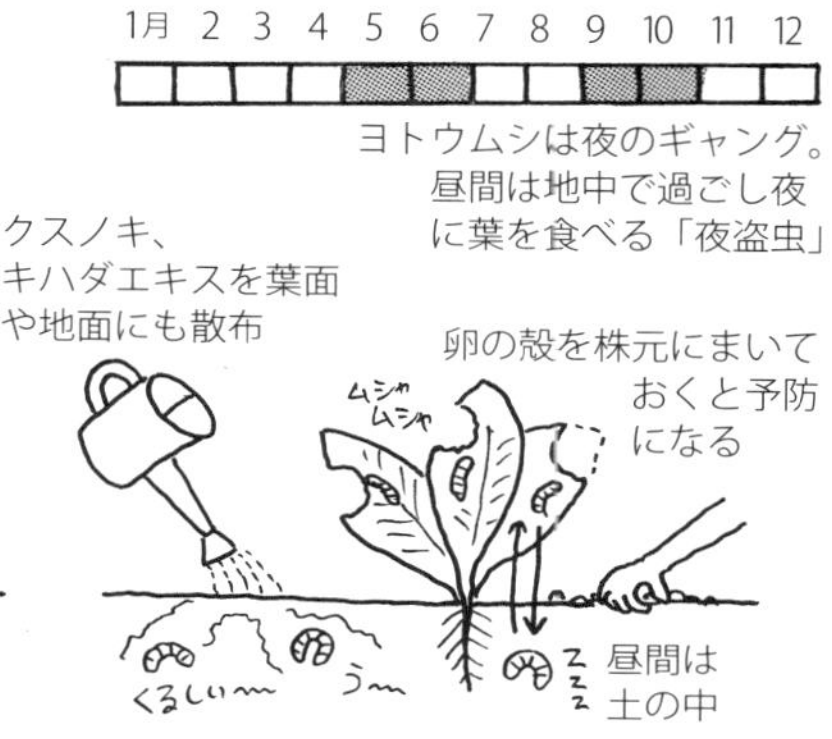
1月 2 3 4 5 6 7 8 9 10 11 12
ヨトウムシは夜のギャング。
昼間は地中で過ごし夜
に葉を食べる「夜盗虫」
クスノキ、
キハダエキスを葉面
や地面にも散布
卵の殻を株元にまいて
おくと予防
になる
ムシャ
ムシャ
くるしい~~
う~~
ZZZ
昼間は
土の中

❹ヨトウムシ

〈被害を受ける時期・作物〉

春五～六月ころと秋九～一〇月ころの年二回発生。野菜ならなんでも被害があります。

〈特徴〉

漢字で書くと「夜盗虫」、夜に暗躍するギャングです。ガの幼虫で、ふ化して二〇日くらいは野菜の葉が半透明になるくらいに食害します。身体をくの字に曲げて移動するのでアオムシと見分けがつきます。老齢幼虫は、昼間は土の中で夜になると葉を食べます。

〈効果のある植物エキス・対策〉

卵の殻を株の根元にまいておくと被害にあいにくい。クスノキ、キハダエキスの散布で発育阻害が可能です。ふ化したての幼虫は集団で固まっているので、葉が薄く透き通っていたら葉裏を確認して見つけたら葉っぱごと切って処分します。

❺ネキリムシ

〈被害を受ける時期・作物〉

冬以外はいつでも被害があり、特に春と秋に多いです。多くの野菜が被害を受けます。

〈特徴〉

ヨトウムシと同じように夜に活動します。野菜の根元をかじって株を倒してしまいます。朝、畑に行って株が倒れていたら間違いなくネキリムシのしわざです。

〈効果のある植物エキス・対策〉

ドクダミを生葉のまま株元に敷く、卵の殻を砕いて株元にまいておくことで忌避効果があります。クサノオウ、クスノキ、キハダの防除エキスの散布で発育阻害が可能です。

除草のときに注意深く土を掘って探して駆除するとよいでしょう。プランターではふちに潜んでいることが多いです

〈アオムシ〉

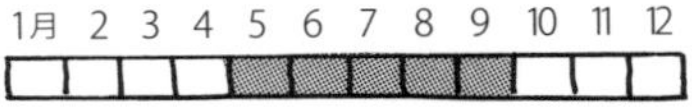
1月 2 3 4 5 6 7 8 9 10 11 12

キャベツは産卵されると
揮発成分を出す
先客がいるのね
オオモンシロチョウの
メスは、それを感知すると寄ってこないで、他のキャベツに産卵する
寒冷紗や防虫ネットで
防ぐのが有効
入れないわ
センダン、クスノキ、
ハーブ類が効く
ネットの
上から散布
すれば寄りつかない
食欲旺盛な害虫。
放っておくとあっという間
に穴だらけにされてしまう
アブラナ科の野菜が大好物よ

❻アオムシ

〈被害を受ける時期・作物〉

春から秋にかけてキャベツなどアブラナ科の野菜が被害を受けます。

〈特徴〉

ご存じのとおりモンシロチョウの幼虫です。食欲旺盛でキャベツやダイコンなどアブラナ科の野菜が必ず食害を受けます。

〈効果のある植物エキス・対策〉

センダン、ローズマリー、クスノキ、キハダの防除エキスの散布で発育阻害が可能です。忌避効果もあるのでモンシロチョウが飛んでいるのを見たら産卵されないように散布しましょう。

モンシロチョウに産卵させないためには、ネットや寒冷紗が有効です。防除エキスはネットの上から散布してかまいません。アオムシは大きいものになると目立ちますので見つけしだい駆除します。

❼ハモグリバエ

〈被害を受ける時期・作物〉

菜っ葉類、豆類、果菜類など春から秋にかけて被害があります。一カ月で成虫になるので繰り返し発生します。

〈特徴〉

葉にもぐって迷路のようにジグザグ跡をつけながら食害します。その跡から「絵描き虫」とも呼ばれています。見た目が悪くなりますが、自家消費するぶんには問題ありません。

〈効果のある植物エキス・対策〉

葉の内部にいるのでなかなか防除が難しいのですが、マメハモグリバエは葉で育って、サナギになる際には葉から落ちて土中で羽化します。アセビやクスノキの防除エキスを葉面と土壌に散布して、卵を産ませず羽化を防ぐのが効果的です。葉を透かすと葉の中の幼虫が見えます。少なければ指でつぶします。

〈ハモグリバエ〉

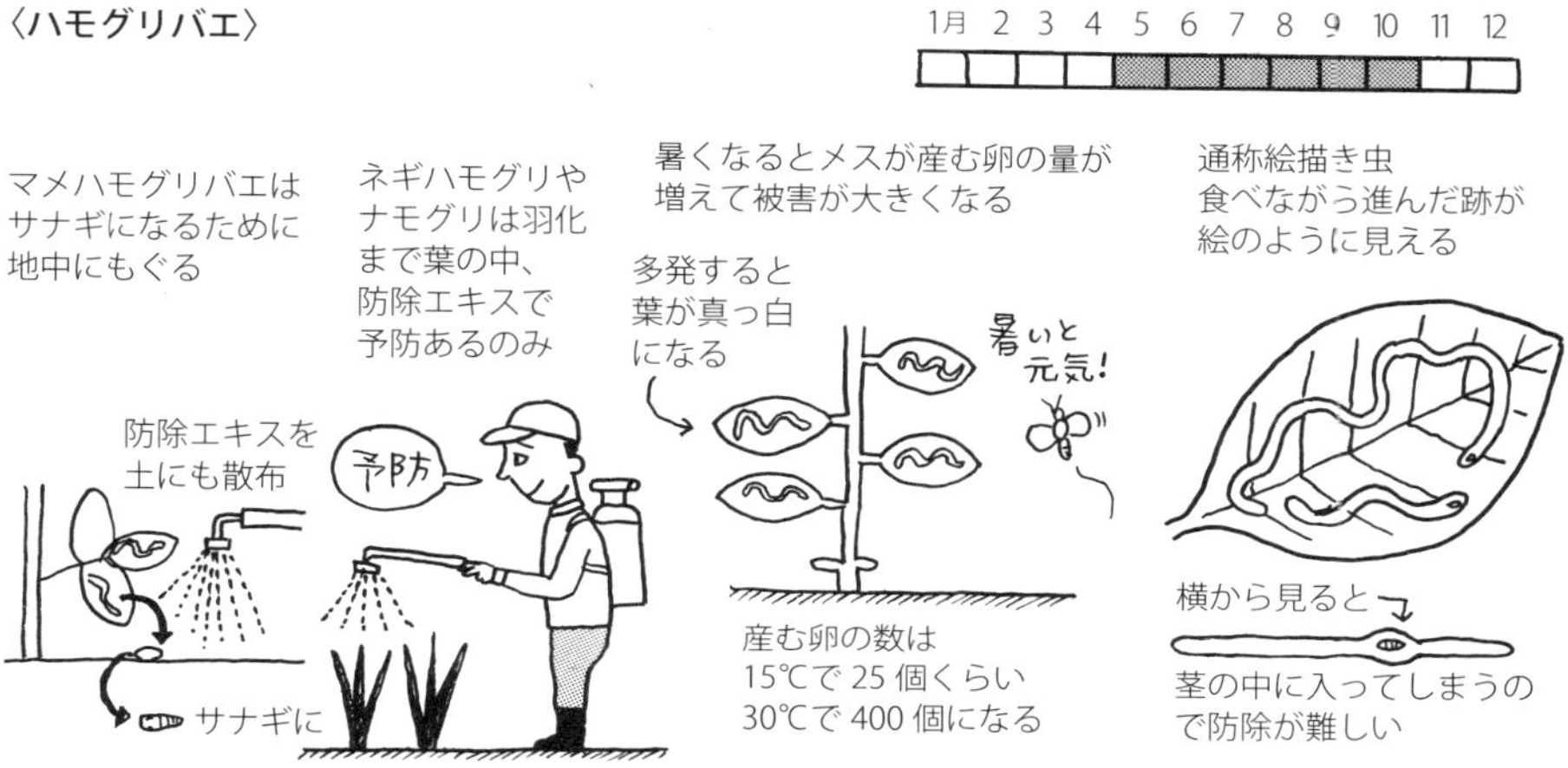
1月 2 3 4 5 6 7 8 9 10 11 12
マメハモグリバエは
サナギになるために
地中にもぐる
防除エキスを
土にも散布
サナギに
ネギハモグリや
ナモグリは羽化
まで葉の中、
防除エキスで
予防あるのみ
予防
暑くなるとメスが産む卵の量が
増えて被害が大きくなる
多発すると
葉が真っ白
になる
暑いと
元気!
産む卵の数は
15℃で 25 個くらい
30℃で 400 個になる
通称絵描き虫
食べながら進んだ跡が
絵のように見える
横から見ると
茎の中に入ってしまうの
で防除が難しい

〈ネコブセンチュウ〉

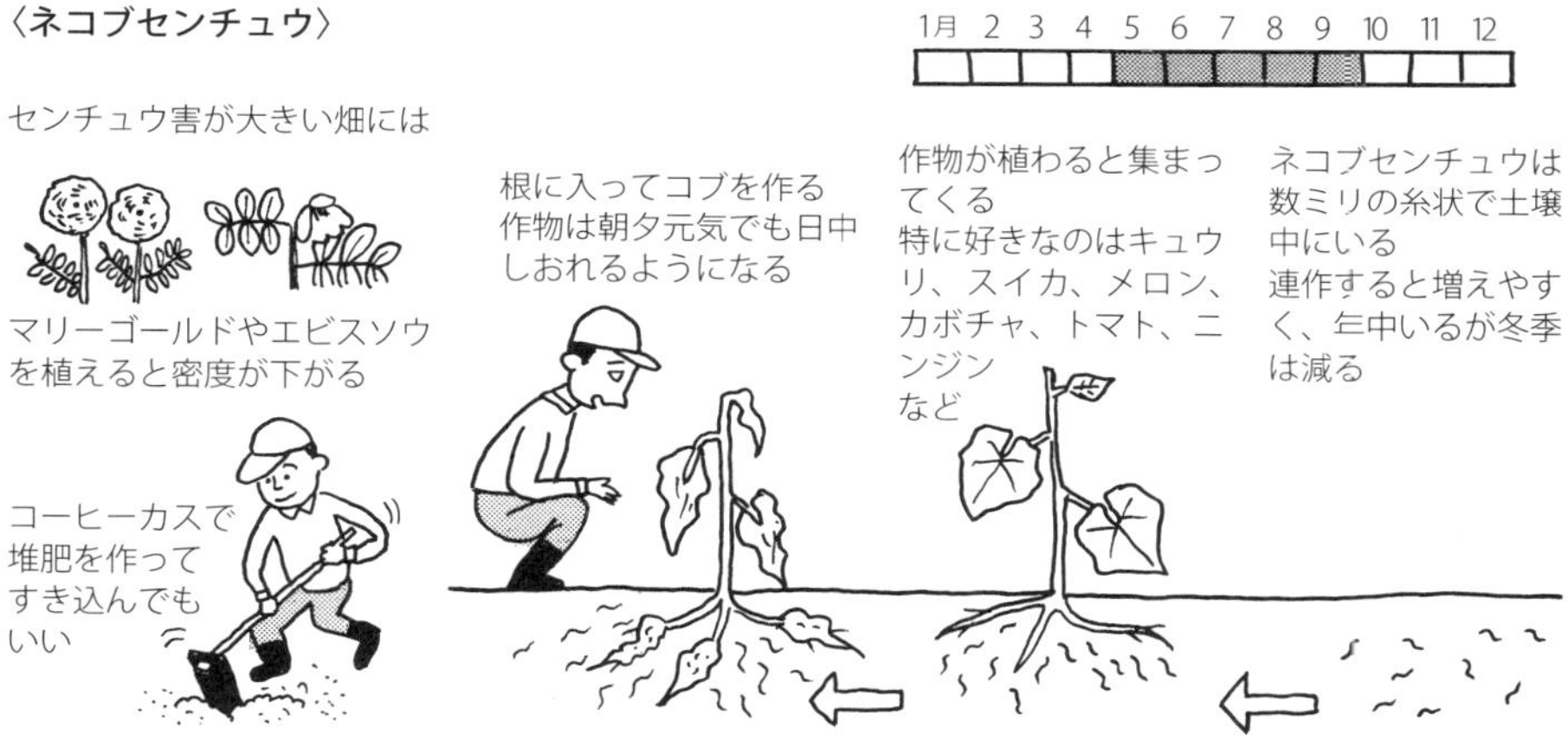
1月 2 3 4 5 6 7 8 9 10 11 12
センチュウ害が大きい畑には
マリーゴールドやエビスソウ
を植えると密度が下がる
コーヒーカスで
堆肥を作って
すき込んでも
いい
根に入ってコブを作る
作物は朝夕元気でも日中
しおれるようになる
作物が植わると集まっ
てくる
特に好きなのはキュウ
リ、スイカ、メロン、
カボチャ、トマト、ニ
ンジン
など
ネコブセンチュウは
数ミリの糸状で土壌
中にいる
連作すると増えやす
く、年中いるが冬季
は減る

❽ネコブセンチュウ

〈被害を受ける時期・作物〉

ウリ科、ナス科の果菜類、など多くの野菜が被害を受けます。

〈特徴〉

生育が悪くなって掘ると根にコブができています。朝夕は元気なのに昼間にしおれるようになるという特徴があります。

ネコブセンチュウは数ミリの糸状の虫で、作物の根に入って養分を奪います。

〈効果のある植物エキス・対策〉

マリーゴールド、エビスソウ、ハブソウなどを植えるとネコブセンチュウの密度を下げることができます。植え付け前の土壌にコーヒーカスをすき込んでも効果があります。

なにより連作を避けて、農薬を減らせば被害が減ります。

〈カメムシ〉

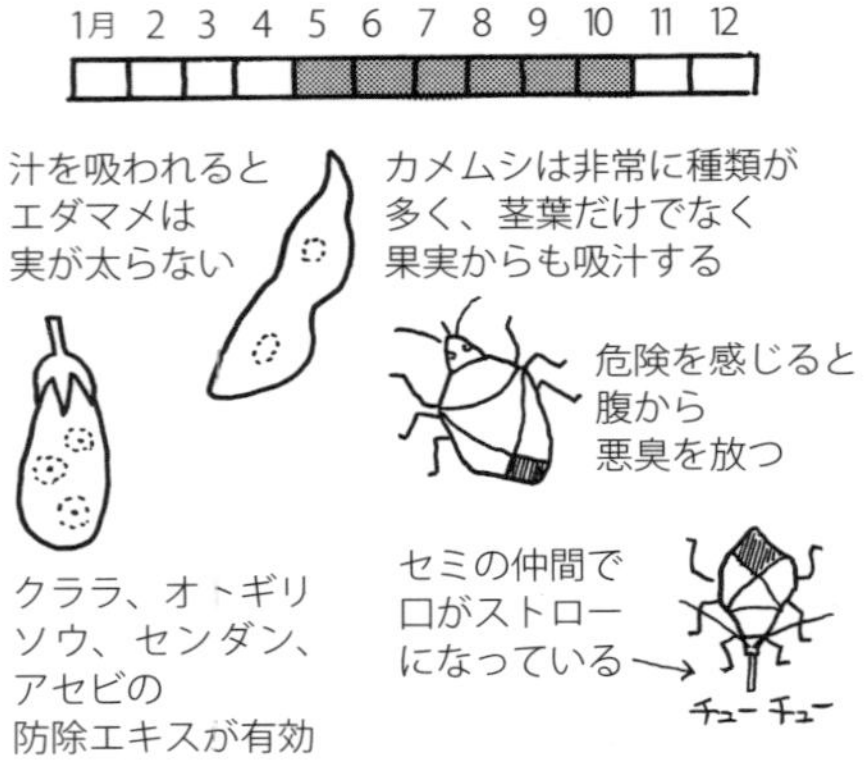
1月 2 3 4 5 6 7 8 9 10 11 12
汁を吸われるとエダマメは実が太らない
カメムシは非常に種類が多く、茎葉だけでなく果実からも吸汁する
危険を感じると腹から悪臭を放つ
クララ、オトギリソウ、センダン、アセビの防除エキスが有効
セミの仲間で口がストローになっている
チューチュー

〈アワノメイガ〉

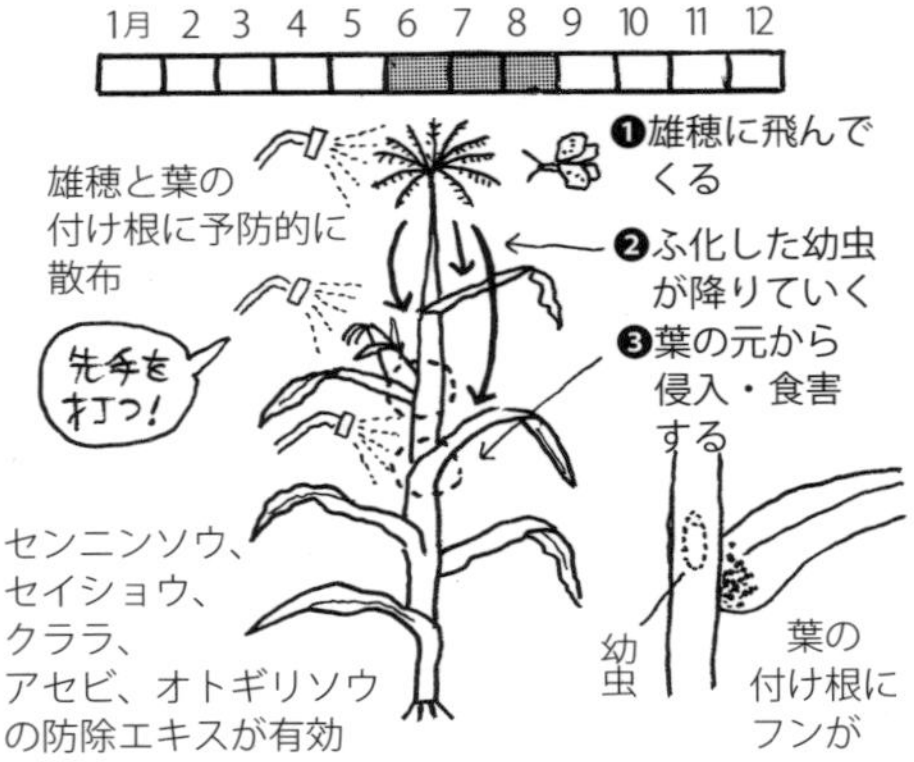
1月 2 3 4 5 6 7 8 9 10 11 12
雄穂と葉の付け根に予防的に散布
先手を打つ!
❶雄穂に飛んでくる
❷ふ化した幼虫が降りていく
❸葉の元から侵入・食害する
センニンソウ、セイショウ、クララ、アセビ、オトギリソウの防除エキスが有効
幼虫
葉の付け根にフンが

❾アワノメイガ

トウモロコシの大敵で、五〜九月に被害があります。茎や実の中に入って食害するので見つけにくいのですが、葉の付け根の部分から褐色のフンが出されるのでわかります。

作物の中に入ってしまうので防除は難しく、雄花、雌花が伸びてきたら予防的に葉の付け根の部分を狙ってクスノキ、シキミ、クララ、アセビ、オトギリソウの防除エキスを散布します。

❿カメムシ

春から秋にかけて野菜全般が被害を受けます。茎や果実から汁を吸います。吸われた所はくぼんでしまいます。

臭い匂いがつくので被害以上に嫌われています。クララ、オトギリソウ、センダン、アセビの防除エキスでしっかり防除できます。

モグラには正露丸

農薬を使わなくなると土壌中の微生物やミミズが増えます。それを目当てにモグラもやってきて、せっかく育った作物の根を切られたりしてなかなかやっかいです。

モグラは目が見えないので嗅覚が発達しています。私はそれを利用して正露丸やヒガンバナの球根をモグラよけに使っています。

モグラの巣は作業小屋の地下や大きな木の下にあるようで、そこから畑に通ってくる通路があります。畑の中では縦横無尽に走っているモグラの穴も、巣につながる通路は一つのようです。

その穴に一〇〜一五粒の正露丸かヒガンバナの球根を入れておけば匂いで三週間は寄り付きません。

モグラの穴は見つけしだいつぶし、何度つぶしても再び掘られるところが巣への通路です。

2章 木酢液＆木酢エキス

濃度によって、変化する多様な働きで病害虫防除

名木 酢太郎

木酢液を使いこなすコツのコツ

1 木酢液はマルチ効果の樹木エキス

昔から病害虫防除に利用されてきた

木酢液は、生の材木を炭焼き窯で高熱で蒸して木炭を作る際に、煙といっしょに出る水蒸気を回収装置で冷却した液です。いわば樹木の細胞液を抽出した、まさに植物エキスです。

昔は木材の防腐剤などにも使用されていました。明治時代には、木酢液を田んぼにまいたらイネの生育が良くなった、などの経験から篤農家が農業にも利用し始めました。その後、畑のネコブセンチュウへの効果も確認され、四〇年ほど前からその成分や効能、安全で効果の高い木酢液の作り方、使い方が研究され、広く普及され始めました。

現在では、無農薬、減農薬を目指す農家はもちろん、家庭菜園家にも大変利用されています。

竹炭を作る際に出る竹酢液や、モミ殻からクン炭を作る際に出るモミ酢液も同様の効果を持ち、利用されています。農業利用のほかにも、水虫やアトピーに効果があり、入浴剤や石けんとしての利用や、燻液の名称で食品添加物としても利用されています。

使い方によって多様な効果を発揮

このように多彩に利用されるのは、木酢液にいくつかの機能があり、使い方によっていろいろな効果が発揮されるからです。作物栽培で期待される木酢液の効果は、いくつかあります。

〈木酢液は炭焼きの副産物〉

木酢液は炭焼きの水蒸気
(煙)が冷えて液体になったもの
まさに樹木のエキス!!
水蒸気(煙)
竹管

炭ガマ
エントツ
水蒸気（煙）は長いエントツを通る間に冷えて、水滴となって落ちていく

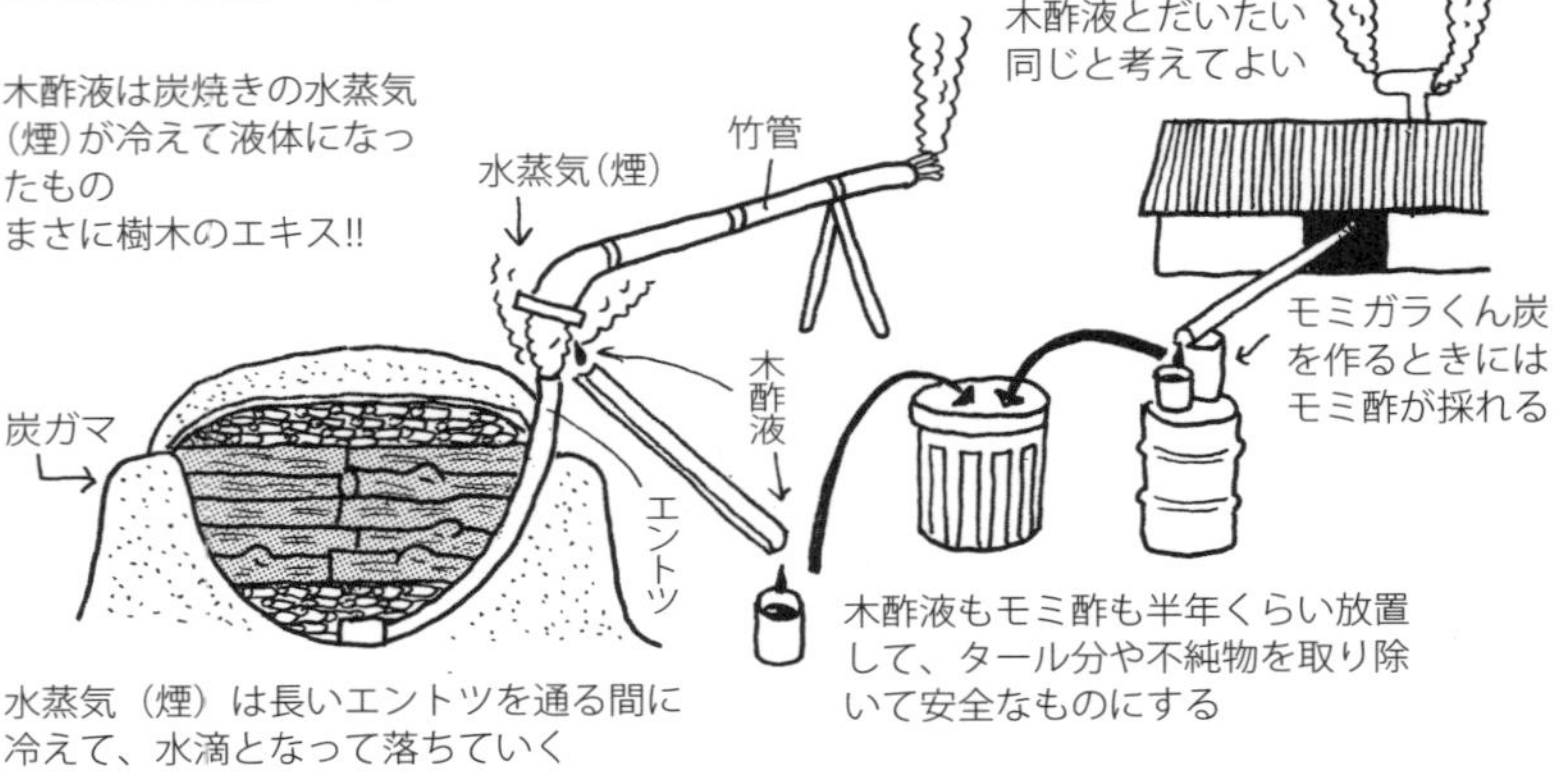
モミ酢、竹酢液も木酢液とだいたい同じと考えてよい

モミガラくん炭を作るときにはモミ酢が採れる
木酢液もモミ酢も半年くらい放置して、タール分や不純物を取り除いて安全なものにする

〈木酢液の多様な働きと効果〉

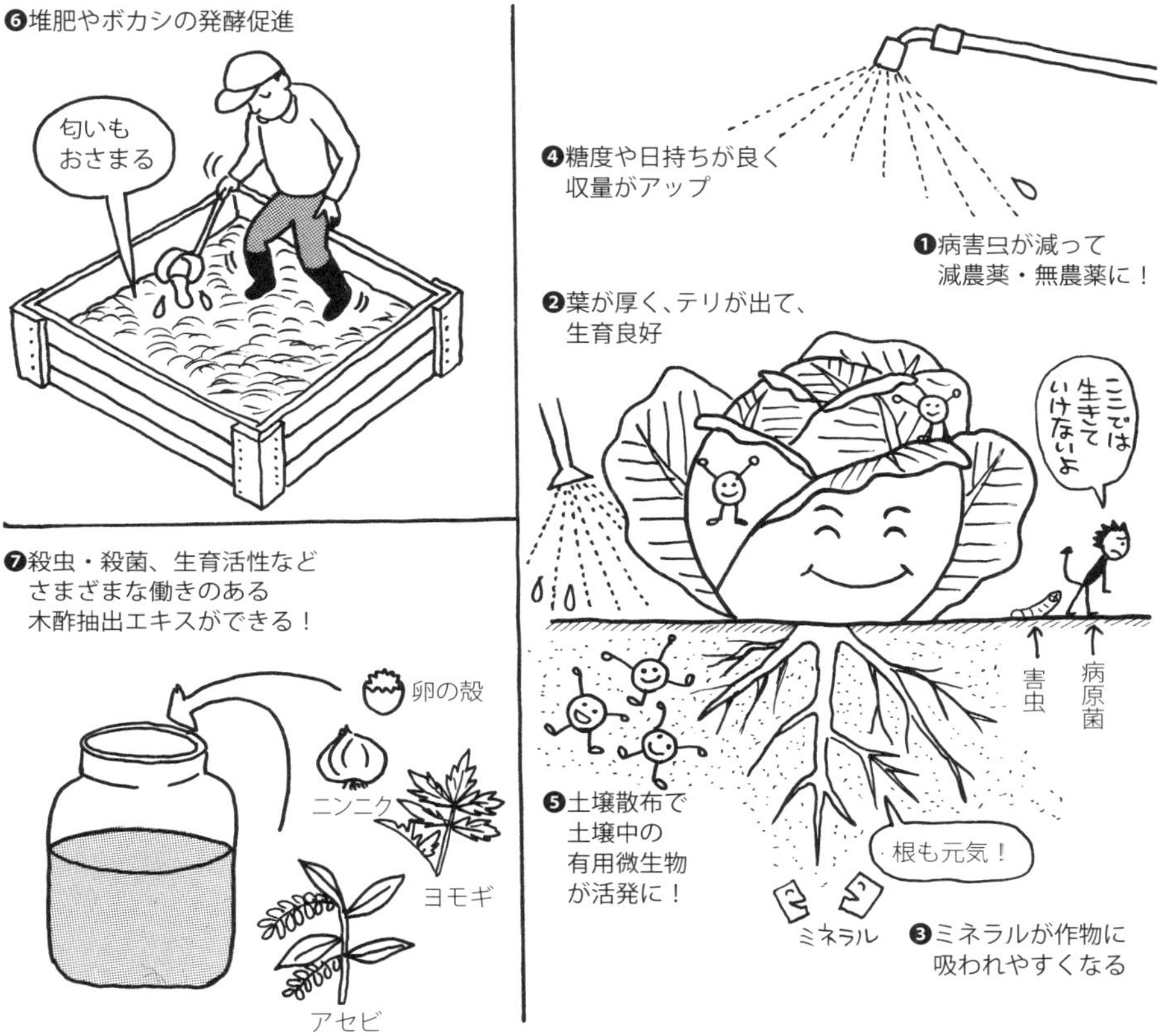
❻堆肥やボカシの発酵促進
匂いもおさまる
❼殺虫・殺菌、生育活性などさまざまな働きのある木酢抽出エキスができる！
卵の殻
ニンニク
ヨモギ
アセビ
❹糖度や日持ちが良く収量がアップ
❶病害虫が減って減農薬・無農薬に！
❷葉が厚く、テリが出て、生育良好
ここでは生きていけないよ
害虫
病原菌
❺土壌散布で土壌中の有用微生物が活発に！
根も元気！
ミネラル
❸ミネラルが作物に吸われやすくなる

①病気や害虫、発生が減り、減農薬、無農薬が可能になる
②葉が厚くテリが出て生育が良くなる
③吸われにくい成分やミネラルが吸われやすくなる
④糖度や日持ちが向上し、収量も多くなる
⑤土壌に散布すると土壌病害が減り、団粒構造が発達し土壌が良くなる
⑥堆肥やボカシ肥の発酵を促進、匂いを抑える
⑦植物などのエキスを抽出したり、カキ殻などを溶かす力が強いので、木酢エキスが簡単にできる

このように効果は非常に多様です。病気が減るしくみも、微生物や作物自身の健全化など間接的で、殺虫剤、殺菌剤、栄養剤など化学製品のように一口に効果を説明できません。

木酢液を使いこなすには、この木酢液の多様な効果のしくみや使い方を知ることが大切です。

［濃度によって変わる性質と使い方］

倍率	特徴	使い方
0倍（原液）	強酸性・殺菌作用	土壌消毒、素材を浸け込んでエキスを抽出
0～100倍	殺菌作用	土壌消毒（20倍） 冬場の果樹への散布（50倍・葉のない時期）
200～300倍	作物の生育抑制	窒素過多作物の病害予防、徒長防止、 防除木酢エキスの散布（300～500倍）
500～1000倍	微生物を増やす、作物の生育促進	定期葉面散布
1000～2000倍	微生物を増やす、作物の生育促進	かん水時の混用

2 木酢液は殺虫剤、殺菌剤ではない

二〇〇種類以上の成分の相乗効果で効く

木酢液に多様な効果があるのは、二〇〇種類を超える有機成分が含まれているからです。木酢液の九〇％は水分ですが、残り一〇％には多様な有機成分が含まれています。採取する時期や樹種や材の質、窯の種類、炭焼きの温度、天候などによって成分に差があり、デリケートですが、およそ左表のような成分が含まれています。

一番多いのは有機酸で、酢酸（含有機物に占める四九・三％）を筆頭に、プロピオン酸、酪酸など約三五種、含有される有機物の約五〇％を占めています。有機酸が多いので、木酢液の原液は酸性です。

メタノールやエタノールなどのアルコール類は約三五種、一〇％程度含まれ、殺菌作用と浸透作用があります。

フェノール類は植物が作る抗菌・抗虫物質で、防腐作用、消臭作用、殺菌作用があります。木タールにも含まれており、人体に有害だと心配されますが、後述するように発がん性のあるベンツピレンなどを分離除去したものを選べば安心です。このほかに浸透性のあるカルボニル化合物や中性成分、塩基性成分がたくさん含まれています。

成分が数種しか含まれていない化学農薬ではとても考えられないような複雑な成分構成です。木酢液は、これらの多様な成分が関係し合って変化し、相乗的に作用してさまざまな効果をもたらすのです。木酢液は、単なる殺菌剤、殺虫剤ではありません。

木酢液自体に殺虫、殺菌効果はない

木酢液は成分の半分以上が有機酸な

[粗木酢液の成分]

種類	働き	化合物
有機酸類	作物に吸収されにくいミネラルなどを溶かして作物が吸収しやすい形に変える働きと、作物の新陳代謝を促進する働きがある また微生物がアミノ酸を合成する際の材料となる	蟻酸、酢酸、プロピオン酸、酪酸、イソ酪酸、バレリアン酸、イソバレリアン酸、クロトン酸、イソカプロン酸、チグリン酸、エナント酸、レブリン酸ほか
フェノール類	殺菌作用がある成分 また木酢液の消臭効果をうむ成分のひとつでもある	フェノール、o,m,p- クレゾール、2,4- および 3,5- キシレノール、4- エチル - および 4- プロピルフェノール、グアヤコール、クレオゾール、4- エチル - および 4- プロピル - グアヤコール、ピロガロール、5- メチルピロガロール、5- エチルピロガロール - および 5- プロピルピロガロール -1,3- ジメチルエーテル、カテコール、4- メチル、4- エチルおよび 4- プロピルカテコールほか
カルボニル化合物	アルデヒド類には浸透作用がある	プロピオンアルデヒド、イソブチルアルデヒド、ブチルアルデヒド、バレルアルデヒド、イソバレルアルデヒド、グリオキサール、アクロレイン、クロトンアルデヒド、フルフラール、5- ヒドロキシメチルフルフラール、アセトン、ホルムアルデヒド、アセトアルデヒド、メチルエチルケトン、メチルプロピルケトン、メチルイソプロピルケトン、メチルブチルケトン、ジアセチル、メチルシクロペンテノン、メチルシクロペンテノロンほか
アルコール類	殺菌作用があり、浸透作用も期待できる	メタノール、エタノール、プロパノール、イソプロパノール、アリルアルコール、イソブチルアルコール、イソアミルアルコールほか
中性成分		レボグルコサン、アセトール、マルトール、有機酸メチルエステル、ベラトロール、4- メチル、4- エチルおよび 4- プロピルベラトロール、3,4- ベンズピレン、1,2,5,6- ジメンズアントラセン、20- メチルコランスレン、α - ヒドロキシ - γ - バレローラクトンほか
塩基性成分		アンモニア、メチルアミン、ジメチルアミン、ピリジン、メチルピリジン、ジメチルピリジン、トリメチルアミンほか

林業試験場編：『木材工業ハンドブック』丸善（1972）、930p より

ので、原液のpHは三前後の強酸性です。食酢と同じくらいのpHですのでなめると酸味を感じます。

原液のまま使えば強い殺菌効果がありますが、茎葉に一〇〇倍以下の濃度で散布を繰り返すと枯れてしまいます。二〇〇～三〇〇倍の濃度では作物の生育を抑制し、五〇〇倍以上の濃度にすると作物の生育を促進する働きがあります。そのため、茎葉への散布は五〇〇倍以上に希釈することが原則です。五〇〇倍に希釈するとpHは五・五～六程度まで上がり、酸による殺菌作用はほとんどなくなります。害虫に対しても忌避効果はありますが、殺虫作用は、油成分によって小さな虫の気門をふさいで殺す作用が多少はありますが、期待するほどではありません。

ですから、木酢液は化学農薬のような殺菌剤、殺虫剤ではありません。ではなぜ木酢液を散布すると、病気や害虫が発生しにくくなるのでしょうか。

〈葉上で繰り広げられる菌と菌との攻防戦〉

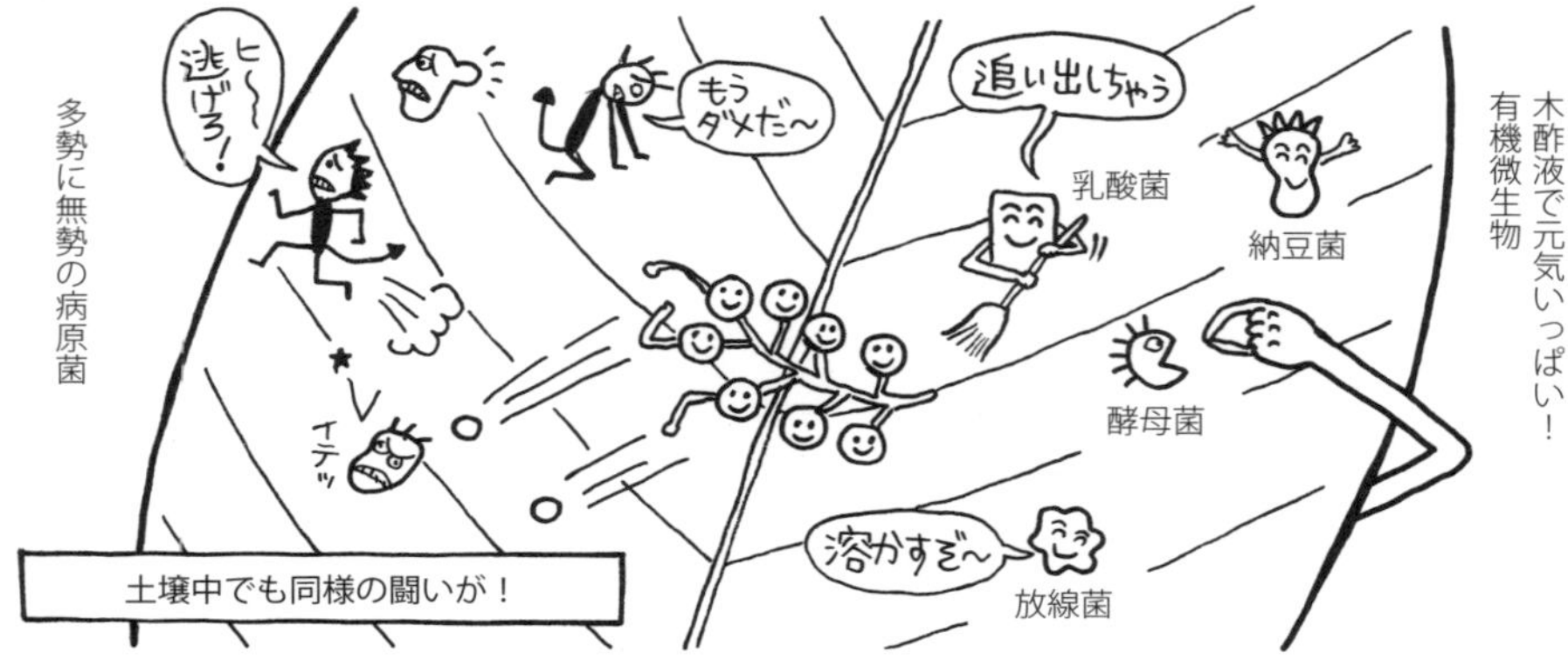
多勢に無勢の病原菌
ヒ〜〜
逃げろ!
イテッ
もうダメだ〜
追い出しちゃう
乳酸菌
納豆菌
酵母菌
溶かすぞ〜
放線菌
木酢液で元気いっぱい!
有機微生物
土壌中でも同様の闘いが！

3 共生微生物のパワーで病原菌を撃退

共生微生物の力で身を守る植物

人間を含めて動物は血液の中の白血球などが、病原菌や異物を排除する免疫機能を持っています。植物には免疫機能はありませんが、どのように身を守っているのでしょうか。

そのひとつは、前章で紹介されたアルカロイド類やフェノール類などの抗菌、抗虫物質を植物体内で作ることですが、一番重要なしくみは、根や茎葉の表面、周囲に有用微生物を増やし、その有用微生物の力で病原菌である病原菌の繁殖を防ぐ、いわば「菌は菌で制す」戦術です。

有用微生物とは、腐生性細菌、糸状菌、放線菌、乳酸菌、酵母菌、光合成細菌、麹黴菌群、窒素固定菌アゾトバクターなど、死んで酸化していない有機物のみに寄生する微生物です。これらが有機物を消化（分解・合成）する際には、高熱を出さず、加水分解酵素を分泌し、甘い香りを発します。これを発酵と呼び、味噌や酒、漬物などは、この有用微生物が作った発酵産物です。有用微生物は中性からアルカリ性を好み、病原菌を排除する力を持っています。したがって酒や味噌は腐りません。

一方、病原菌の微生物は、主に生きた、酸化した有機物や亜硝酸化した有機物に寄生します。作物の体内に菌糸を伸ばして侵入したときが病気の発生です。

酸性体質を好み、有機物を分解するときに高熱を出し、悪臭の硫化水素、炭化水素、アンモニアガス、インドールなどの有毒ガスを放ちます。これを腐敗菌と呼び、腐敗するとさらに病害虫を呼び込みます。また、悪玉の病原

〈木酢液は有用微生物を増やして病原菌を抑える〉

化学農薬
木酢液
薄めた木酢液には
微生物が大繁殖
ワーワー
無菌
1000倍
木酢液
木酢液
原液
水道水

病原菌だけでなく
有用微生物も殺してしまう

増えた多様な微生物が
病原菌の増殖をゆるさない！

菌の多くは、アルカリ性に弱い性質があります。

植物は、根や茎葉から光合成産物である糖やアミノ酸やホルモン、ビタミンなどを分泌し、有用微生物を根圏（根圏微生物）や葉面（葉面微生物）で養っています。植物が根や葉から分泌する量は、光合成産物の一〇％ともいわれています。有用微生物はこの栄養分で増え、病原菌を排除し、土壌中の栄養分を吸収しやすいように分解・合成して植物に与えています。

化学農薬による防除では、病原菌だけでなく有用微生物もすべて殺傷します。そのためすぐに病原菌がはびこるようになってしまい、ますます強い化学農薬が必要となるのです。

無農薬有機栽培では、この有用微生物を増やしていくことが最優先です。「病害虫の発生、即防除」と考えるのは従来の無機栽培時代の話です。

有用微生物を増やし病原菌を抑える木酢液

殺菌作用がほとんどない、五〇〇倍に薄めた木酢液を定期散布すると病気が発生しにくくなるのは、有用微生物が増えるからです。

木酢液の原液は強酸性なので、微生物は生きられずまったくの無菌状態ですが、次ページの表の結果にあるように、二〇〇〇〜四〇〇〇倍以上の希釈から微生物が繁殖するようになります。そして一〇〇〇倍液では水道水よりはるかに多くの微生物が繁殖します。

木酢液に含まれる有機酸類やアルコール、中性物質、フェノール類の各種の植物生成分が互いに相乗してエサになり、有用微生物が葉面、あるいは根圏に優先的に増殖します。木酢液がボカシ肥や堆肥の発酵を促進したり、土壌の団粒構造化を進めるのも、このしくみです。

[希釈率早見表]

	希釈液を作るのに必要な薬量			
希釈倍率	500cc	1ℓ	10ℓ	500ℓ
20倍	25cc	50cc	500cc	25ℓ
200倍	2.5cc	5cc	50cc	2.5ℓ
500倍	1cc	2cc	20cc	1ℓ
1000倍	0.5cc	1cc	10cc	500cc

[木嶋利男氏の実験による木酢液の濃度と微生物の繁殖]

希釈率	微生物の繁殖数 CFU/mℓ
原液	0
10倍	0
100倍	0
200倍	1
1000倍	15,000
水道水	22

※ CFU/mℓは1mℓ中の生菌数を表わす

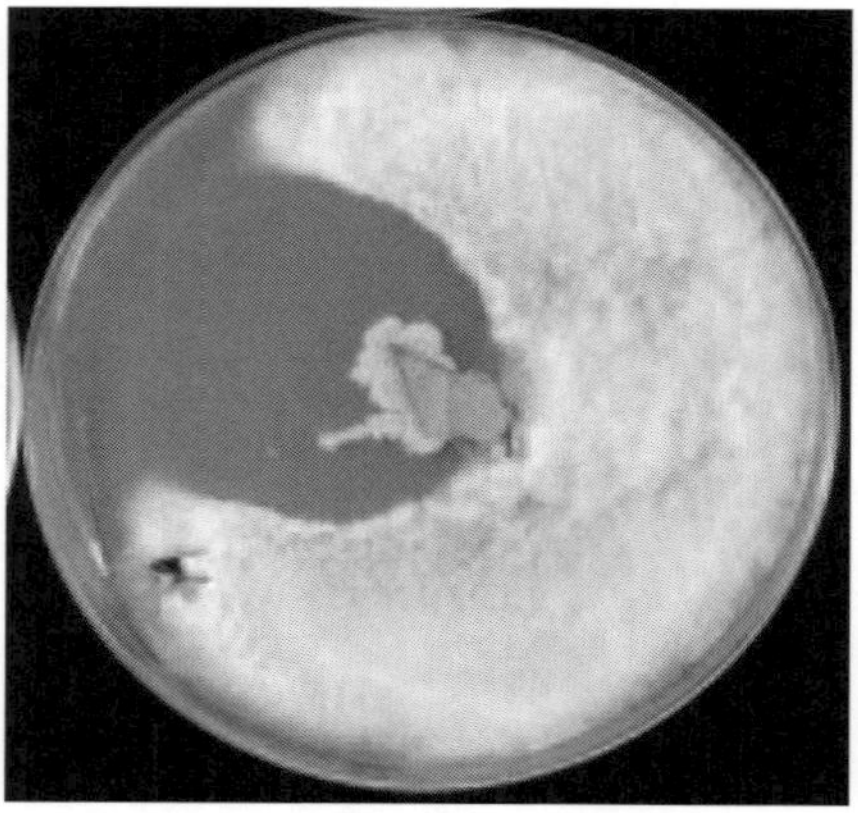
寒天培地の上に木酢液を散布した葉を置いた（中央）葉から発生した菌体（葉の左に見える）が、周辺に広がるカビを抑えている（明星大学 / 篠山浩文氏提供）

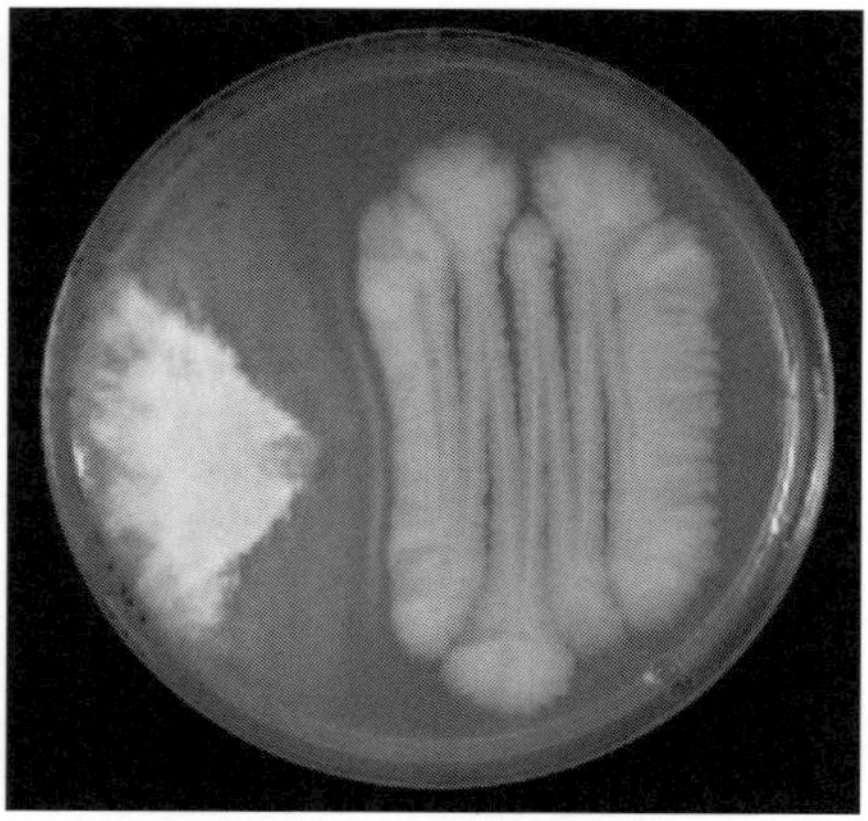
木酢液を散布したイチゴの葉から分離した共生微生物（右）と灰色カビ病菌（左）。
拮抗作用により灰色カビ病菌の生育をかなり抑えている（口絵）

有用微生物は、病原菌を寄せ付けない抗菌物質を分泌し、病原菌を撃退します。

また、木酢液の有機酸はミネラル分と結合しているため、空気に触れると反応してアルカリ性に変化します。アルカリ性を好む有用微生物はますます増え、アルカリ性を嫌う病原菌は、有用微生物が分泌する抗菌物質、木酢液に含まれる殺菌作用のあるフェノール類やアルコール、さらにこの弱酸性からアルカリ性へのpH変化によって殺菌死滅するのです。

木酢液は病原菌や害虫を殺傷する農薬ではなく、この有用微生物を増やすエサです。ですから、五〇〇〜一〇〇〇倍の木酢液を七〜一〇日に一回、定期的に散布することが重要です。特に雨が降って有用微生物が流れて少なくなり、病原菌の活動が活発になる、雨上がりに散布することがコツです。

〈窒素代謝をスムーズに〉

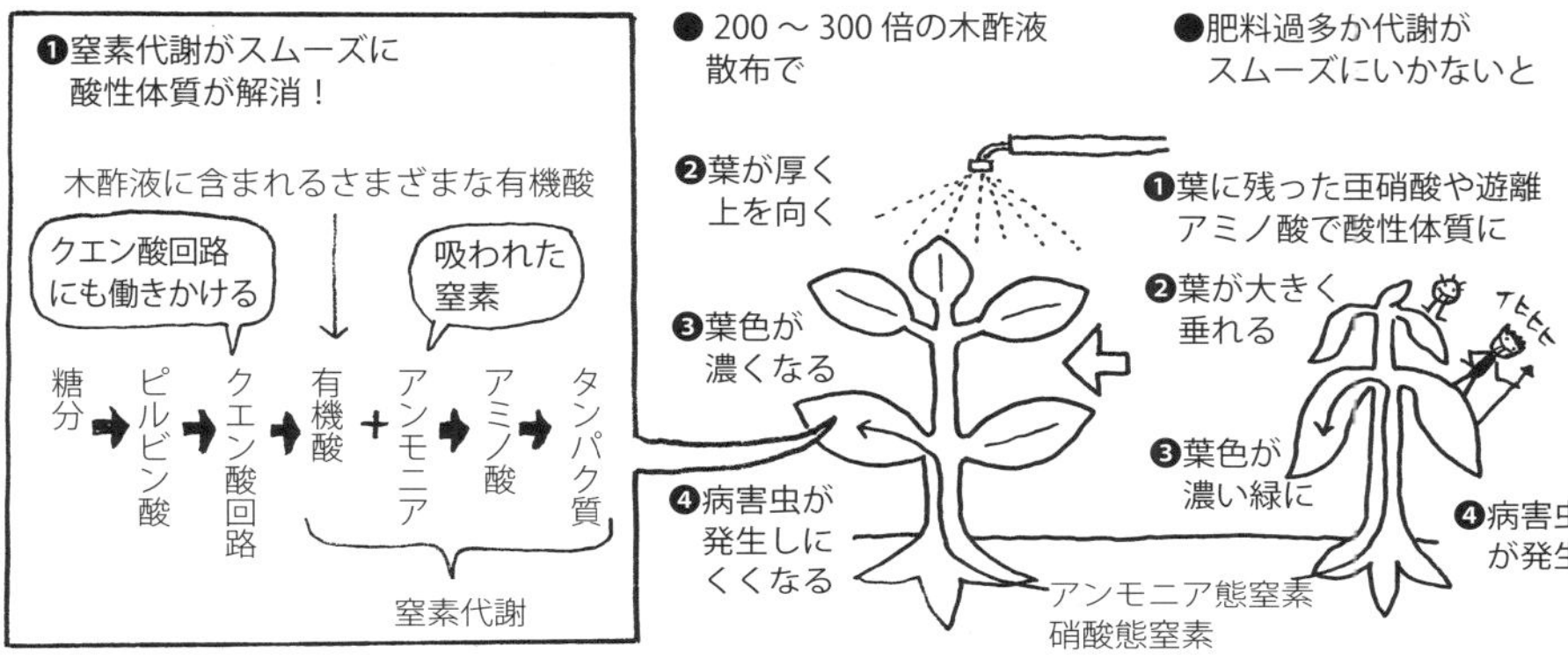
❶窒素代謝がスムーズに
酸性体質が解消！
木酢液に含まれるさまざまな有機酸
クエン酸回路
にも働きかける
吸われた
窒素
糖分
ピルビン酸
クエン酸回路
有機酸
アンモニア
アミノ酸
タンパク質
窒素代謝
● 200 ～ 300 倍の木酢液
散布で
❷葉が厚く
上を向く
❸葉色が
濃くなる
❹病害虫が
発生しに
くくなる
●肥料過多か代謝が
スムーズにいかないと
❶葉に残った亜硝酸や遊離
アミノ酸で酸性体質に
❷葉が大きく
垂れる
❸葉色が
濃い緑に
❹病害虫
が発生
アンモニア態窒素
硝酸態窒素

4 健全生育を促し、作物の抵抗性を強化

体内の窒素代謝を促進し健全生育に

作物が病気になったり害虫に侵されるは、その作物が栄養不足や栄養過多、根や茎葉のなんらかの障害、体内の各種ビタミン、ホルモンなどのバランスが崩れ、体質が酸性化したときです。これは人間と同じです。病原菌や害虫はそのような生育の作物をエサとして好んで、体内に侵入したり食害したりするのです。

作物は光合成で作った糖・デンプンを地下から吸収したアンモニアや硝酸態の窒素と結合（窒素同化）してアミノ酸を作り、さらにアミノ酸を数個結合してタンパク質を作って生長していきます。ところが肥料を過剰に施されると、光合成産物が足りなくなり、スムーズにアミノ酸やタンパク質が合成されなくなり、窒素成分が亜硝酸や遊離アミノ酸として茎葉内に残って、酸性体質になります。病原菌や害虫はこのような弱って酸性体質になったものから侵します。病原菌や害虫はこの体内にたまった未消化の窒素成分が好きなのでしょう。健全で若々しいときはストレスもなく、病気や虫の害を受けません。

化学肥料による無機栄養栽培は肥料バランス、栄養バランスが崩れやすいのです。成分が硫酸や塩酸などの酸性物質と結合しているため酸性体質にもなりやすく、どうしても病害虫が発生しやすくなり、防除が不可欠になります。有用微生物たっぷりの堆肥やボカシ肥で有機栽培すると、この傾向はきわめて少なくなります。

窒素過多になると作物の葉はくすんだ濃緑色になり垂れてきます。こうした作物に木酢液を葉面散布すると、葉

〈病気や害虫に強くなる〉

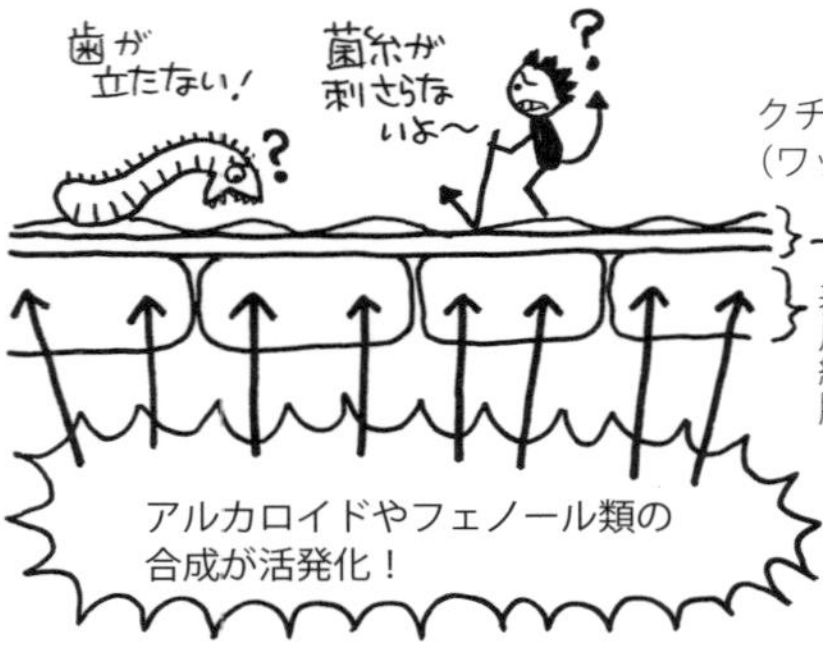

抗菌物質が増えて、クチクラ層も強化

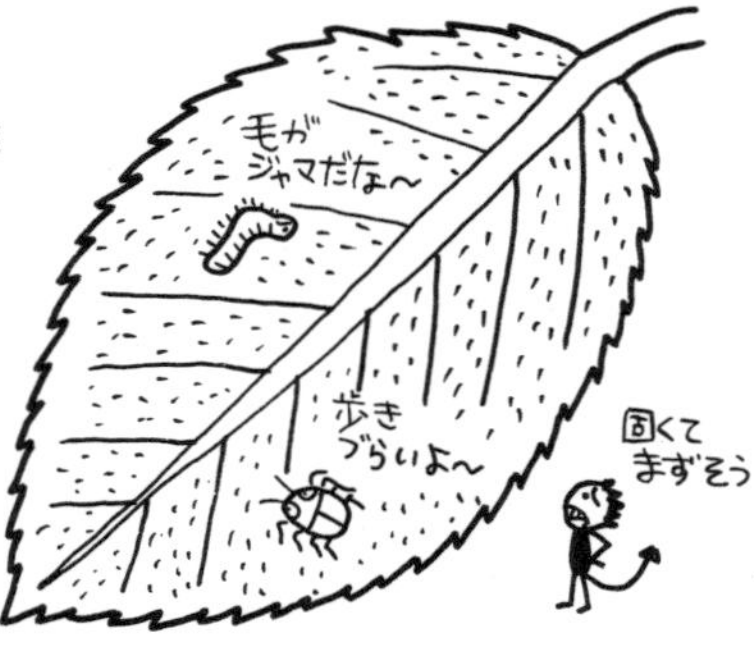

葉がごわごわして毛が立ってくる

色が淡く正常になり葉が立ってきます。

これは、木酢液を葉面散布すると、葉面から浸透し、体内で過剰になった未消化窒素成分（亜硝酸や遊離アミノ酸）と木酢液に含まれる有機酸とが結合して、アミノ酸やタンパク質に合成されるからです。合成されたタンパク質は、細胞を丈夫にして病害虫に侵されにくい健全な生育を促します。

窒素過剰生育を改善したい場合は、二〇〇～三〇〇倍の濃い木酢液を数回散布します。

抗菌物質も増え、クチクラ層も強化

健全な生育になると、葉色がさわやかになるとともに、テリが出てきて葉がやや固くなってごわごわしてきます。これは、葉で作られる糖と有機酸が結合し、葉の表層の防御組織であるクチクラ層が厚く堅固になるからです。クチクラ層はワックス層とも呼ばれ、発達すると病原菌も侵入しにくく、害虫も食害しにくくなります。

また、有機酸に刺激を受けると、作物の抗菌・抗虫物質のアルカロイドやフェノール類の合成も活発なるため、いっそう病気や害虫に侵されにくくなります。

さらに木酢液は、腐敗系病原菌が発生させるアンモニアガス、メタンガス、硫化水素などを消化して排除する働きもあり、それ目当てに寄ってくる害虫も寄り付かなくなります。

このように、木酢液が病気や害虫を防除するしくみは、有用微生物を増やし、作物自体が病気や害虫に強くなるからで、病害虫を毒で殺して排除する化学農薬とは、しくみが大きく違います。健全な生育となるため、収量も増え、品質も高まります。

〈土壌中の有用微生物が増える〉

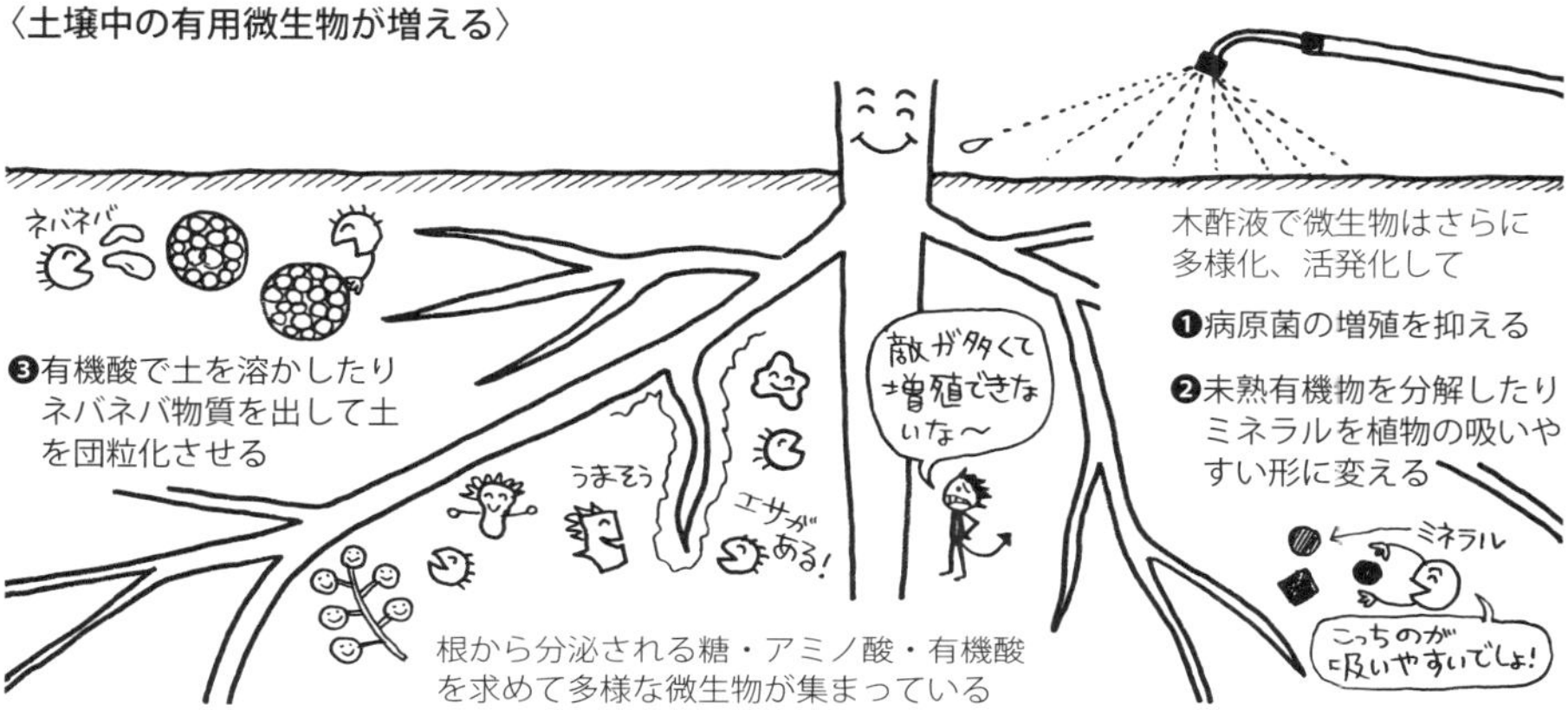
ネバネバ
❸有機酸で土を溶かしたり
ネバネバ物質を出して土
を団粒化させる
うまそう
エサがある！
根から分泌される糖・アミノ酸・有機酸
を求めて多様な微生物が集まっている
敵が多くて
増殖できないな〜
木酢液で微生物はさらに
多様化、活発化して
❶病原菌の増殖を抑える
❷未熟有機物を分解したり
ミネラルを植物の吸いや
すい形に変える
ミネラル
こっちのが
吸いやすいでしょ！

5 効果が高い木酢液の土壌散布

土壌散布で土中有用微生物を増やす

木酢液は、根の周りにいる根圏微生物を増やす土壌散布が大変効果があります。根圏微生物は根から糖などの栄養分をもらい、土壌病原菌を撃退したり、未熟有機物やリン酸、ミネラルを分解して吸収しやすい状態にして根に供給したり、土壌を団粒構造にしたりしてくれます。中には窒素を供給する根粒菌や、光合成をして糖などを供給する光合成細菌もいます。

土壌散布は一五日おきくらいに一〇〇〇〜二〇〇〇倍の木酢液を株の周りにかん水代わりに散布します。土壌散布すると有用微生物が増殖し、それが茎葉にも飛散するので、茎葉の有用微生物も多くなります。

有用微生物のエサとなる堆肥や有機質マルチ（敷きワラなど）、住みかとなる炭を施しておくといっそう効果が上がります。

三〇倍以上の高濃度木酢液で土壌消毒

作付け前に、原液ないしは二〇〜三〇倍の木酢液を土壌に散布すると、強酸と一時的に発生する一酸化炭素の作用で、雑草も菌も小昆虫も死滅します。散布後ビニールなどをかぶせておくと、つる割れ病や萎凋病を起こすフザリウム菌や灰色カビ病のボトリチス菌などの病原菌が死滅します。有用微生物も殺傷しますが、病原菌ほどではありません。

散布後三日目には、薄まってpHも弱酸性になって有機酸類が有用微生物のエサになり、一酸化炭素が二酸化炭素に変化するため、根圏の有用微生物が増殖し、生き残った病原菌を撃退します。

〈植物に浸透しやすい水になる〉

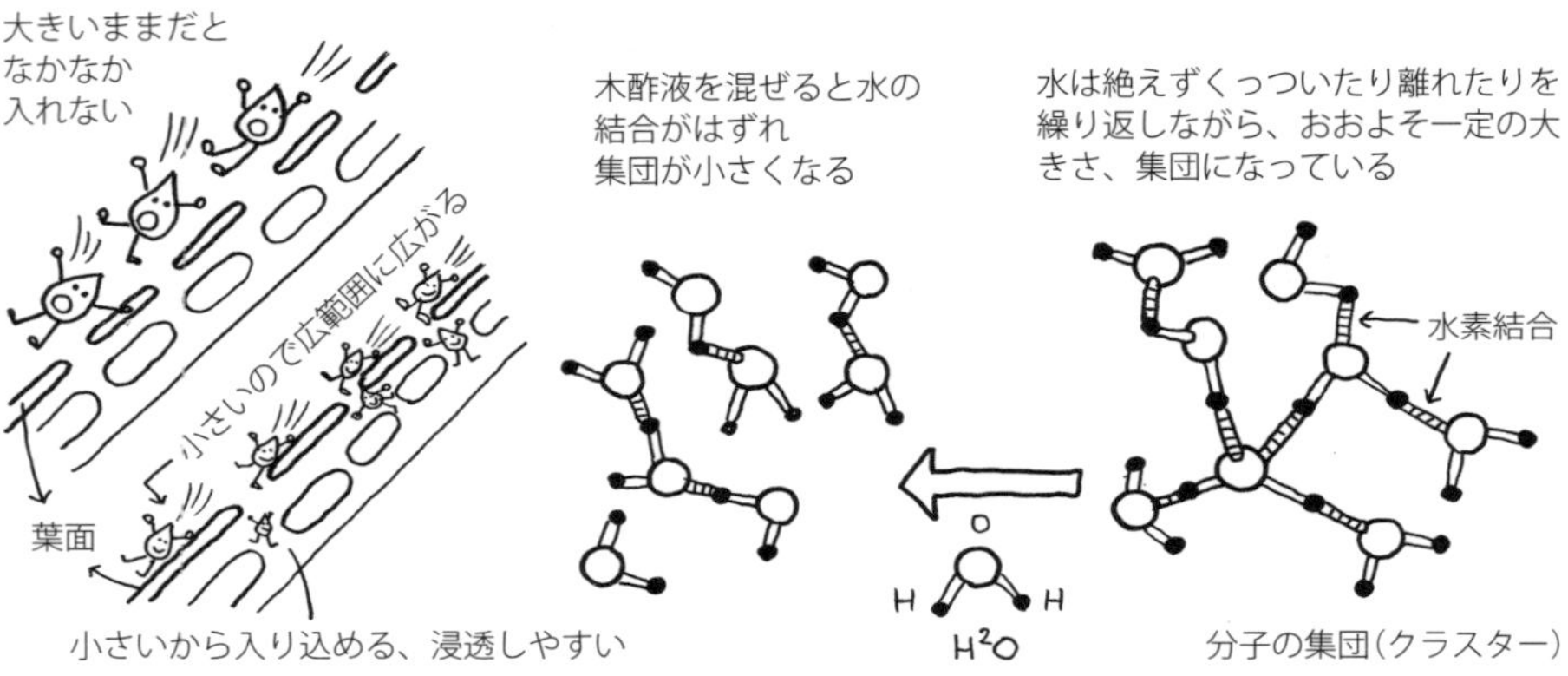
大きいままだと
なかなか
入れない
小さいので広範囲に広がる
葉面
小さいから入り込める、浸透しやすい
木酢液を混ぜると水の
結合がはずれ
集団が小さくなる
水は絶えずくっついたり離れたりを
繰り返しながら、おおよそ一定の大
きさ、集団になっている
水素結合
O
H
H
H2O
分子の集団（クラスター）

6 強い浸透力を活かした木酢エキスでパワーアップ

水のクラスターを小さくし、浸透力、抽出力アップ

普通の水は大きなの水の分子の集団（クラスター）になっています。その集団の大きさをヘルツ（振動数）で表わし、集団が大きくなるほどヘルツ数も多くなります。クラスターが小さくなると不純物が放出され純粋な水となり、浸透性が強くなります。最近四一ヘルツウォーターに水や化粧水が注目されているのもこのためです。

普通、水道水は一四五ヘルツですが、この水に五〇〇倍の木酢液を混ぜると五四ヘルツになり、クラスターが三分の一に小さくなります。これは木酢液に含まれているアルコール類やケトン、アルデヒドなどの成分の作用といわれています。

クラスターが小さくなると植物に葉面散布したときに、木酢液に含まれる有機酸類などの成分が、葉面の細胞の中によく浸透します。また、葉面によく広がり、油成分の働きもありよく固着します。したがって木酢液散布時に展着剤は必要ありません。

また、木酢液に化学農薬を混用すると、浸透力が高まって、農薬希釈濃度を通常の二～四倍（農薬量が½～¼）にできるので、減農薬栽培が可能になります。

木酢液の強い抽出力で作る「木酢エキス」

木酢液は浸透力が強いので、植物を木酢液の原液に浸けることで、一章で述べた煮出し抽出やアルコール（焼酎）抽出、次章で述べる砂糖抽出などと同様に、植物の細胞内成分を引き出して抽出することができます。

〈木酢液の特性を活かして作る木酢エキス〉

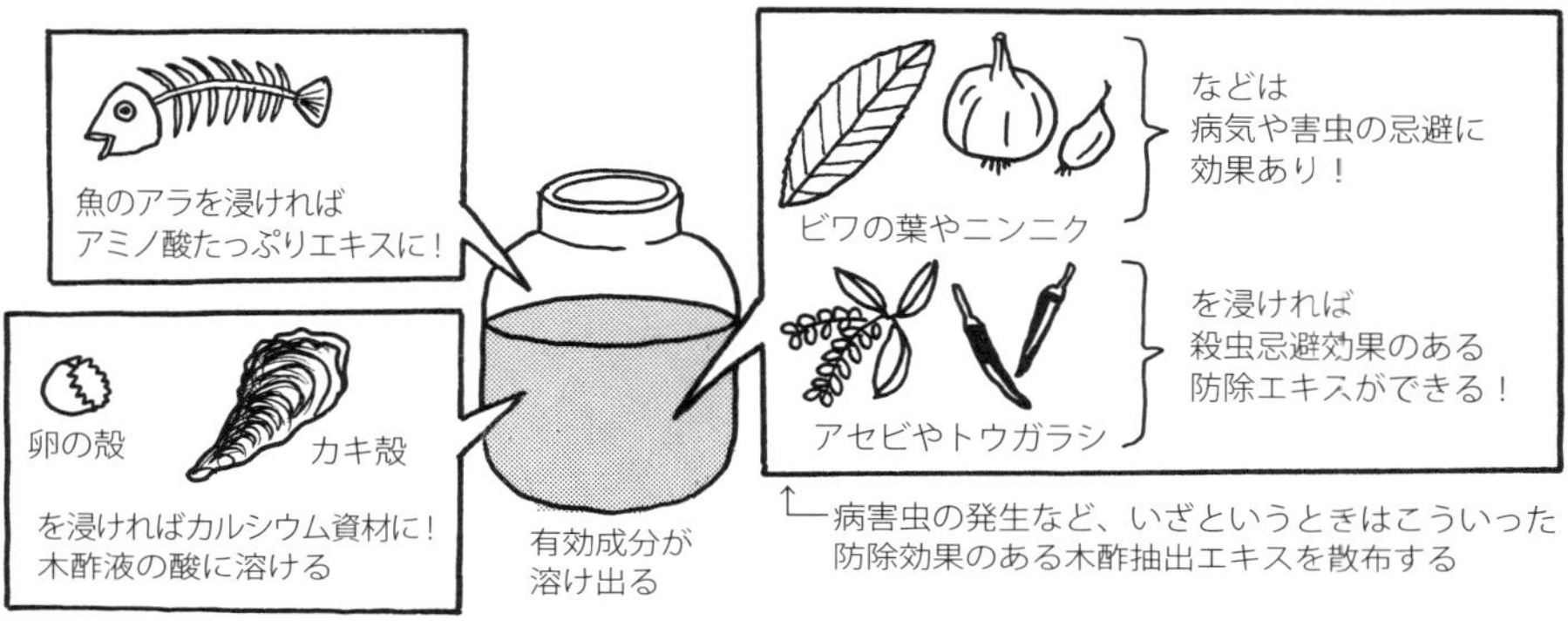

魚のアラを浸ければ
アミノ酸たっぷりエキスに！
卵の殻
カキ殻
を浸ければカルシウム資材に！
木酢液の酸に溶ける
有効成分が
溶け出る
ビワの葉やニンニク
などは
病気や害虫の忌避に
効果あり！
アセビやトウガラシ
を浸ければ
殺虫忌避効果のある
防除エキスができる！
病害虫の発生など、いざというときはこういった
防除効果のある木酢抽出エキスを散布する

この抽出力と強酸性であることを活かして、殺虫・殺菌成分や生理活性を高める成分を持つ植物、あるいはカルシウムなどのミネラルを木酢液に浸け込んで、その成分を抽出したものが「木酢エキス」です。殺虫・殺菌成分を抽出した木酢エキスは、木酢液の成分の効果とともに、直接病原菌や害虫を殺傷する効果を持つ防除エキスとなります。

たとえばアセビを浸ければ殺虫成分を含んだアセビ木酢、ニンニクを浸ければウドンコ病やベト病に効果があるニンニク木酢、といったように簡単に防除効果のある木酢エキスを作ることができます。

また、木酢液は強酸性でさまざまな有機酸類を含んでいるので、カキ殻や卵の殻、魚のアラなどを浸けると、これらが分解、合成され、作物に吸収しやすいカルシウム葉面散布剤、アミノ酸液肥などができます。

これらの木酢エキスは、三〇〇〜五〇〇倍とやや濃くして散布します。

木酢液を定期散布し、木酢エキスはいざというときに

木酢エキスには殺虫、殺菌効果が期待できますが、植物由来の殺虫・殺菌成分なので、これだけで病害虫をピシャっと抑えることは難しいでしょう。また成分自体も紫外線や微生物によって数日のうちに分解されてしまい長く残りません。

木酢液による病害虫防除は、基本エキスである木酢液を七〜一〇日おきに定期的に散布することで作物の抵抗力を高め、病害虫が発生しそうなときや初発時など、いざというときに防除エキスである木酢エキスを散布して病害虫を抑えます。

木酢液による防除は、この二段階防除によってはじめて防除効果が発揮できることを忘れないでください。

〈木酢液の選び方〉

❶色はワインレッドで透明なもの

❷原材料は広葉樹がいい

❸ pH は 2.8 〜 3.2

○
×
浮遊物がある
沈殿物がある
澄んだ色
色が濁って透明感がない
○
×
重金属
防腐剤
クヌギ、ナラなどの広葉樹
建築廃材など
・pH が 2.5 より低い場合は酢酸で薄めている可能性がある
・pH が 3.5 より高い場合は水が混ぜられている可能性がある

7 安心して使える木酢液を選ぶ

値段と効果は比例しない

市販されている木酢液の品質にはばらつきがあり、中には粗悪なものも出回っています。また効果は必ずしも値段に比例はしていません。それだけに良質の木酢液を選ぶことが重要になります。

木酢液は材料である木材の種類や伐採時期、窯の違い、採取時の燃焼温度や天気によっても品質は変わってしまいます。素材が植物なので非常にデリケートなのです。

購入時には外観やラベルに書かれていることなど、次の五つのポイントに注意して良質の木酢液を選ぶようにしてください。

①色はワインレッドで透明のもの

まず外観ですが、良い木酢液は澄んだ色をしています。黄赤褐色、ワインレッドのような色をして透明なものを選んでください。色が濁ったものや容器の下のほうに黒色のものが多く沈殿しているようなものは、ろ過精製をしていないか、静置期間が短い可能性があるので避けたほうがよいでしょう。また浮遊物があるようなものは避けてください。

②原材料は広葉樹が望ましい

ラベルに原材料の表記がないものは避けましょう。クヌギ、ナラ、ブナ、ウバメガシなどの広葉樹から作った木酢液は良質です。ただしウルシ、ハゼノキ、クスノキなど、植物自体に有害な成分を含んだ樹木を原材料としたものは避けてください。また建築資材の廃材を材料としたものは、塗料に含まれる重金属や防腐剤など有害なものが含まれていることがあるので、これも避けてください。

❹6カ月以上静置してろ過したもの

×
油脂
（不安定）
×
タール分
（有害）
木酢液
静置
粗木酢液

静置すると三層に分離する
沈んだタール分と浮かんだ油分を取り除いて使用

❺匂いなどをチェック

刺激臭はダメ
クンクン
排煙口の温度が
80 ～ 150℃の間

③pHは二・八～三・二の間

pHは水素イオン濃度のことで、数字が小さいほど強い酸性を表わします（純水はpH七で中性）。

木酢液はpH二・八～三・二の間のものを選んでください。pHが極端に低い場合は、薄めて酢酸などでpH調整をしている場合がありpHが三・五より高い場合は水で薄めていることがありますので注意してください。

**④六カ月以上静置して
ろ過精製したもの**

六カ月以上静置し、静置後上層の軽質油と沈殿したタールを除いてろ過してあるものは、発がん性物質が除去されているので安心です。蒸留したものも発がん性物質は含まれていませんが、木酢液の有効成分の大半が失われており、農業用には向いていません。

⑤その他の注意点

上記以外に、匂い（燻製の匂いは良い。酢のような刺激臭がするものはダメ）、窯（土釜が良い。ドラム缶など鉄製品を回収装置に利用している場合は避けたほうが良い）、採取時の排煙口の温度（八〇～一五〇℃。これよりも高温の場合は発がん性物質が含まれている可能性がある）、有機酸含有率（一〇％以下のものを選ぶ）、ＥＣ（電気伝導度二・五～三・〇程度のものを選ぶ）なども確かめられれば、よりよいでしょう。

以上のような点に注意したいのですが、なによりも製造者や製造元など素性のはっきりした、安心して使用できる木酢液を選んでください。

現在、改正農薬取締法によって、登録農薬以外は病害虫防除効果をうたって販売することはできません。したがって木酢液も販売する際には病害虫への防除効果をうたってはいけないことになっていますが、個人の自己責任で使用することは自由となっています。

〈発芽試験による木酢液の品質チェック〉

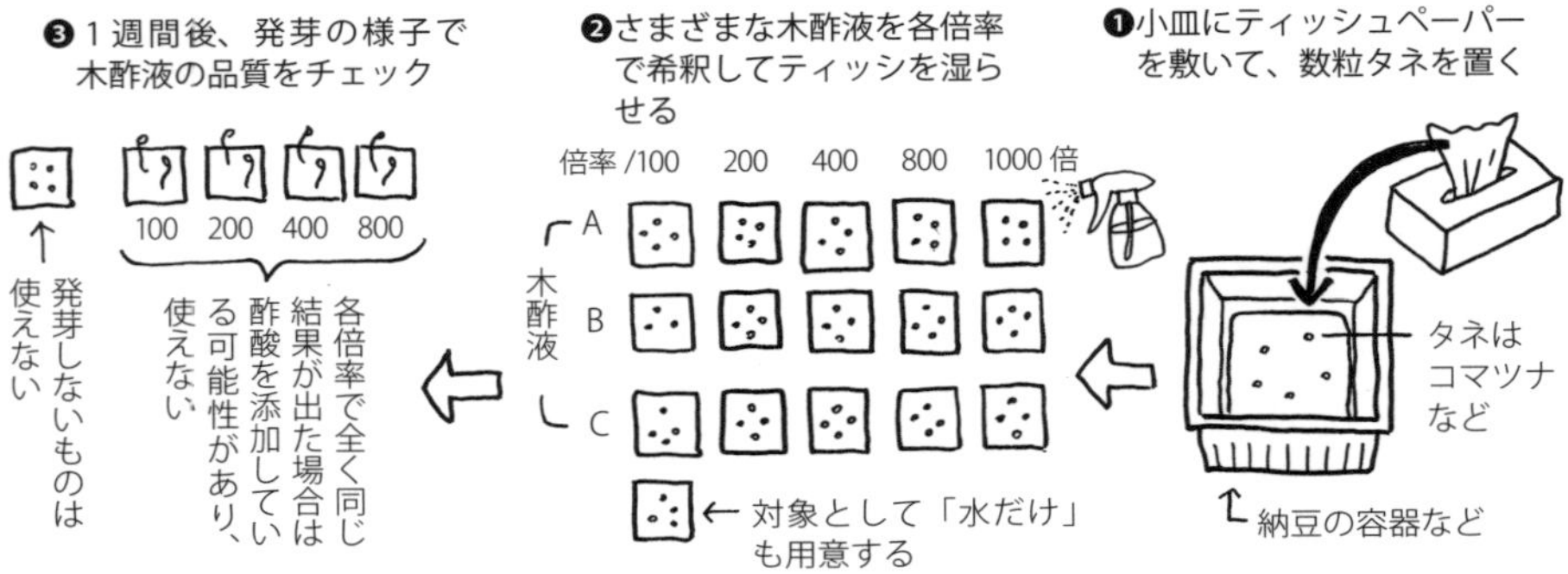
❶小皿にティッシュペーパーを敷いて、数粒タネを置く
タネはコマツナなど
納豆の容器など
❷さまざまな木酢液を各倍率で希釈してティッシを湿らせる
倍率/100
200
400
800
1000倍
木酢液
A
B
C
対象として「水だけ」も用意する
❸1週間後、発芽の様子で木酢液の品質をチェック
100 200 400 800
各倍率で全く同じ結果が出た場合は酢酸を添加している可能性があり、使えない
発芽しないものは使えない

［木竹酢液認証協議会 の問い合わせ先］
〒104-0061 東京都中央区銀座8丁目12-15（社）全国燃料協会内　電話 03-3541-5714　FAX 03-3541-5715

心配ならば発芽試験

手元にある木酢液の品質に不安があるならば発芽試験で確かめる方法もあります。ここでは元栃木農試の木嶋先生の行なった実験を紹介します。

小皿にティッシュペーパーを敷いて、そこに数粒タネを置きます。一〇〇倍から倍々に二〇〇、四〇〇、八〇〇倍に希釈した木酢液を散布して一週間ほどおいておきます。

倍率によって違った反応が出ます。クロタラリア（マメ科の緑肥作物）でのテストでは、二〇〇倍までは発芽抑制に働いて結果カビが生えてきました。四〇〇倍以上では発芽促進となりました。つまりこの木酢液の、クロタラリアへの発芽促進効果のある濃度は四〇〇倍以上ということです。廃材を高温で焼いた木酢液などをこれでテストすると一〇〇〇倍でも芽が出ないことがあり、使用できないことがよくわかります。

木酢液の安全性について

木酢液は「発がん性物質が含まれているから使用を禁止すべき」と、その危険性を指摘されることもあります。採取したての木酢液には、ベンツピレンやホルムアルデヒドなど発がん性の物質が含まれていることが確かにあります（逆に発がん抑制物質であるポリフェノールなども含まれている）。

しかし現在、製造・品質については木竹酢液認証協議会が基準を設けており、六カ月以上静置してろ過精製で発がん性物質を除去することなど、その基準を守った木酢液を選べば安全性についてまったく問題はありません。

現在、有機JAS規格においても防除目的をうたった使用はダメですが、「植物の栄養に供することを目的として葉面散布したり、土壌改良資材として使用したりすること」は認められています。

木酢液の上手な使い方

〈木酢液の使い方 1〉

❶ 500 ～ 1000 倍に薄めて定期散布

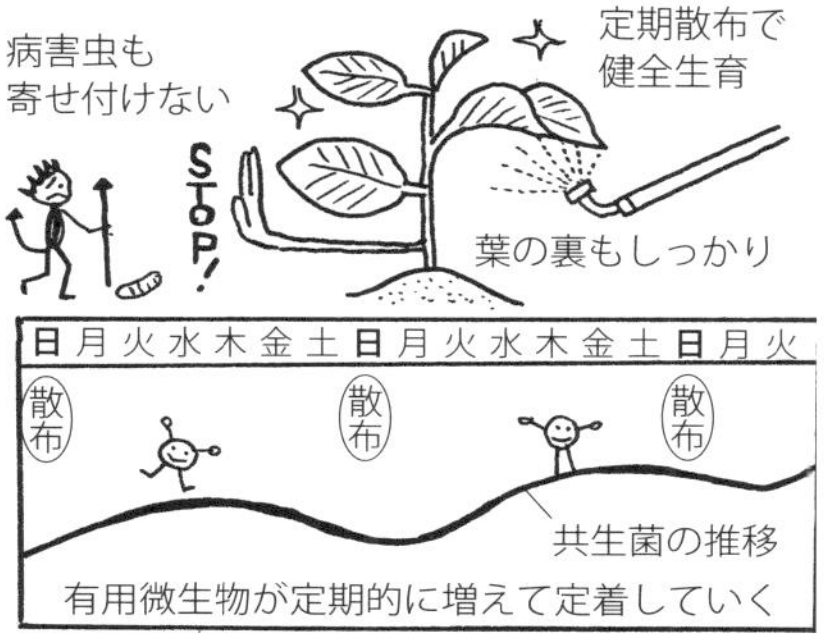
病害虫も
寄せ付けない
STOP!
定期散布で
健全生育
葉の裏もしっかり
日 月 火 水 木 金 土 日 月 火 水 木 金 土 日 月 火
散布
散布
散布
共生菌の推移
有用微生物が定期的に増えて定着していく

❷早朝か夕方の散布

オハヨー

日中に散布すると短時間に水分が蒸発、
葉が焼ける

1 葉面散布は定期散布が基本

五〇〇～一〇〇〇倍に薄めて定期散布

木酢液散布の原則は、五〇〇～一〇〇〇倍に薄め、七～一〇日ごとに定期散布することです。木酢液は殺菌剤ではないので病気が出てから散布しても望むような効果は得られません。定期散布によって有用微生物が増殖し、病原菌を抑えてはじめて効果があるのです。一〇〇倍以上の濃い濃度での散布を繰り返すと、作物が枯れることもあるので濃度を厳守してください。散布間隔も五日はあけます。

一回の散布量は一〇㎡あたり一ℓです。葉の表裏にきっちりかかっていることが大切です。展着剤は必要ありません。木酢液は浸透性が高いので、散布後きっちり乾けば、二、三回の雨では流れません。

木酢液の濃度は作物の種類や品種で変わるということはありません。ただし、発芽前、発芽直後は八〇〇～一〇〇〇倍で散布してください。

早朝か夕方が散布のタイミング

葉面散布は日中を避けて早朝か夕方にします。日中に散布すると木酢液の水分だけが短時間に蒸発し、濃度が上がって葉が焼ける心配があるので注意してください。特に夏場、晴れの日の日中散布は禁物です。逆に散布後、まだしっかり乾かないうちに雨が降ってしまったような場合は、成分が流れてしまうので雨がやんでから再度散布し

〈木酢液の使い方 2〉

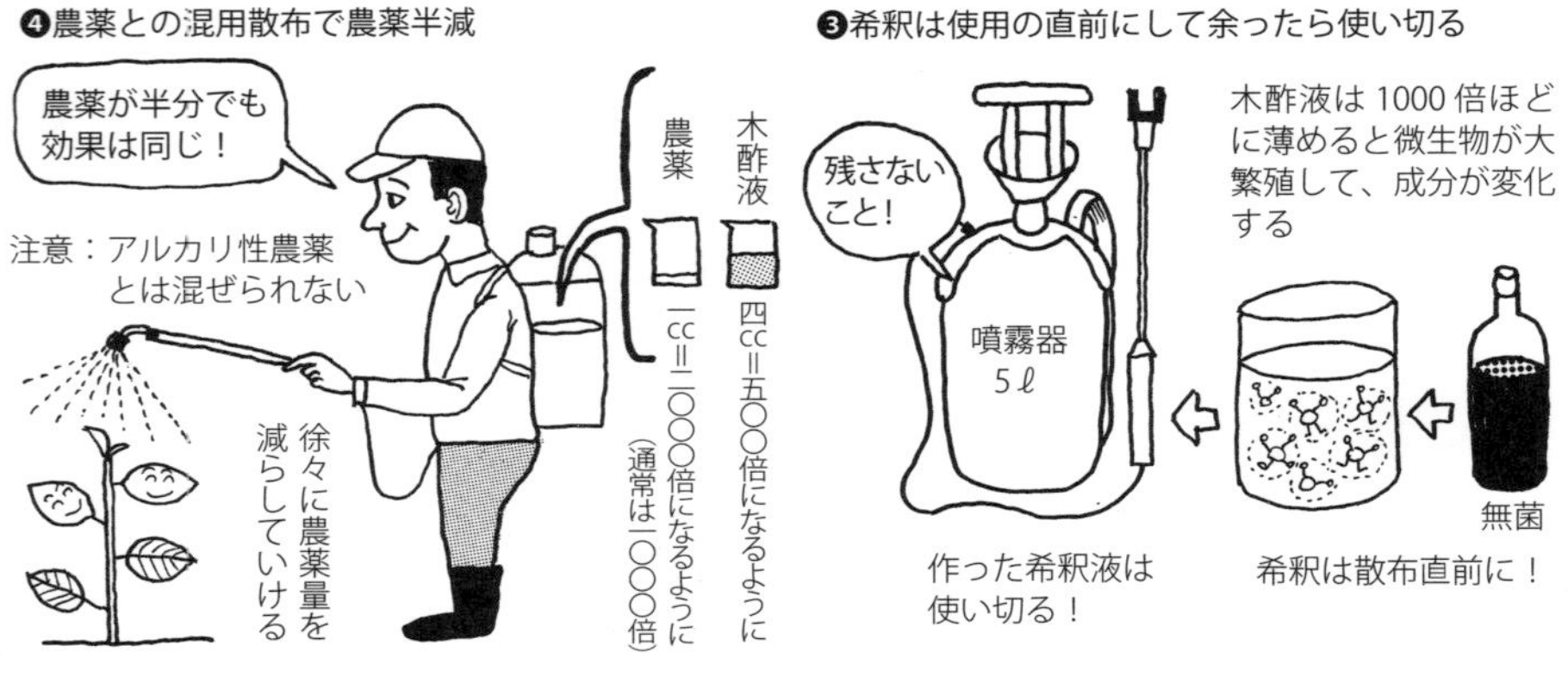
❹農薬との混用散布で農薬半減
農薬が半分でも効果は同じ！
注意：アルカリ性農薬とは混ぜられない
徐々に農薬量を減らしていける
木酢液
四cc＝五〇〇倍になるように
農薬
一cc＝二〇〇〇倍になるように
（通常は一〇〇〇倍）
❸希釈は使用の直前にして余ったら使い切る
残さないこと！
噴霧器
5ℓ
木酢液は1000倍ほどに薄めると微生物が大繁殖して、成分が変化する
無菌
作った希釈液は使い切る！
希釈は散布直前に！

ます。

収穫直前の散布でも安全上の問題はありませんが、収穫物に匂いが残ることもあるので、散布は収穫一日前までとしましょう。

希釈は散布の直前にし、使い切る

木酢液は使用直前に希釈するのが基本です。最初から薄めて売っている市販品もありますが効果はないでしょう。先に述べたように、木酢液は希釈すると微生物が増殖したり紫外線の影響によって、成分が変わってしまうからです。またいったん薄めると保存中に有効成分が分解されてしまうので、散布後残った液は、土壌散布するなどして使いきってください。

化学農薬は希釈しても濃度が変わるだけですが、木酢液は薄めると微生物の好むエサになることを忘れないでください。

農薬との混用散布で農薬半減

木酢液は浸透力が強いので、農薬と混用散布すると農薬の量を半分にしても同様の効果を得られ、さらに展着剤も必要なくなります。これから徐々に農薬を減らしていきたいという方にはおすすめの使い方です。

まず使用する量の水に五〇〇倍になるように木酢液を混ぜ、標準希釈濃度一〇〇〇倍の農薬なら二〇〇〇倍になる量を量って混用します（標準量の半減）。散布量や散布回数は変わりませんが、効果が高まっていることが感じられたら、さらに農薬量を三分の一、四分の一と徐々に減らしてください。

ただし木酢液と混ぜてはいけない農薬もあるので注意してください。木酢液は酸性なので、石灰硫黄合剤やボルドー液など強いアルカリ性の農薬とは混用できません。また殺菌剤も木酢液の効果を半減させます。

〈土壌への定期散布で土が変わる〉

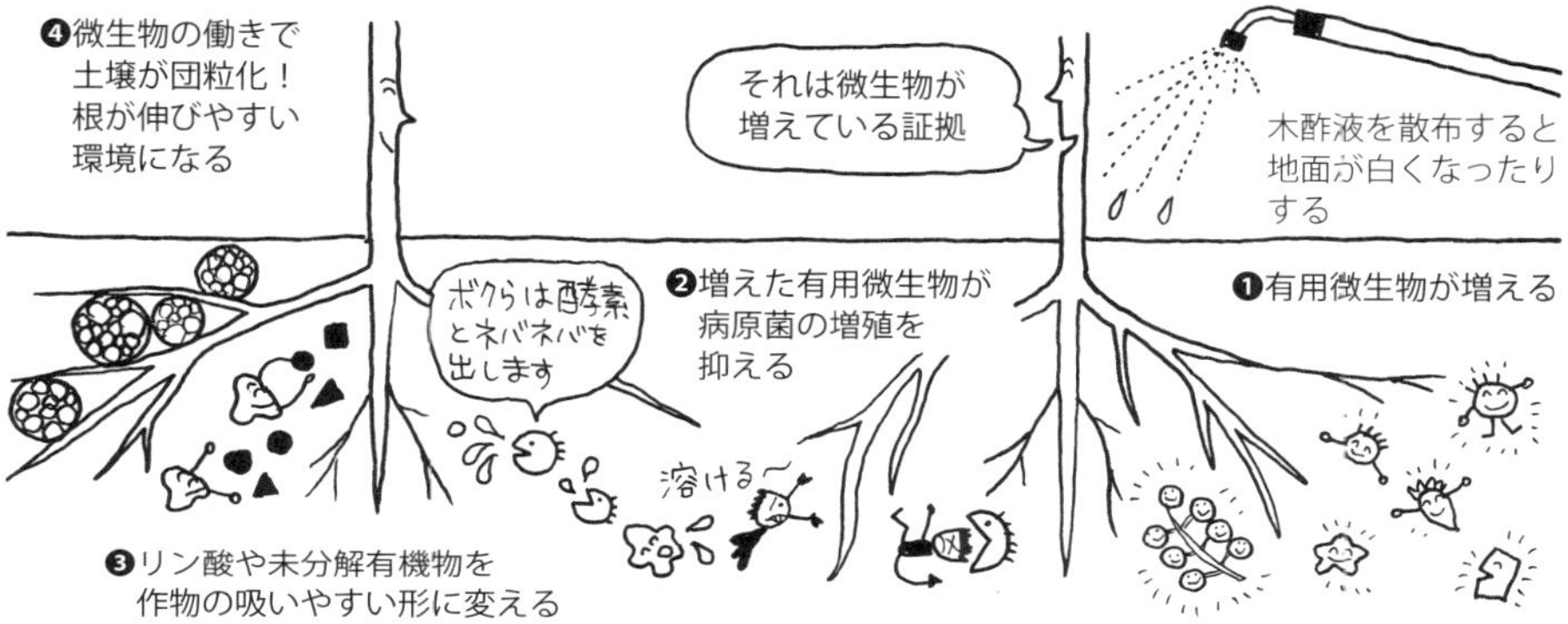
木酢液を散布すると地面が白くなったりする
それは微生物が増えている証拠
❶有用微生物が増える
❷増えた有用微生物が病原菌の増殖を抑える
ボクらは酵素とネバネバを出します
溶ける〜
❸リン酸や未分解有機物を作物の吸いやすい形に変える
❹微生物の働きで土壌が団粒化！根が伸びやすい環境になる

2 土壌散布は濃度によって使い分け

一〇〇〇〜二〇〇〇倍の木酢液を一五日おきに土壌に散布

　作物の根と共生する善玉微生物を増やすには、一五日に一度を目安に、一〇〇〇〜二〇〇〇倍になるよう木酢液を薄めて水やり代わりに散布します。露地栽培などでかん水が必要ない場合は一〇㎡あたり二〇ℓくらいでかまいません。散布時期はタネまき・定植前から根がよく伸びる生育中期が効果的です。五〇〇倍以上に希釈した木酢液は根を傷めず、土壌中の有用微生物のエサとなって、その活動を活発化します。一〇〇倍以上に濃いと根にも障害を与えるので注意してください。

土中の有用微生物が増え土壌病害を抑制し、リン酸やミネラルを根に供給

　木酢液を土壌散布すると地面が白くなることがありますが、これは有用微生物の菌糸です。土壌中に有用微生物が増え、拮抗作用によって土壌病原菌の繁殖を抑え込んでくれます。

　また、有機酸や有用微生物によって土壌中の固定化されているリン酸やミネラルが可溶化されたり、吸収しやすい形（キレート化など）になったり、増えた微生物によって未利用有機物の分解も進むので、作物の土壌養分の吸収が良くなり収量・品質が高まります。

土壌の団粒構造が発達

　木酢液の散布を続けると、微生物の分泌物によって土の粒子と粒子が腐植の仲立ちをして結合し、団粒構造が発達してきます。団粒構造が発達すると、通気性や水はけが良くなるので、作物も確実に健康になり病害虫に強くなり、収量や品質も上がります。

〈炭の併用が効果的〉

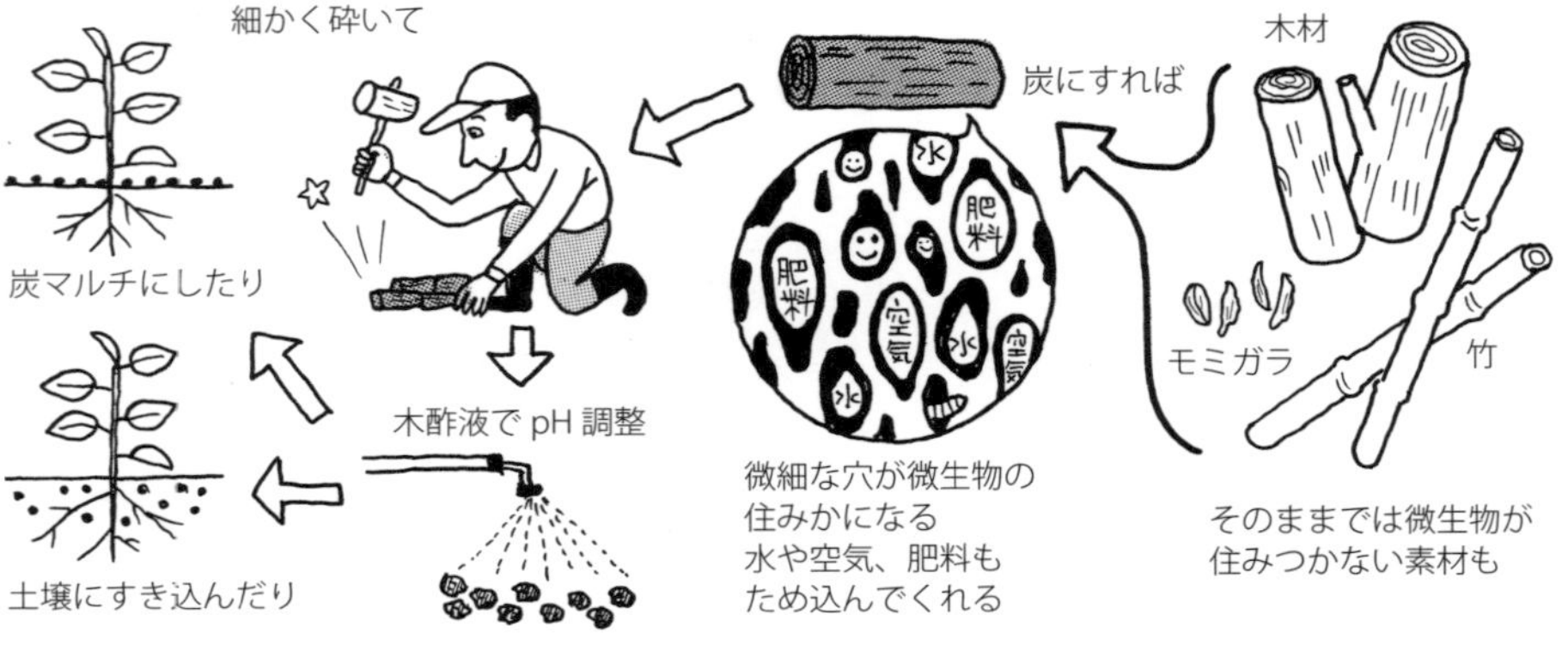

細かく砕いて
炭にすれば
木材
炭マルチにしたり
木酢液でpH調整

モミガラ
竹
土壌にすき込んだり
微細な穴が微生物の
住みかになる
水や空気、肥料も
ため込んでくれる
そのままでは微生物が
住みつかない素材も

ただし、団粒化は腐植（有機物がよく分解したもの）が豊富にないとできません。たとえば有機物の少ない砂漠にいくら木酢液を散布しても、もともといない微生物は増えないうえ、腐植がないので団粒化しません。

土壌散布で効果を上げるには、発酵堆肥やボカシ肥料など有機物による土作りが不可欠です。堆肥は有機物マルチとしても効果的です。

木酢浸け炭粒のすき込みで有用微生物のパワーアップ

炭は多孔性といって微細な穴が無数にあいていて保水性、通気性に優れています。アルカリ性であるため、その穴が有用微生物の住みかとしても非常に適しています。作付け前に炭粒を一㎡あたり四〇〇gすき込むと、有用微生物が非常に増え、大変効果があります。ところがpHが八～九と高いので、有用微生物でも、そのままでは住みつくのに時間がかかります。

そこですき込む前に五〇倍の木酢液を炭に充分散布してpHを下げてやると、微生物が住みやすくなり、木酢液の散布で増えた微生物が土壌に定着しやすくなります。炭は長期間分解しないので、炭粒のすき込みは初年度に合計一㎡あたり一kg、あとは毎年三〇〇gほどずつ施せばよいでしょう。

すき込む以外にマルチ利用する方法もあります。

肥料過多で根が弱ったときも効果的

空気

一〇〇〇～二〇〇〇倍の木酢液の土壌散布は、肥料過多や過湿などで土中に腐敗性の病原菌が増え、硫化水素や炭化水素、アンモニアガスなどが多くなったときも有効です。これらの有毒ガスが多くなると根が弱り、根腐れを起こします。このような場合に木酢液を土壌に散布すると、有毒ガスを木酢液の有機酸によって無毒化することが

〈木酢液による土壌消毒〉

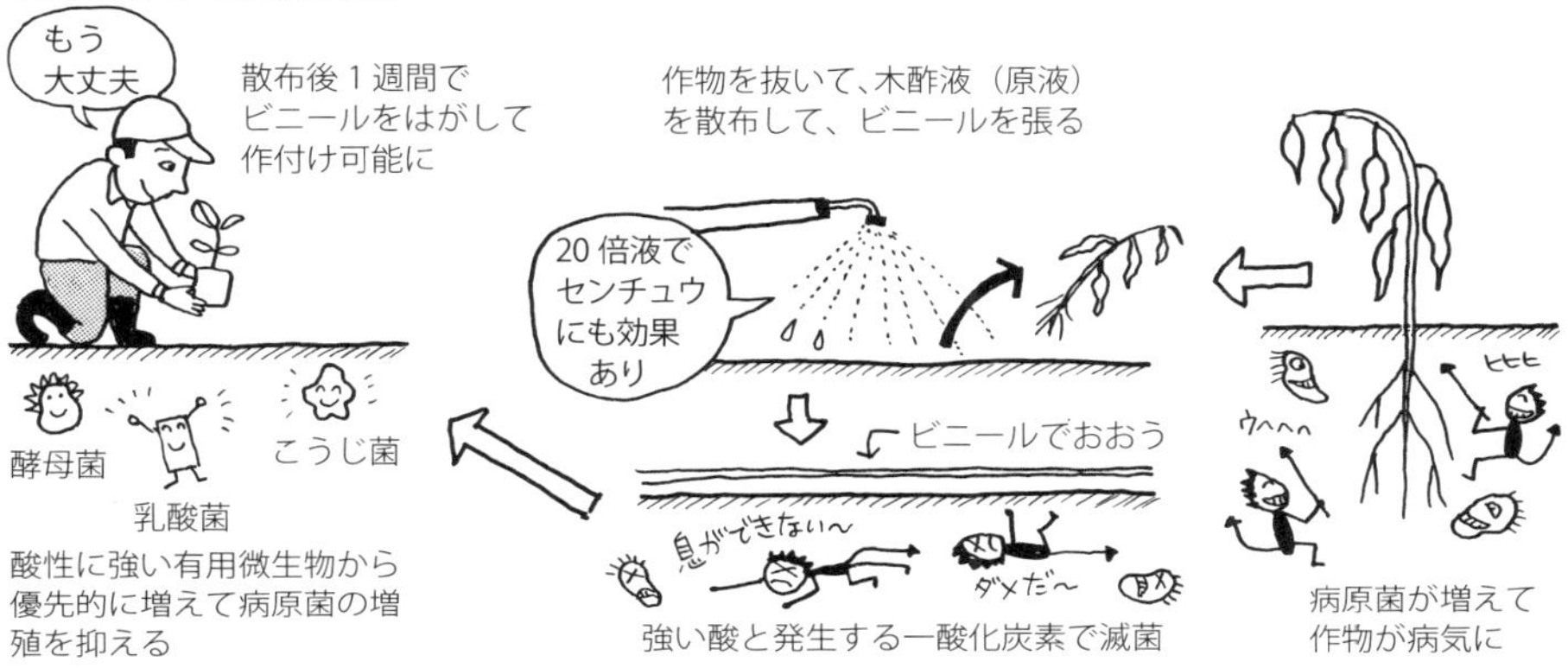

病原菌が増えて作物が病気に
ヒヒヒ
ウヘヘヘ
作物を抜いて、木酢液（原液）を散布して、ビニールを張る
20倍液でセンチュウにも効果あり
ビニールでおおう
息ができない〜
ダメだ〜
強い酸と発生する一酸化炭素で滅菌
もう大丈夫
散布後１週間でビニールをはがして作付け可能に

こうじ菌
酸性に強い有用微生物から優先的に増えて病原菌の増殖を抑える

できます。

木酢液土壌消毒法

連作障害などで青枯れ病や根こぶ病などの土壌病害が出たときには、原液ないしは二〇～三〇倍の木酢液を土壌に散布すると、土壌消毒ができます。

これは木酢液の強い酸と散布後発生する一酸化炭素によるものです。一酸化炭素は生物には毒として働く上、二酸化炭素に変わる際に地中の酸素を奪い土壌中を一時的に酸欠状態にします。これでいったん滅菌されますが、三日後にはすべて二酸化炭素に変わり、木酢液濃度が薄まるにつれ、有用微生物が増殖します。その後定期的に前述の薄めた木酢液の散布によって、さらに病原菌が少なくなります。

多くの病原菌の活動最適pHは五～六・五の弱酸性で、pH四・五以下の酸性、pH七以上のアルカリ性になると活動できなくなります。有用微生物の乳酸菌や酵母菌、酢酸菌、納豆菌、麹菌など）はpHが四・五以下でも、納豆菌、放線菌はpH七以上のアルカリでも活動できます。

二〇倍の木酢液を散布すると一時的ですがpHが四・五以に下がり、土壌中の病原菌が殺菌されます。しかし四日ほど経つと土中で三〇〇倍以上に薄まり、酸性に強い乳酸菌や酢酸菌などの有用微生物のエサとなって、優先的に増えていき、土壌の微生物が安定するのです。

作付け一週間前に散布しビニール被覆

土壌消毒には、二〇倍液の場合、一㎡あたり二ℓ散布します。原液の場合は一㎡あたり一〇〇cc散布します。散布後乾く前に耕耘し、一週間ビニールマルチで被覆します。一週間後にビニールを除去して作付けします。どの病虫害に対しても同様に対応ができ、センチュウ害に対しても二〇倍液で効果があることがわかっています。

〈木酢液のさまざまな使い方〉

●匂いで鳥獣、害虫忌避

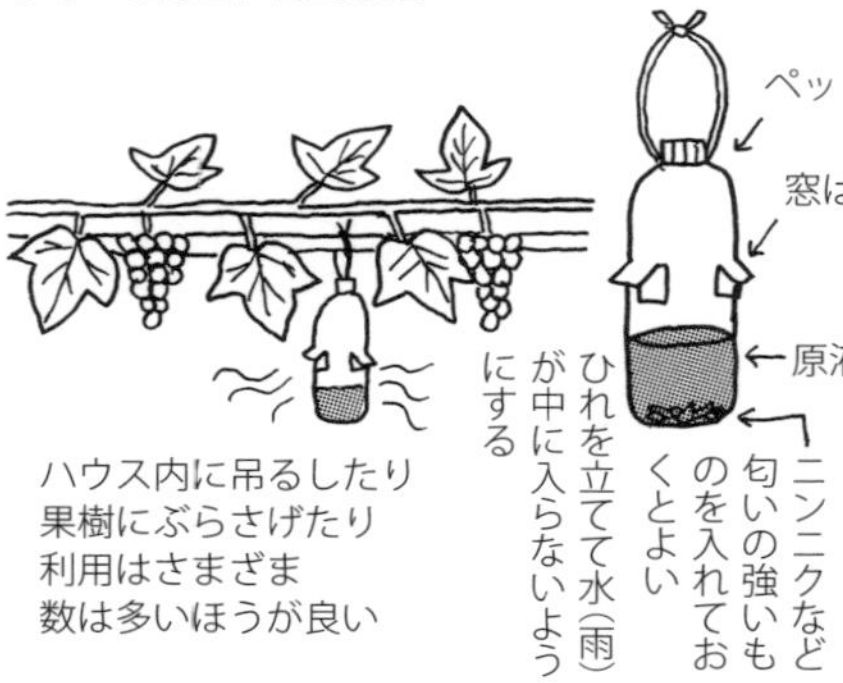
ペットボトル
窓は３～４つ
原液
ニンニクなど匂いの強いものを入れておくとよい
ひれを立てて水（雨）が中に入らないようにする
ハウス内に吊るしたり
果樹にぶらさげたり
利用はさまざま
数は多いほうが良い

●堆肥、ボカシ肥の発酵促進

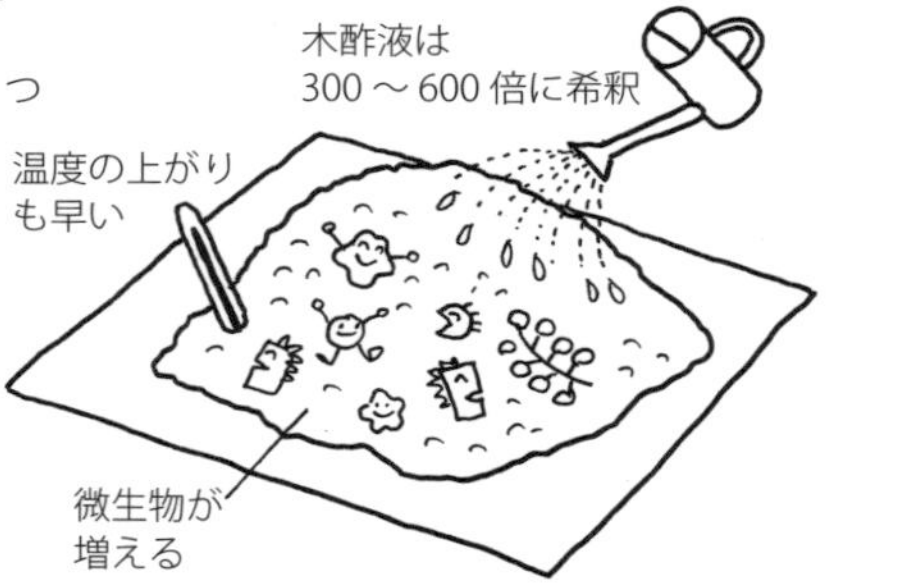
木酢液は
300～600倍に希釈
温度の上がりも早い
微生物が増える

3 木酢液のそのほかの使い方

窒素過剰の生育を改善

窒素の過剰施肥で、葉が暗緑色で垂れるような生育になったときは、葉の中に亜硝酸や遊離アミノ酸がたまり病害虫も発生しやすい状態です。このようなときは二〇〇～三〇〇倍程度の濃い木酢液を散布すると、生育が改善されます。

堆肥、ボカシ肥料を発酵促進

木酢液は堆肥やボカシ肥料へ希釈して散布すれば、微生物が増えて発酵が促します。積み込みの際や切り返しのときの水に混ぜるだけです。希釈倍率は、三〇〇～六〇〇倍にしてください。一〇〇倍以下では殺菌・静菌作用が働き発酵を抑制してしまいます。

発酵が早く進み、夏ならば四日くらいで八〇℃まで温度が上がります。六〇℃くらいで、早めに希釈木酢液を補給して切り返すことがコツです。

煙の臭いを利用した鳥獣・害虫忌避

木酢液は強い燻煙臭がします。この匂いを利用して、倉庫のネズミよけ、果樹の鳥害除けに使ったりしている農家もいます。鳥獣は山火事を連想してか、木が燃える匂いは苦手のようです。ハウス内に吊るしてアブラムシなど害虫よけにも使います。

図のようなペットボトルなどを利用して、原液のまま使います。ニンニクやトウガラシなど匂いの強い素材を混ぜれば効果がより増すようです。また、木酢液を浸み込ませたワラ縄を、畑の周りに地面につけて巡らせておくと、タヌキやイノシシなどが畑の中に入らなったという話もあります。どちらも匂いが弱まれば交換します。

木酢エキスの作り方・使い方

〈手作り木酢エキスの作り方〉

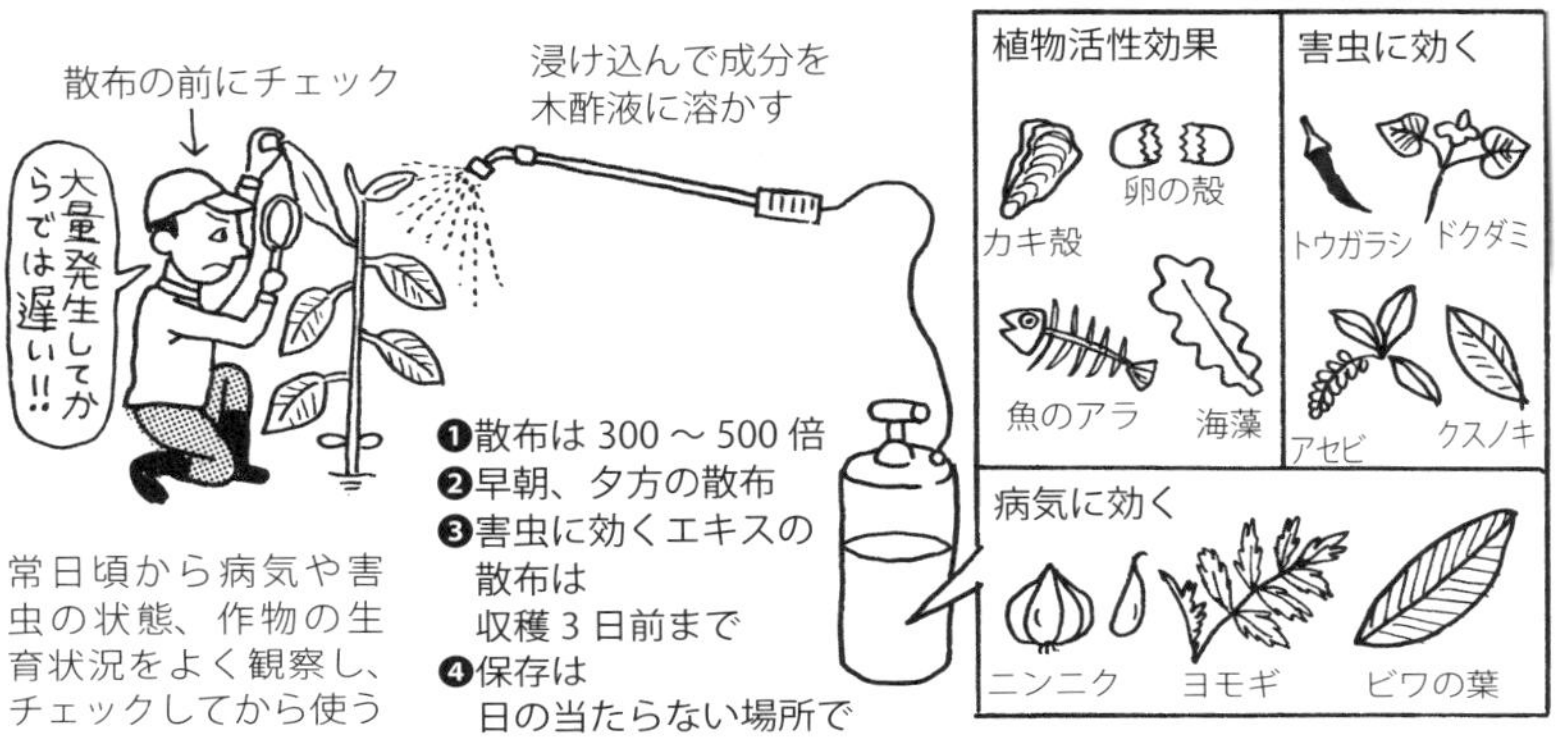
散布の前にチェック
大量発生してからでは遅い!!
浸け込んで成分を
木酢液に溶かす
植物活性効果
カキ殻
卵の殻
魚のアラ
海藻
害虫に効く
トウガラシ
ドクダミ
アセビ
クスノキ
病気に効く
ニンニク
ヨモギ
ビワの葉
❶散布は 300 ～ 500 倍
❷早朝、夕方の散布
❸害虫に効くエキスの
散布は
収穫 3 日前まで
❹保存は
日の当たらない場所で
常日頃から病気や害
虫の状態、作物の生
育状況をよく観察し、
チェックしてから使う

1 木酢液の強酸、抽出力、浸透力を活かした木酢エキス

木酢液で手作りする防除剤、有機栄養剤

木酢液は強酸性で抽出力・浸透力に優れているので、さまざまな素材を浸け込んだり、溶かした木酢エキスを簡単に作ることができます。木酢エキスには、浸け込んだ資材の成分が浸透、吸収されやすい形になっています。

前章で紹介したように、浸け込む素材によって抽出できる成分が違うので、目的に合わせて作り、病害虫の発生や生育状態を見て使い分けます。

ウドンコ病やベト病などの病気にはニンニクやヨモギ、ハーブ、ビワの葉などがおすすめです。

害虫の忌避、予防には、トウガラシやドクダミ、害虫の殺虫にはアセビ、クスノキ、ニームなどがよく効きます。

活力をアップする有機栄養エキスとしては、カキ殻、白卵の殻を浸け込んだカルシウム木酢エキス、魚腸などを浸け込んだアミノ木酢エキス、海藻木酢エキスなどがおすすめです。

身近にあるもので、いろいろな木酢エキスを考案するのも楽しみです。

作り方は簡単!
散布はここぞというときに

素材によって違いますが、浸け込んで抽出するものは約一カ月間で完成です。浸け込む際の容器は鉄製の一斗缶などは鉄分が溶け出すので要注意です。ガラスやプラスチック製のものを用意します。

[木酢エキス一覧]

混合資材	効　果	作り方・使い方
ニンニク	ウドンコ、ベト病 害虫忌避	広口のビンに刻んだニンニク100gを入れ、木酢液1ℓを注ぎ2カ月おく。300～500倍で散布。トウガラシ100gを加えると効果アップ
ビワの葉	病気全般	広口のビンにビワの葉（4枚以上）を刻んで入れ、木酢液を1ℓ注いで1カ月おく。300倍で散布
ヨモギ・ハーブ	ウドンコ、ベト病 害虫忌避	広口のビンいっぱいにミント・レモンバーム・ヨモギなどハーブ類の生葉を500gずつ入れて木酢液2ℓを注いで2カ月おく。300倍で散布
キトサン	土壌病害	木酢液1ℓに市販のキトサン資材（粉末）6gを入れて混ぜて溶かす。300倍で散布
トウガラシ	害虫忌避	広口のビンにトウガラシ100gを入れ、木酢液1ℓを注いで1カ月おく。300倍で散布。苗の時にも予防として500倍を1，2回散布。ニンニクを刻んで100g g加えると効果アップ
ドクダミ	害虫忌避	広口のビンいっぱいにドクダミの葉を入れ、木酢液をヒタヒタに注いで2カ月おく。300倍で散布
アセビ	害虫を殺虫・忌避	木酢液1ℓに開花期のアセビの葉25gを浸けて2カ月おく。300～500倍で散布。多発時は6日に1度。収穫中の利用は避ける
クスノキ	害虫を殺虫・忌避	木酢液1ℓにかたく一握りのクスノキの葉を刻んで1カ月浸ける。300～500倍で散布。多発時は6日に1度。収穫中の利用は避ける
ニーム	害虫を殺虫・忌避	木酢液1ℓにニームオイル200gを混ぜて1カ月おく。300～500倍に薄めて散布。多発時は6日に1度。オイルは50℃くらいに湯煎してから混ぜる
卵の殻	カルシウム効果で着色促進、糖度向上	木酢液1ℓに卵の殻10個分を15日浸け込む。収穫直前に400～500倍で散布
カキ殻	病気予防、生育促進	木酢液1ℓにカキ殻100gほど浸けて1カ月おく。収穫直前に400～500倍で散布
魚腸	アミノ酸効果で樹勢回復、果実肥大	木酢液に対して1/3の魚のアラを15日浸け込む。樹勢が弱ったら400倍で散布
海藻	生理活性、着色促進、糖度向上	広口のビンいっぱいに海藻を刻んで入れ、木酢液をヒタヒタに注いで2カ月おく。500～1000倍で散布
ブドウ糖	生育促進、成り疲れ予防	木酢液とブドウ糖を5：4で混ぜる。500～1000倍で散布

木酢エキスは、木酢液のように定期散布ではなく、病害虫に効くものは、その病害虫が発生しやすい時期や発生初期に、活力剤は生育の様子や効果を発揮したい生育時期に散布します。

完成したらサラシなどでこして、基本的に三〇〇～五〇〇倍とやや濃いめに希釈して、夕方か早朝に散布します。また、クスノキやアセビなど殺虫成分の高いものの散布は、念のため収穫三日前までとします。散布後三日目には殺虫成分が分解してしまいます。

木酢エキスは木酢液の効果もあるので、木酢液の定期散布と重なった場合は木酢液を散布する必要はありません。

木酢エキスは、直射日光の当たらないところに保存しておけば長期間使用できます。薄めた液は保存中に成分が変化してしまうので、使いきってください。

〈ニンニク木酢エキスの作り方〉

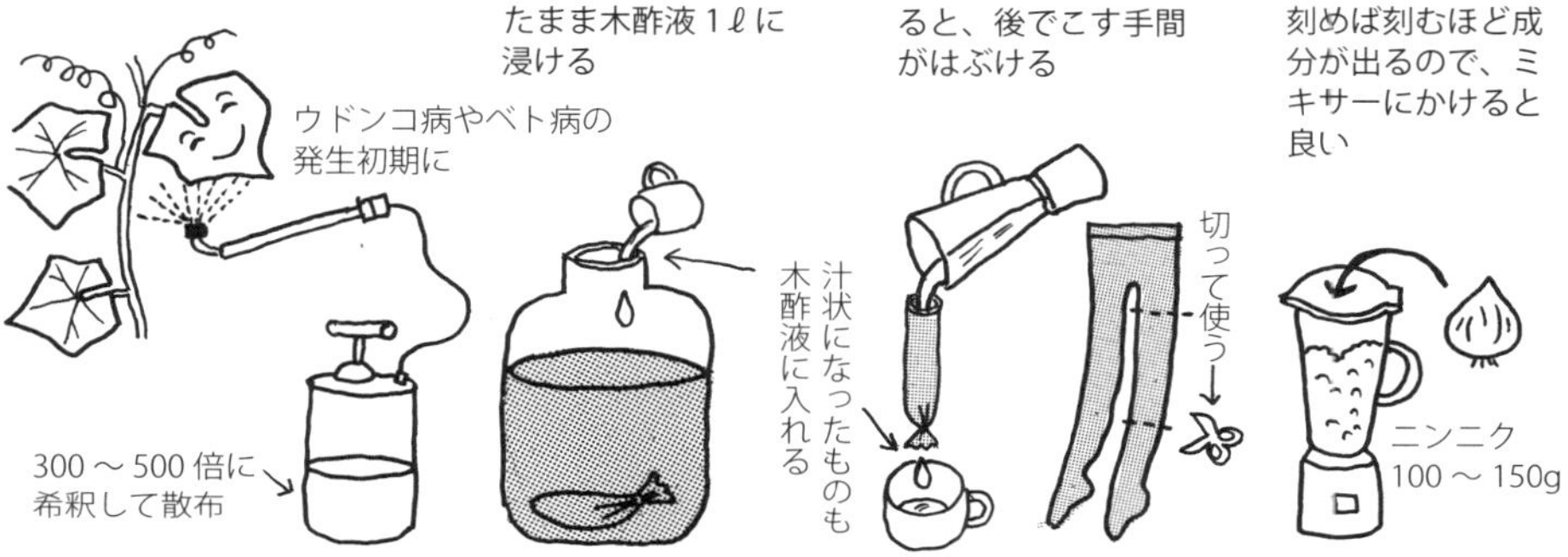
❹１～２カ月で完成！
❸ストッキングに入れたまま木酢液１ℓに浸ける
❷ストッキングに入れると、後でこす手間がはぶける
❶ニンニクは細かく刻めば刻むほど成分が出るので、ミキサーにかけると良い
汁状になったものも木酢液に入れる
切って使う

2 病気に効く木酢エキス

❶ニンニク木酢エキス

〈効果〉

ウドンコ病、ベト病などの病気への防除効果、害虫忌避効果。

〈材料〉

ニンニク一〇〇～一五〇g、木酢液一ℓ。

〈作り方〉

ニンニクは細胞を傷つけないと有効成分のアリシンが出ないので、細かく切るかすりおろします。ミキサーにかけるとお手軽です。ミキサーにかけたものをしぼらないで、汁もそのまま浸けます。ストッキングに入れて浸ければあとでこす手間が省けます。よく浸かるようにストッキングには重りを入れて沈めるとよいでしょう

広口のビンに原液の木酢液とニンニクを重量比で一〇対一の割合で入れて一～二カ月おけば完成です。

また、ニンニクといっしょにトウガラシ（木酢液重量の一〇％）も浸け込むと、害虫の忌避効果も高いニンニク・トウガラシ木酢エキスができます。

〈使い方〉

三〇〇～五〇〇倍に希釈し、ウドンコ病やベト病の発生しやすいときや発生初期に散布します。発生が心配なときは三～四日おきに数回散布します。

ニンニク木酢エキスはウドンコ、ベト病以外にもアブラムシへの忌避効果、トウガラシ木酢液と組み合わせてカメムシへの忌避効果など、害虫への忌避効果も各地の実践によって認められています。

殺虫効果はなさそうなので予防的に使います。

〈ヨモギ・ハーブ木酢エキス〉

❶ヨモギ、ミント、レモンバームなどのハーブ類を500gずつ、3㎝幅に刻む

❷ヨモギ、ハーブ類を木酢液2ℓに浸けて2カ月おけば完成
こしてから散布する

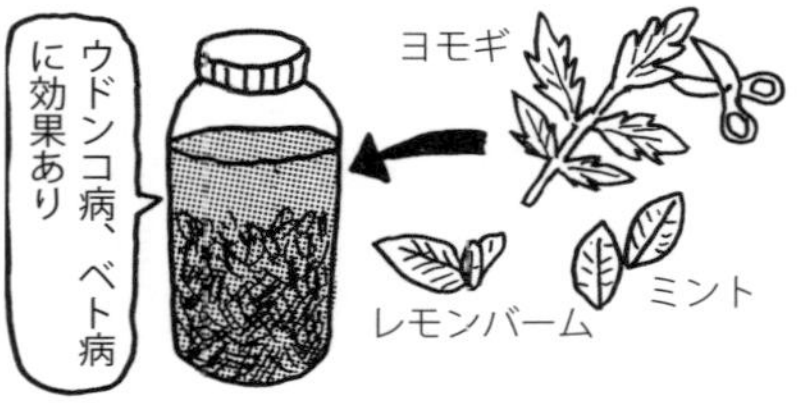

〈ビワの葉木酢エキス〉

❶3日間陰干ししたビワの葉4枚以上を3㎝幅に刻む

❷木酢液1ℓにビワの葉を入れて1カ月おく

❸最後に35度の焼酎200ccを加えれば完成

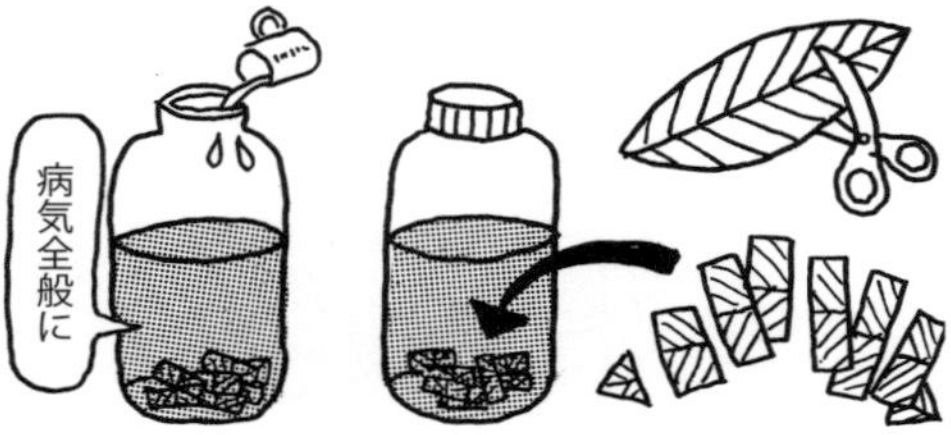

❷ビワの葉木酢エキス

〈効果〉

ビワの葉にはアミグダリンという成分があり、病気全般に効果があります。

〈材料〉

ビワの葉四枚以上、木酢液一ℓ、焼酎（三五℃）二〇〇cc。

〈作り方〉

ビワの葉は一年中採取でき、いつでも作れます。採取したら三日くらい陰干ししてから三cm幅に刻みます。

広口のビンに、刻んだビワの葉と木酢液一ℓを入れて一カ月おけばエキスが出てきます。最後に焼酎を二〇〇cc加えれば完成です。

〈使い方〉

天候不順など病気が心配されるときには三〇〇倍に希釈して七～一〇日に一度定期散布します。

ハーブ木酢など他の木酢エキスを混ぜて散布することをおすすめします。

❸ヨモギ・ハーブ木酢エキス

〈効果〉

ウドンコ病、ベト病に効果があります。香りの強い素材を使うので害虫忌避にも効果があるようです。

〈材料〉

ヨモギ、ミント、レモンバームなどのハーブ類を五〇〇gずつ。ほかにチャイブやヒソップ、カモミール、サンショウなども使えます。木酢液二ℓ。

〈作り方〉

広口の保存ビンいっぱいにミント、レモンバーム、ヨモギの生葉を五〇〇gずつ入れます。

木酢液を注いで二カ月以上おけば完成です。

〈使い方〉

発生初期、または発生が予想されるときに三〇〇倍に希釈して散布します。

〈キトサン木酢エキス〉

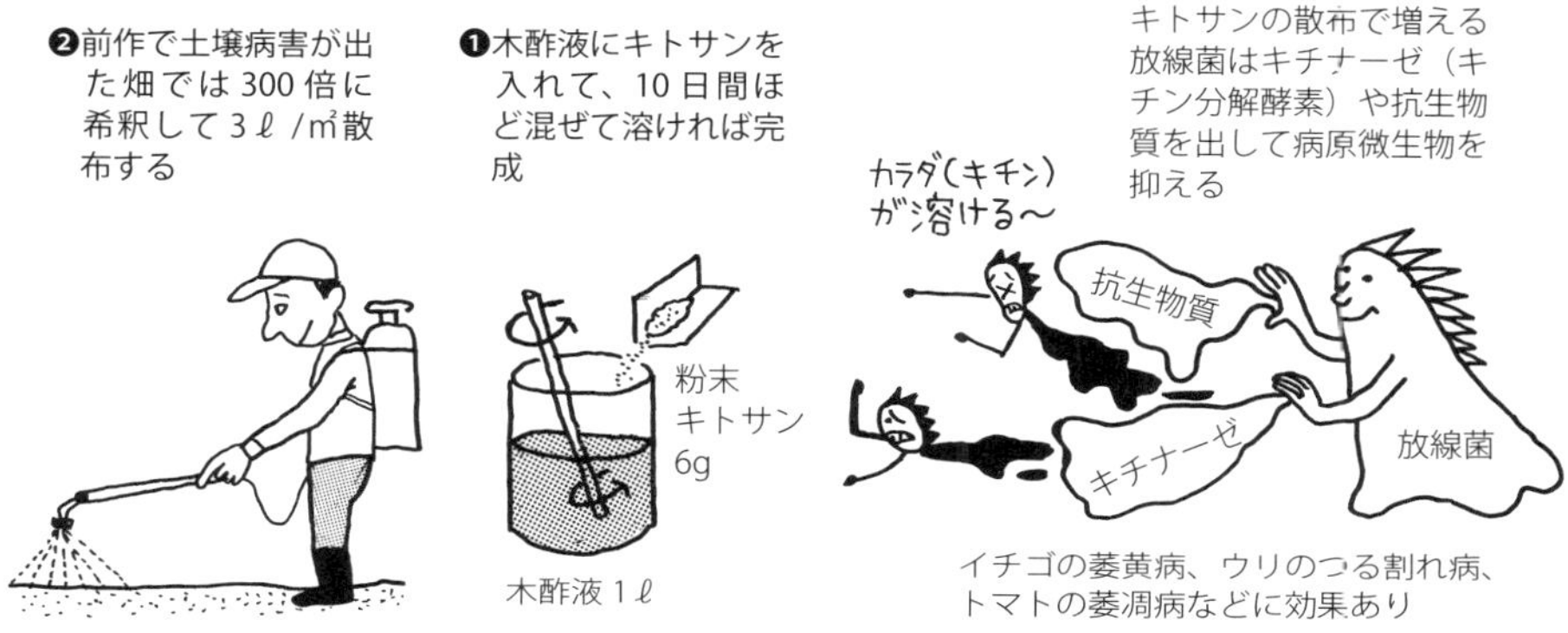
❷前作で土壌病害が出た畑では300倍に希釈して3ℓ/㎡散布する
❶木酢液にキトサンを入れて、10日間ほど混ぜて溶ければ完成
粉末キトサン6g
木酢液1ℓ
キトサンの散布で増える放線菌はキチナーゼ（キチン分解酵素）や抗生物質を出して病原微生物を抑える
カラダ（キチン）が溶ける〜
抗生物質
キチナーゼ
放線菌
イチゴの萎黄病、ウリのつる割れ病、トマトの萎凋病などに効果あり

❹キトサン木酢エキス

〈効果〉

キトサンを散布するとそれをエサに放線菌が優先的に繁殖し、キチナーゼという物質を出してフザリウムなどの病原菌の表皮細胞壁（キチン）を溶かしてしまいます。イチゴ萎黄病、ウリ類のつる割れ病、ダイコンの萎黄病、トマトの萎凋病などで効果が上がっています。キチン質で細胞壁ができている害虫にも効果があります。

〈材料〉

市販のキトサン資材（粉末）六g、木酢液一ℓ。

〈作り方〉

キトサン資材を木酢液に混ぜて一〇日ほど攪拌して溶かせば完成です。

〈使い方〉

主に土壌病害に使います。前作で病気が出た畑に三〇〇倍に希釈して予防散布します。

草木灰はよく効く殺菌剤

病原菌には酸性には強くて木酢では効かないが、アルカリ性には弱いという菌が多くいます。ウドンコ病菌などです。

これらにはアルカリ性の草木灰をおすすめします。花咲かじいさんのように茎葉にまいてもいいですが、草木灰を三〇〇倍（ヤシ殻灰は四〇〇倍）の水に溶かして（一〇ℓの水に草木灰三三g）、一時間後に上澄み液をサイフォンなどで取り、薄めずにそのまま散布します。これで大半の病原菌は防除できます。

草木灰の代わりに消石灰を溶かした上澄み液も同様の効果があります。バケツに消石灰を三分の一ほど入れ、水を入れて攪拌し二四時間おいて、表面に膜ができたら、上澄み液を別のタンクに取って、四倍ほどに薄めて葉面散布します。

また草木灰は土壌病害にも効果があり、青枯れ病、立枯れ病、トマト根腐れ病、根こぶ病などが発生したら、一㎡あたり四〇〇gをすき込むと防除できます。

〈トウガラシ木酢エキス〉

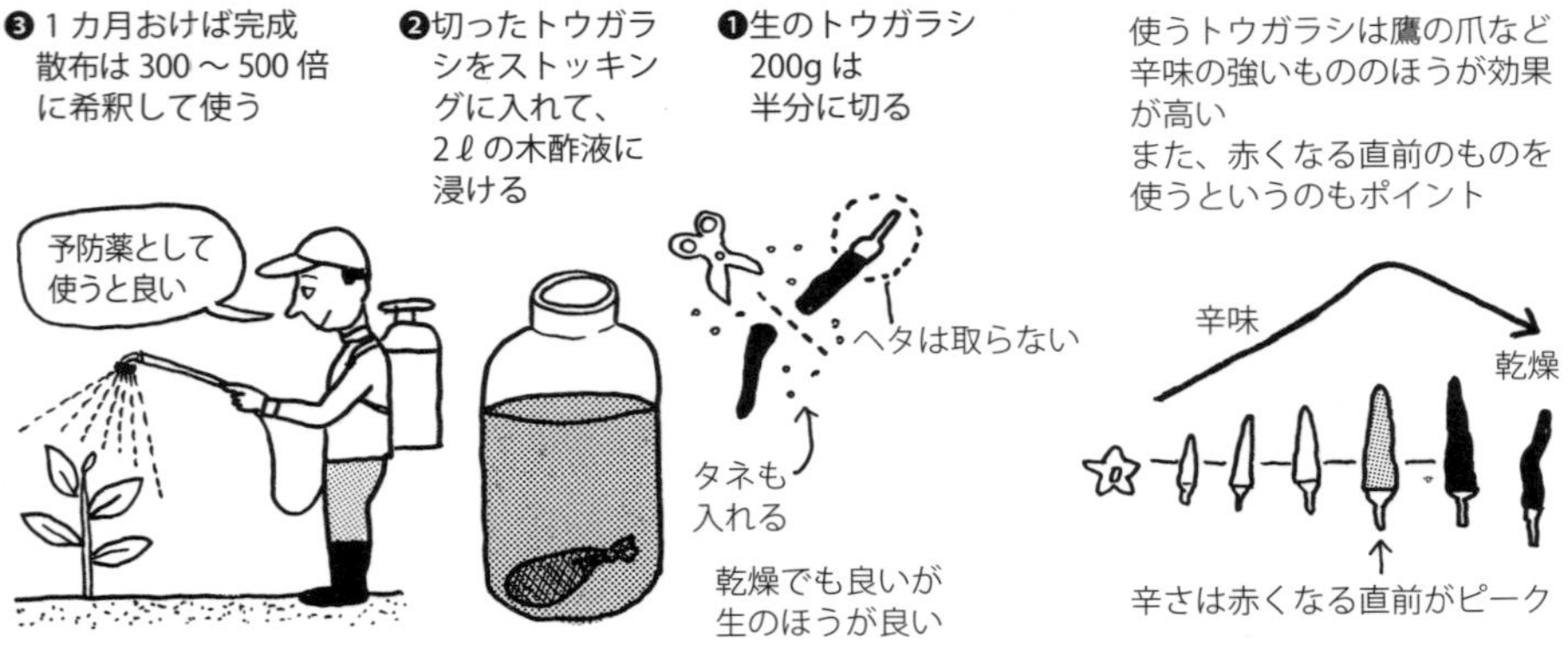
❸１カ月おけば完成
散布は300～500倍に希釈して使う
❷切ったトウガラシをストッキングに入れて、2ℓの木酢液に浸ける
❶生のトウガラシ200gは半分に切る
使うトウガラシは鷹の爪など辛味の強いもののほうが効果が高い
また、赤くなる直前のものを使うというのもポイント
予防薬として使うと良い
ヘタは取らない
タネも入れる
乾燥でも良いが生のほうが良い
辛味
乾燥
辛さは赤くなる直前がピーク

3 害虫に効く木酢エキス

❶トウガラシ木酢エキス

〈効果〉

トウガラシの辛い成分のカプサイシンは、忌避効果と殺虫効果があります。アブラムシやハダニなど害虫全般に効果がありますが、完全な殺虫効果はなく、忌避効果が高いようです。病気の防除エキス、ニンニク木酢エキスと同様、素材が入手しやすいので、害虫の予防薬として常備したい木酢エキスです。

〈材料〉

木酢液二ℓに、トウガラシ二〇〇gを用意します。

トウガラシは辛いほうが効きますので鷹の爪がおすすめです。辛味成分のカプサイシンは、実が大きくなるにつれて増大して成熟するにしたがって減少していきます。そこで大きくなって赤くなる直前のトウガラシを浸け込むことがポイントになります。

また、ニンニクといっしょに浸け込む場合は、これにニンニク二〇〇gを用意します。

〈作り方〉

トウガラシは切って（ニンニクは皮をむき細かく切る）、広口ビンにそのまま浸け込みます。ストッキングに入れて浸ければあとでこす手間がはぶけます。

生トウガラシは一カ月、乾燥トウガラシは約三カ月間浸け込みます。

〈使い方〉

いずれも三〇〇〜五〇〇倍に希釈して散布します。殺虫効果もありますが、基本は忌避効果なので、害虫が発生しやすい時期は、定期散布の木酢液代わりに一〇日おきに散布します。

〈ドクダミ木酢エキス〉

❶ドクダミは花ごと3cm幅に刻む

❷量はあるだけ浸け込めば良い
ストッキングに入れれば、こす手間がはぶける

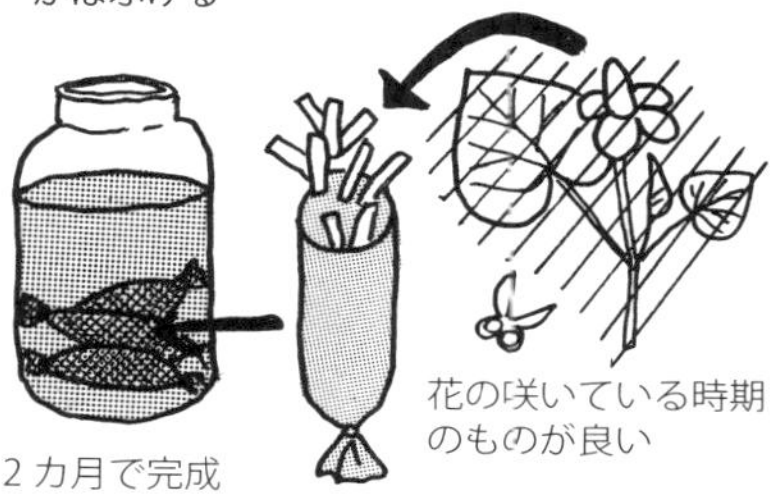

花の咲いている時期のものが良い
2カ月で完成

〈ハッカ木酢エキス〉

❶ハッカ油は薬局やインターネットで購入できる

❷木酢液2ℓにハッカ油1ccを加えて混ぜる

❸300倍に希釈して散布
即効性がある

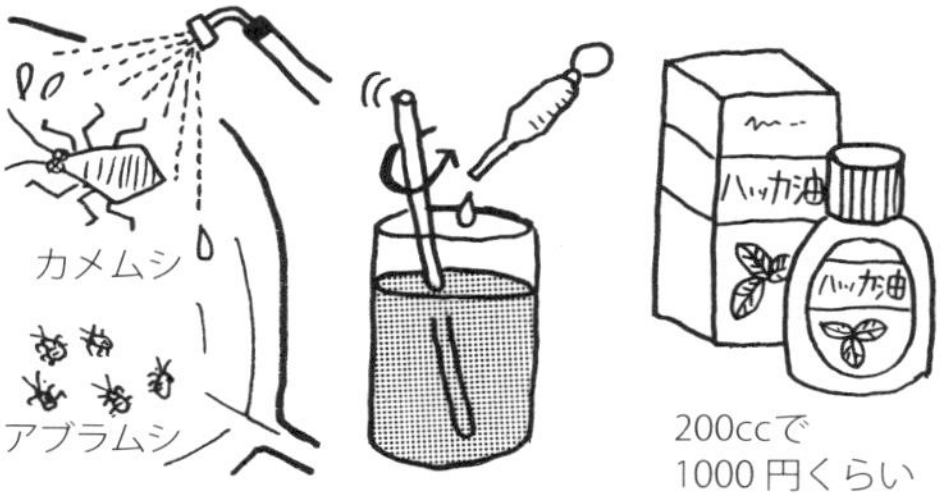

ハッカ油
ハッカ油
200ccで
1000円くらい
カメムシ
アブラムシ

❷ドクダミ木酢エキス

〈効果〉

ドクダミは強烈な匂いで邪魔者扱いされている雑草ですが、この匂いの成分はフラボノイドで害虫全般に忌避効果があり、抗菌効果もあります。

〈材料・作り方〉

ドクダミはどこでも生えているので材料集めには困りません。五月ころ、花が咲いている時期のドクダミを花ごと採ってきます。

ドクダミの生葉を三cm幅に刻んでから広口の保存ビンいっぱいに詰め、木酢液をいっぱいに注ぎ二カ月以上おきます。量はそれぞれ適量でかまいません。

〈使い方〉

三〇〇倍に希釈して散布します。大量に用意できるので五〇〇倍以上に薄めれば病害虫予防に定期散布してもかまいません。

❸ハッカ木酢

〈効果〉

アブラムシ他、害虫全般に忌避効果があります。カメムシやウンカなど田んぼの害虫にも効果があるようです。

〈材料・作り方〉

木酢液二ℓに対してハッカ油一ccを混ぜれば完成です。ハッカ油は、薬局などで、二〇ccが一〇〇〇円くらいで売っています。

ハッカには和種と洋種（ミント）とがありますが、効果の違いはわかりません。混ぜ物のないものを選ぶようにします。

〈使い方〉

三〇〇倍に希釈して散布します。即効性があるので害虫が出てからの散布でもある程度効果は期待できますが、殺虫効果ではないので予防散布のほうがよいでしょう。

〈アセビ木酢エキス〉

❶アセビの殺虫成分のアセホトキシンは開花時期に一番高まる
この殺虫成分は非常に強力なので、取り扱いはゴム手袋着用で
❷アセビの生葉一握り（25g）を3㎝幅に刻んで、木酢液1ℓに浸けて2カ月おく
花を浸けておけば何のエキスか一目でわかる
❸アセビの殺虫成分は強力なので、散布するときは念のためマスク着用
使っていいのは収穫3日前まで

❹アセビ木酢エキス

〈効果〉

庭木によくあるアセビは「馬酔木」と書き、昔はダニ駆除薬として使われました。アセビに含まれるアセボトキシンは強力な殺虫成分なので、木酢液に浸ければほとんどの害虫に効果のある強力な防除木酢エキスができます。

〈材料と作り方〉

木酢液一ℓにアセビの生葉二五gを用意します。春に花の咲いたころのものがもっとも成分が強いので、春に作りましょう。三㎝幅に刻んで二カ月浸け込めば完成。取り扱いには手袋を。

〈使い方〉

三〇〇～五〇〇倍に薄めて散布します。アブラムシやダニ、若齢のヨトウムシなど、初発時なら一発で抑えられます。ただし効果が高いため、使用は収穫三日前までとして収穫中は控えましょう。散布時はマスクをします。

❺クスノキ木酢エキス

〈効果〉

タンスに入れておく殺虫剤の樟脳を作るクスノキには、強力な殺虫効果のあるショウノウが含まれています。葉を木酢液に浸ければ、アセビ木酢液と並んで害虫が発生したときに使う強力な防除木酢エキスができます。

〈材料と作り方〉

クスノキの茎葉を三㎝幅に刻みます。一ℓの木酢液に刻んだ茎葉を一握り分入れて、一カ月浸け込みます。

〈使い方〉

三〇〇～五〇〇倍に薄めて散布します。アセビと同様、害虫全般に殺虫・忌避効果があり、初発時なら一発で抑えられます。ただしクスノキ木酢液も使用は収穫三日前までとして、収穫中の使用は禁物です。人間にも無毒ではないので散布時はマスクの着用をおすすめします。

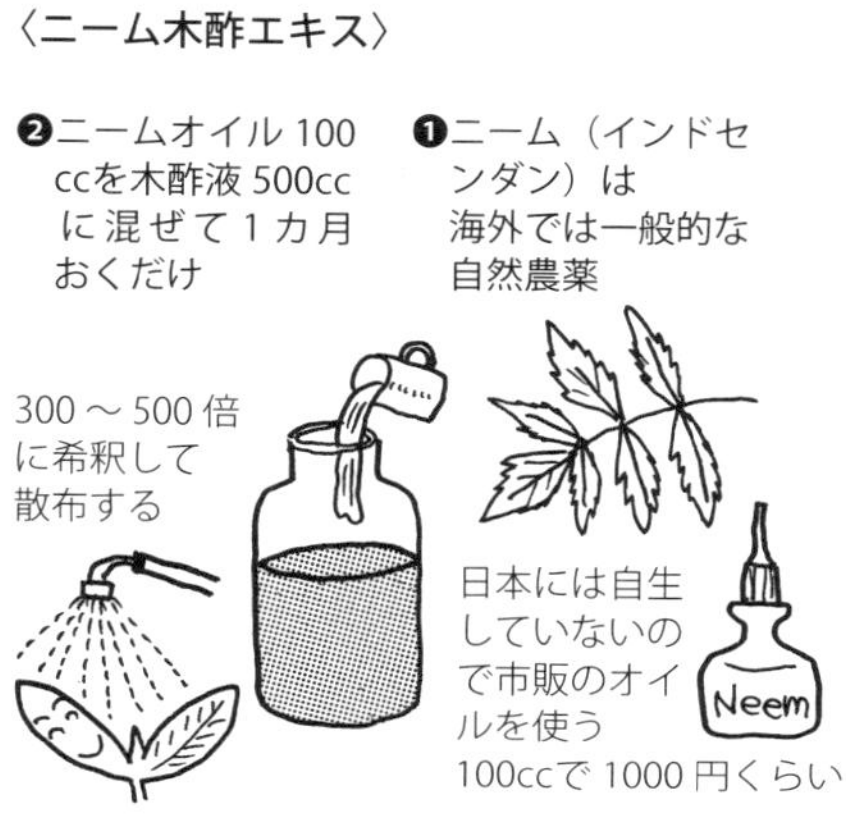
〈ニーム木酢エキス〉
❷ニームオイル 100ccを木酢液 500ccに混ぜて1カ月おくだけ
❶ニーム（インドセンダン）は海外では一般的な自然農薬
300～500倍に希釈して散布する
日本には自生していないので市販のオイルを使う
100ccで1000円くらい
Neem

〈クスノキ木酢エキス〉
❷念のため散布時にはマスクを着用
❶1ℓの木酢液にクスノキの生葉を3㎝に刻んだものを一握り浸ける
収穫中には散布しない
1カ月で完成
虫除け
クスノキの成分のショウノウは衣類用の防虫剤にも使われている

❻ニーム木酢

〈効果〉

ニームとはインドセンダンというアジア、アフリカに自生している植物です。脱皮阻害の働きがあるアザディラクチンを含み害虫全般に高い殺虫効果があります。


〈材料〉

市販のニームオイルを購入して使います。同じセンダン科でも日本のセンダンは使えませんが。


〈作り方〉

木酢液一ℓにニームオイル二〇〇ccを混ぜて一カ月おきます。


〈使い方〉

四〇〇～五〇〇倍に希釈して散布します。多発時は六日に一度のペースで使用します。収穫中の散布はしません。

ニームオイルは一五℃で固まってしまうので混ぜる前に五〇℃くらいに温めた湯で湯煎して溶かします。

世界の自然農薬

日本は農業先進国ですが、こと自然農薬の研究に関しては世界に遅れをとっています。

上に紹介したニームもその一つです。インドにはニームが自生し昔から生活薬として使われていました。今も葉は皮膚病や寄生虫の治療薬として、枝は歯磨きに使います。樹皮は殺虫剤として、これらは強力な薬効成分アザディラクチンの働きです。この成分が発見されてからアメリカ、インド、タイ、中国などなど多くの国でニームは自然農薬として製品化され利用されています。キューバも国をあげてニームを栽培して、微生物資材や天敵、耕種的防除を組み合わせた有機栽培を行なっています。

日本でも江戸時代よりアセビやクスノキなど、優れた自然農薬が利用されてきたのですが、いつの間にか化学農薬全盛になってしまったのですね。

〈カルシウム木酢エキス〉

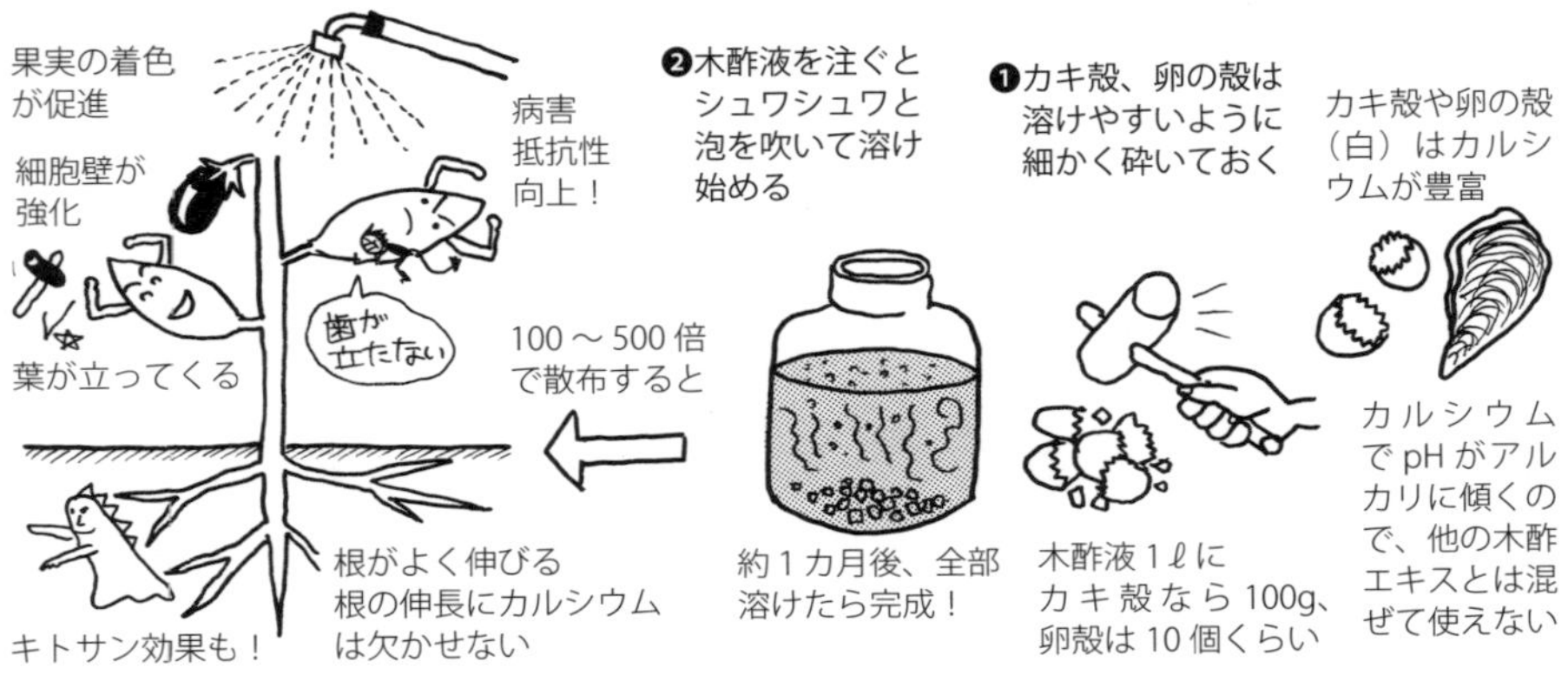
カキ殻や卵の殻（白）はカルシウムが豊富
カルシウムでpHがアルカリに傾くので、他の木酢エキスとは混ぜて使えない
❶カキ殻、卵の殻は溶けやすいように細かく砕いておく
木酢液1ℓにカキ殻なら100g、卵殻は10個くらい
❷木酢液を注ぐとシュワシュワと泡を吹いて溶け始める
約1カ月後、全部溶けたら完成！
100～500倍で散布すると
果実の着色が促進
病害抵抗性向上！
細胞壁が強化
歯が立たない
葉が立ってくる
根がよく伸びる
根の伸長にカルシウムは欠かせない
キトサン効果も！

4 活力をつける木酢エキス

❶カルシウム木酢エキス（カキ殻・卵の殻）

〈効果〉

木酢液にカキ殻や卵の殻などカルシウムの多い資材を浸け込むと酸で溶けてカルシウムエキスができます。市販の葉面散布剤よりもずっと安く、簡単にできるのでおすすめします。

カルシウムは作物の細胞を強固にするので病害虫への抵抗力が向上します。また細胞分裂を支えて根の伸びを助ける働きもあります。逆にカルシウムが欠乏すると芯腐れや、トマトの尻ぐされなどの生理障害も発生します。果菜類の収穫前に散布すると、果実の着色促進や糖度向上に効果があります。

カキ殻も卵の殻もキチン質が含まれており、キトサン効果も期待できます。

〈材料〉

カキ殻も卵の殻もよく砕いて、カキ殻は木酢液一ℓに一〇〇g、卵の殻は一〇個くらいが目安です。卵は白いものでないとうまく溶けません

〈作り方〉

カキ殻も卵の殻もよく砕いて入れます。数分もたつとブクブクと泡が立って素材が溶けてきます。全部溶けなくても使えますが、木酢液を足せばよく溶けます。一カ月もおけば完成します。

〈使い方〉

四〇〇～五〇〇倍で散布します。即効性があり、その日のうちに葉が立ってきます。果実の収穫前一～二日前に散布すると果実の着色が促進し、糖度も上がります。

pHがアルカリ性に傾いているので、他の木酢エキスとは混ぜて散布しません。

〈アミノ木酢エキス〉

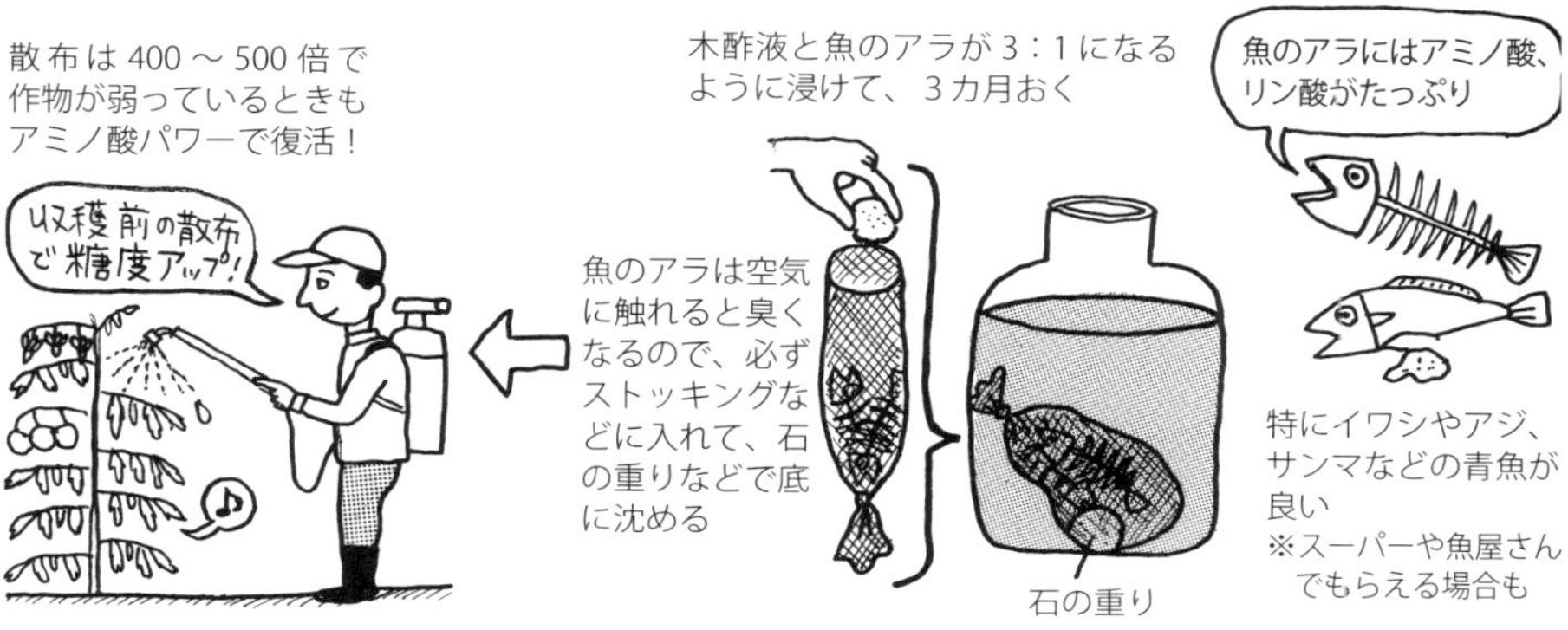
散布は400～500倍で
作物が弱っているときも
アミノ酸パワーで復活！
収穫前の散布で糖度アップ！
木酢液と魚のアラが3：1になるように浸けて、3カ月おく
魚のアラにはアミノ酸、リン酸がたっぷり
魚のアラは空気に触れると臭くなるので、必ずストッキングなどに入れて、石の重りなどで底に沈める
石の重り
特にイワシやアジ、サンマなどの青魚が良い
※スーパーや魚屋さんでもらえる場合も

❷アミノ木酢エキス（魚腸木酢）

〈効果〉

魚のアラを木酢液に浸ければ、肉や骨からアミノ酸とリン酸が溶け出して、有機葉面散布液肥ができます。アミノ酸が多いので、アミノ木酢と呼んでいます。

葉からアミノ酸やリン酸がよく補給されるので、樹勢の弱ったときの樹回復や、果菜類では生殖生長促進、果実の肥大・着色促進、糖度アップに大きな効果があります。

〈材料と作り方〉

重量比で木酢液と魚のアラを三対一の割合で用意します（木酢液二ℓに魚のアラ六六〇g）。特に青魚のアラはアミノ酸が多いので、イワシやサバ、サンマのものがおすすめです。スーパーならタダでもらえる場合もあります。入手できない場合は、肥料の魚カスを代用するとよいでしょう。

魚のアラが空気に触れると腐敗臭がしてきますので、ストッキングなどの網袋に詰め、中に石などの重りを入れてから木酢液に浸けます。一五日ほど浸け込めばもう散布できますが、三カ月おけば骨まで溶けます。早く溶かしたい場合は途中で木酢液を足してください。

〈使い方〉

四〇〇～五〇〇倍に希釈して、栄養不足で弱ったとき、果実が着果したとき、成り疲れしたとき、収穫前などに葉面散布します。

木酢液は植物体内の未消化窒素を消化してアミノ酸合成を助ける働きがありますが、このアミノ木酢エキスはアミノ酸とリン酸が含まれているので、窒素不足のときには体内の窒素不足を補い、正常な生育の場合も窒素過剰にしないで樹勢を高めることができます。

〈ブドウ糖木酢エキス〉

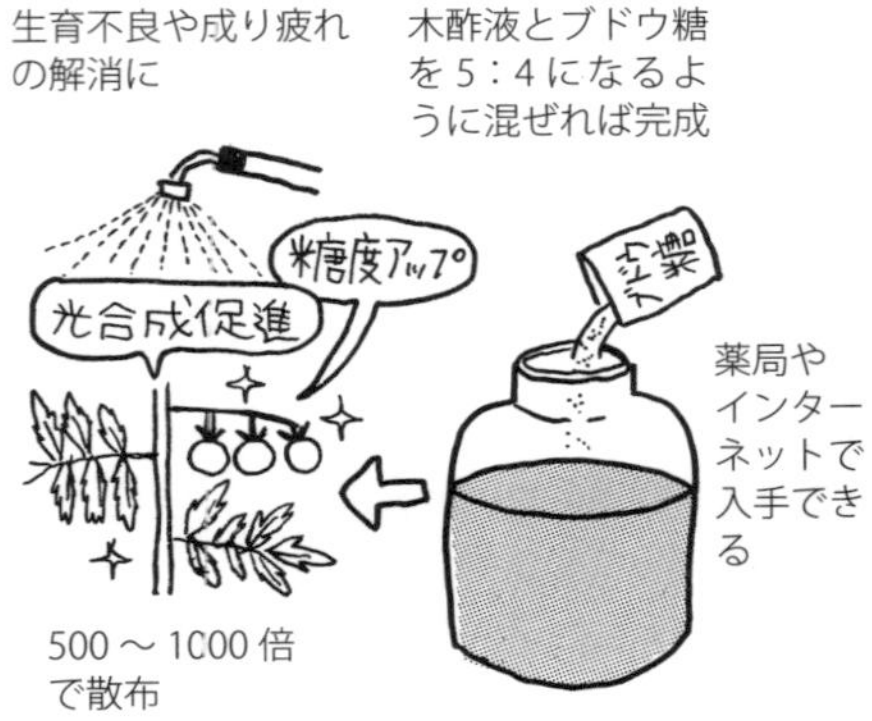
生育不良や成り疲れの解消に
木酢液とブドウ糖を5：4になるように混ぜれば完成
糖度アップ
光合成促進
薬局やインターネットで入手できる
500～1000倍で散布

〈海藻木酢エキス〉

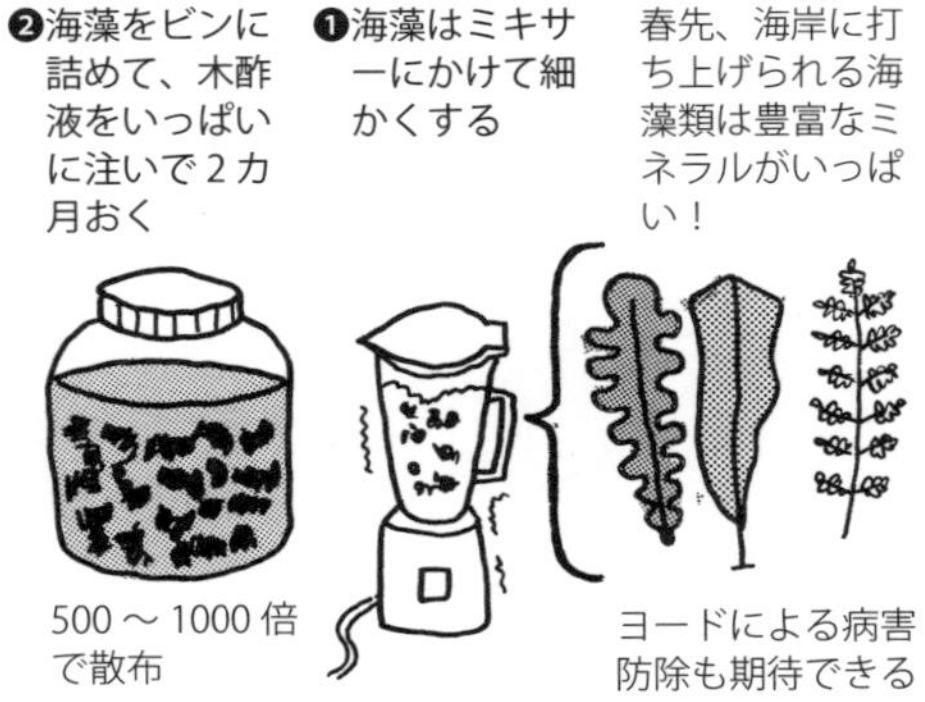
❷海藻をビンに詰めて、木酢液をいっぱいに注いで2カ月おく
❶海藻はミキサーにかけて細かくする
春先、海岸に打ち上げられる海藻類は豊富なミネラルがいっぱい！
500～1000倍で散布
ヨードによる病害防除も期待できる

❸海藻木酢エキス

〈効果〉

木酢エキスの素材として海藻も注目です。海藻はカルシウム、カリウム、マグネシウムをはじめ非常に多様なミネラルを含んでいます。また細胞分裂を促すサイトカイニンをはじめ植物ホルモンも含み、これらの働きによって作物の生育促進効果が期待できます。

また、消毒液のヨードチンキでおなじみのヨード（ヨウ素）も海藻から発見された成分です。この成分による病害防除も期待できます。

〈材料・作り方〉

海藻を刻んでから（ミキサー）広口の保存ビンいっぱいに詰めます。木酢液を注ぎ二カ月ほどおけば完成です。

〈使い方〉

五〇〇～一〇〇〇倍に希釈して散布します。

❹ブドウ糖木酢エキス

〈効果〉

天候不良や成り疲れの際に生育促進の効果があります。植物は水と二酸化炭素でブドウ糖を作っていますが、ブドウ糖木酢で直接ブドウ糖を補給することができるからです。

〈材料〉

木酢液に対してブドウ糖（グルコース）が五対四になるように用意します。ブドウ糖は薬局などで購入できます。上白糖では分子が大きく葉面から吸収されません。

〈作り方〉

一〇ℓ（一〇〇㎡）用意する場合は一〇ℓの水に二〇ccの木酢液と二五ccのブドウ糖を加えればできあがりです。すぐに使えます。

〈使い方〉

定期散布時、もしくは収穫直前に五〇〇～一〇〇〇倍で散布します。

3章 植物発酵エキス

葉面微生物を増やして病害虫防除

高田幸雄

葉面微生物を増やして病害虫防除

1 無農薬栽培の三原則「適期」「適土」「適肥」

病気や害虫は不健康な野菜から発生

　私は一五年前にサラリーマンをやめて、千葉県我孫子市でイチゴを主体にいろいろな野菜を栽培し、直売しています。無農薬・有機栽培を目指してきましたが、当初は悪戦苦闘の連続でした。しかしその過程で、病気や害虫は、どのような株から発生するか、いつごろタネをまいたら発生しやすいか、肥料はどのくらい施すと病害虫の発生が多くなるか、などなど、大変勉強になりました。農薬に頼っていたらこのようなことはわからなかったと思います。

　まず気づいたことは、人間と同様、病原菌や害虫は健康な株ではなく、不健全な生育のものから侵すことです。つまり、植物は自ら病原菌や害虫から身を守る機能をもっており、病原菌も害虫も、その機能が弱くなった不健全な株を狙って発生するということです。

　作物を無農薬で健全に育てる三原則は、「適期」「適土」「適肥」です。私はこれを作物の三適と呼んでいます。

適期…病害虫が少なく　じっくり育つ時期を選ぶ

　栽培適期は、その地域の自然条件下で、その作物がもっとも本来の力を発揮でき、人間の手を加えることが最小限ですむ栽培時期です。生育スピードから考えると生育適温に近い時期が適期ですが、そのような時期は病気や害虫も発生しやすいことが多いのです。

　たとえば、私の地域では、冷涼な気候を好む結球レタスを一月に播種して五月に収穫する春どりは、収穫初期は良いでき栄えが望めますが、高温多湿になるにしたがって、しだいに病気や害虫の被害が多くなります。当然防除も必要になります。八月播種、一一月収穫の冬どりも、播種から収穫までの期間は短いですが、ヨトウムシなど秋の害虫の繁殖期と重なり、これも防除が不可欠です。

　私は、結球レタスは一一月に播種して三月に収穫しています。この時期はレタスの生育適温（一八～二二℃）ではありませんが、レタスは比較的寒さに強く、平均気温が一〇℃以上あれば生育します。ビニールトンネルをかけて、生育が停止してしまう五℃以下にならないように保温すれば、じっくりと生育し三月に収穫できます。病害虫

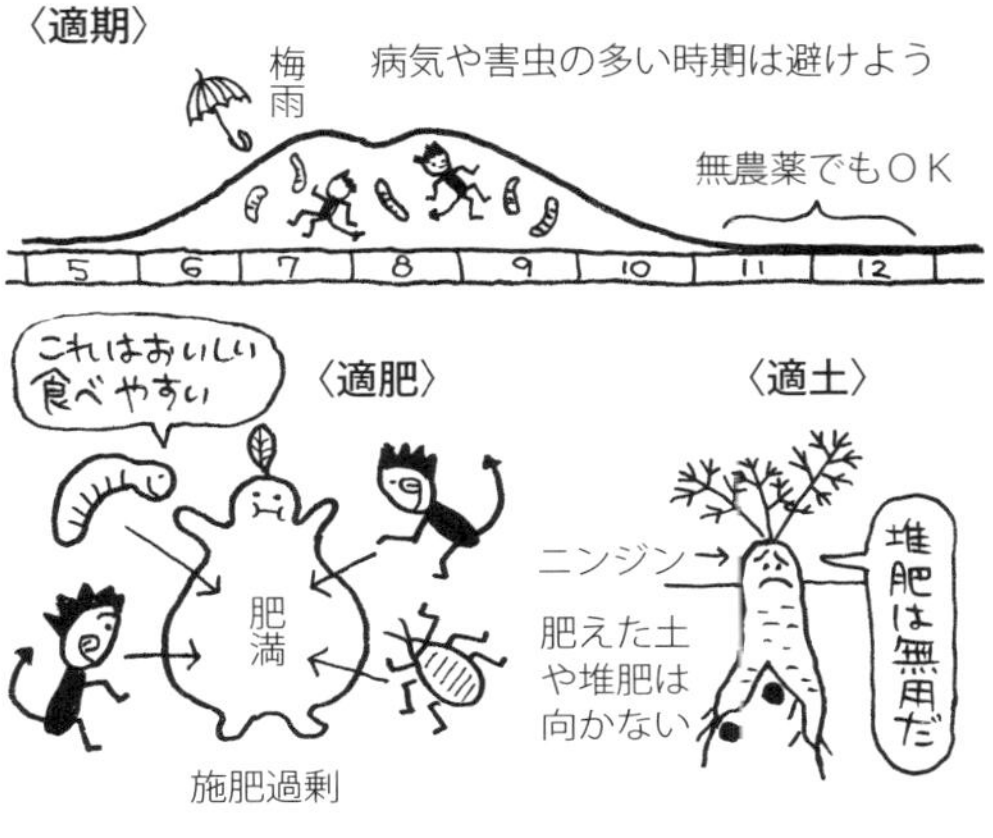

の被害も少なく、すばらしい収穫がのぞめます。

　このような栽培適期は、作物によっても、地域によっても違います。自分の地域の気象条件や作る作物の生育温度（耐寒性・耐暑性）、主要な病気や害虫の発生時期などを知り、できるだけ病気、害虫が発生しにくく、じっくりと育つ時期を選ぶことが、無農薬栽培の原則です。

適土…土と相性の良い作物を選ぶ

　適土とは土と作物との相性です。水はけの良し悪し、肥えているかどうか、有機物が多いか少ないかなど、自分の畑の土をよく知ることが大切です。

　たとえば、ニンジンは砂質土壌と相性が良く、火山灰土壌や粘土質土壌では、肌が汚くなったり、二股になったり、曲がったりするニンジンがどうしても多くなります。ニンジンの産地をみると、たいてい海や川に近い砂質土壌や赤土の地域です。

　砂質土壌は排水性が良く、有機物が少ないので膨軟とはいえませんが、雨が降っても固くしまるようなことはありません。ニンジンにはこのような条件が適していて、肌がきれいで、みごとなニンジンが収穫できます。これはニンジンの原産地がアフガニスタン周辺で、乾燥した地域であることを考えれば納得がいきます。その作物の原産地の気候や土を知れば、その作物が健全に育つ適期や適土がわかってきます。

　一般に有機物の多い肥えた土は、根菜類や豆類とは相性が悪く、果菜類や葉菜類が向いています。ですから、堆肥などの有機物は根菜類や豆類には施さず、果菜類や葉菜類に施し、果菜・葉菜と根菜類・豆類を数年おきに輪作するといいのです。

適肥…病害虫を呼び込む施肥過剰

　適肥とは適切な施肥量のことです。植物も人間と同じように、栄養失調な

〈肥満畑（肥料がたまった畑）にしない作付けのコツ〉

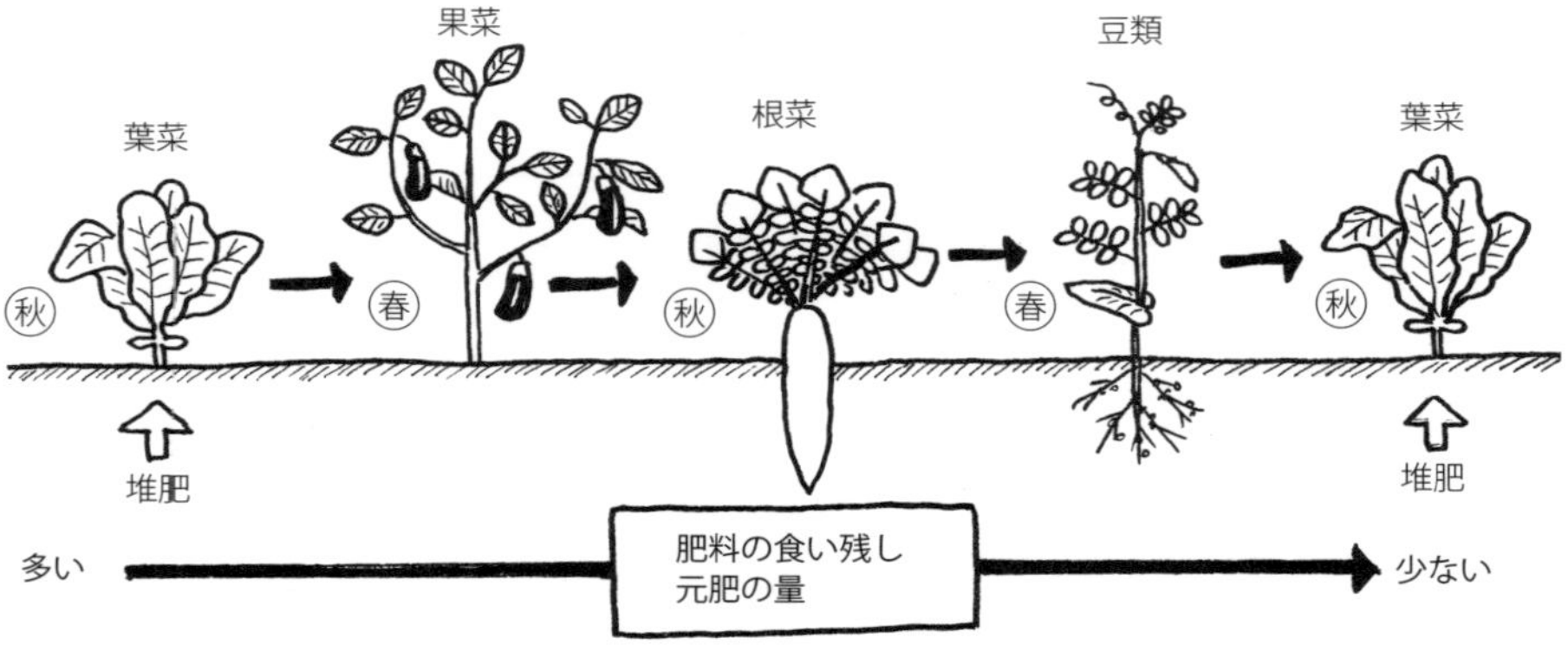

らば病気にかかりますし、過剰でも肥満が成人病を引き起こすのと同じように、病気にかかったり、害虫が増えたりします。

病害虫に困っている方は、肥料の過不足がないか、いまいちど確認してみてください。特に家庭菜園では肥料過剰の畑が多いようです。肥料を買うと、どうしても使いきってしまう傾向があります。

施肥過剰になると葉色が濃くなり節間が長くなり、葉は薄く大きくなります。このような軟弱徒長の生育になると病気にかかりやすく、アブラムシやコナジラミなどの害虫の発生も多くなります。

無農薬栽培では、肥料の過剰（特に窒素）は禁物です。節が太く節間が短く、葉が厚い健全な姿に育てれば、作物自身の病原菌や害虫から身を守る機能が発揮されます。

家庭菜園では前作の肥料が食い残っている肥満土壌になっていることが多いので、初めての畑などでは、元肥を減らして生育の様子を見て追肥したほうが安心です。作物は生育段階によって必要な肥料の量や種類が違います。果菜などは元肥を減らし、本葉が六枚のころに生育をみて、一週間おきに一株に三つ指で一つまみ分を、株元から草丈の二倍くらい離れた部分に追肥します。

また、図のように、最初は肥料のある程度必要な葉菜、果菜、次に肥料を多く必要としない根菜、豆類と、葉菜類→果菜類→根菜類→豆類の順番に作付けしていけば、一巡したころには余分な肥料はなくなります。これである程度適肥を守ることができ、作物が肥満体になるようなこともありません。病気や害虫が減るだけでなく、連作障害も起きにくくなります。

病害虫の発生には必ず理由があります。紹介した作物の三適を守ることで、作物を無農薬で栽培することがずっと容易になると思います。

〈葉面には葉と共生する「葉面微生物」がいっぱい〉

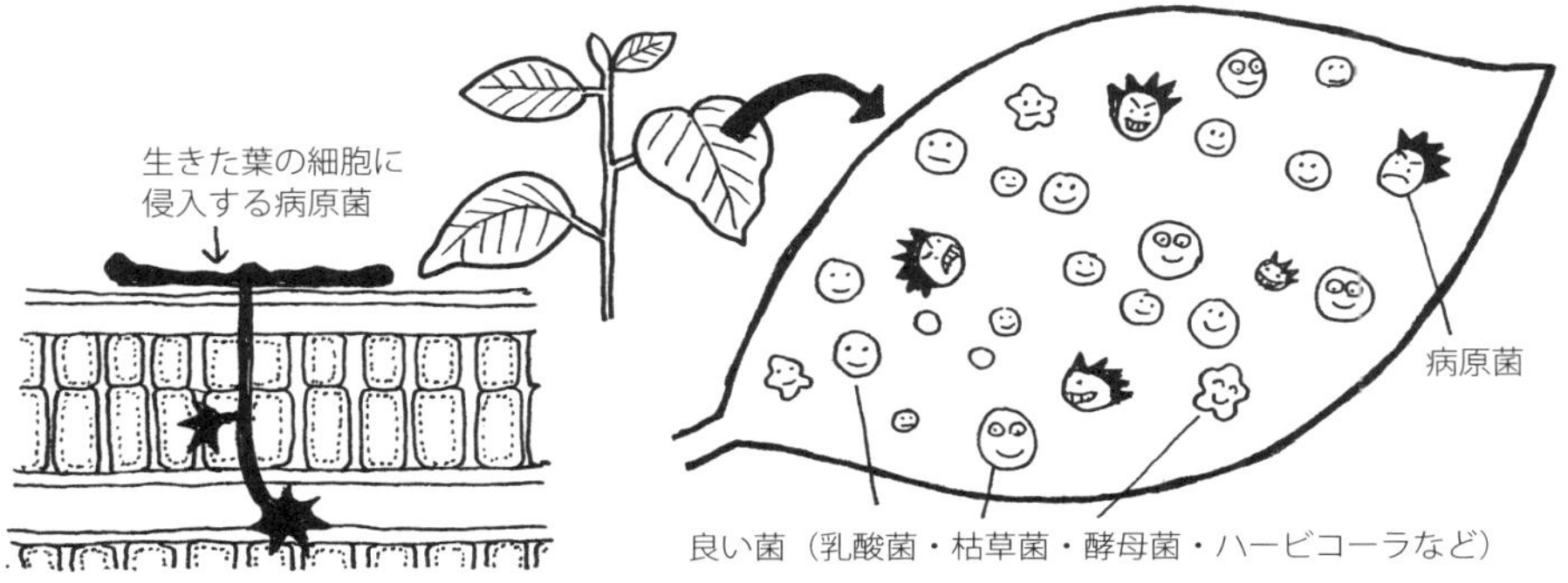
生きた葉の細胞に
侵入する病原菌
病原菌
良い菌（乳酸菌・枯草菌・酵母菌・ハービコーラなど）

2　植物発酵エキスで葉面微生物のパワーアップ

葉の表面には葉と共生する葉面微生物がいっぱい！

　悪戦苦闘の無農薬栽培でもうひとつわかったことがあります。植物は自ら病原菌や害虫から実を守る機能を持っているだけでなく、根の周りや茎葉の表面には、有益な共生微生物がたくさん生息していて、根や葉に栄養分を供給したり、病原菌の繁殖を抑えてくれているということです。作物はその代わりに葉から糖分や有機酸を分泌して微生物に与えています。これは韓国の趙漢珪先生の指導を受け、天恵緑汁を普及している日本自然農業研究会で学びました。

　最近の研究でもこの葉面微生物の働きが注目されています。自然農法大学校の木嶋利男先生は、葉面微生物が葉を守るしくみは、①葉面微生物が抗菌物質を出して病原菌を抑制する、②病原菌に寄生して病原菌を病気にする、③葉が分泌する栄養分を病原菌と奪い合う、④作物を刺激して作物の抵抗性を誘導する、⑤植物が出す他感物質によるアレロパシー、の五つがあるといいます（雑誌『現代農業』二〇〇三年九月号）。

　葉面の共生微生物には、味噌や酒を作る酵母類、乳酸菌やハービコーラという葉上細菌、抗菌物質を出す枯草菌（バチルス・納豆菌の仲間）などがあり、これらは人間にとっても無害であるばかりか有益な微生物です。

　化学農薬は病原菌ばかりでなく、これらの葉面や根圏の共生微生物も殺傷して無菌状態にしまうため、一度散布すると最後まで散布して無菌状態を維持するほかなくなります。

〈葉面微生物が葉を守るしくみ〉

逃げろ!
❶抗生物質を出す
!
❷病原菌に寄生
オイラも病死
❹葉の抵抗性を誘導
強い葉になってくれ!
❸葉の分泌する栄養分を奪い合う
あ!
パクパク
パクパク
パクパク
❺葉のアレロパシーを強化
逃げろ〜
植物が出す他感物質
横取りするな!

植物発酵エキスは共生微生物で発酵させた菌体エキス

私の植物発酵エキスは、身の回りにある雑草でも栽培中の作物でも、なんでも材料になります。その茎葉や花蕾、果実に砂糖を混ぜて浸けて、共生微生物を増殖、発酵させて作ります。病原菌が繁殖して病気になった茎葉は除外し、健全な材料を選びます。もちろん農薬を散布したものは論外です。

茎葉エキスの場合、採取した材料は洗わず細かく切って、梅酒を作る広口ビンなどに、材料の重さの三〇〜五〇%の砂糖をまぶしながら入れ、強く押して詰め込みます。砂糖は植物のエキスを浸透圧で抽出するとともに、付着していた葉面微生物のエサになります。

翌日には共生微生物が増殖し、材料の細胞液が抽出してくるとともに、プクプクと泡（微生物が発する二酸化炭

〈植物発酵エキス〉

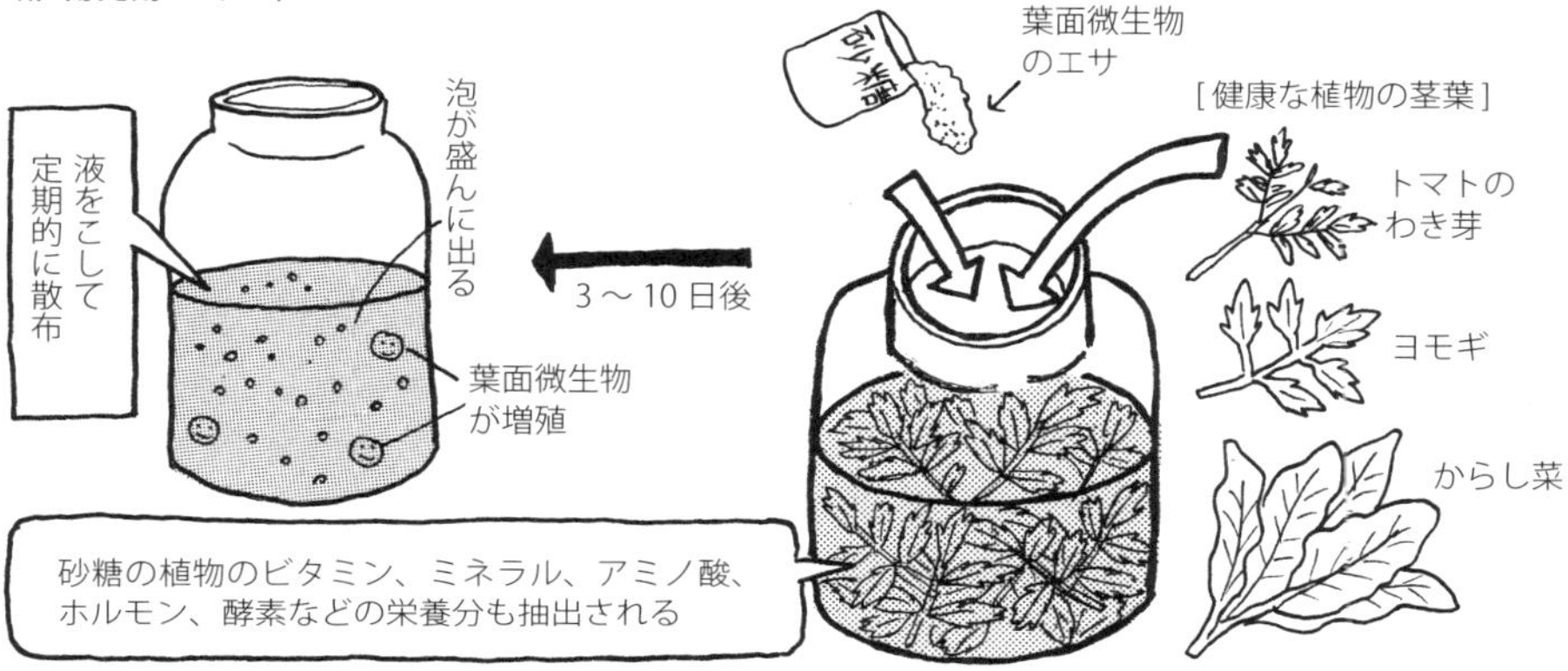
液をこして定期的に散布
泡が盛んに出る
3〜10日後
葉面微生物が増殖
葉面微生物のエサ
砂糖
[健康な植物の茎葉]
トマトのわき芽
ヨモギ
からし菜
砂糖の植物のビタミン、ミネラル、アミノ酸、ホルモン、酵素などの栄養分も抽出される

素）が立ってきます。散布適期は、このプクプクの最盛期、つまりもっとも微生物が多く、活発になったときです。春・秋で約一週間、夏は三日くらいで完成です。

一般に七～一〇日おきに新しい葉が展開してくるので、一〇〇〇倍に薄めた植物発酵エキスを、一週間おきに定期的に散布します。散布すると、共生菌が増えて、その活躍によって病原菌が繁殖できなくなり病気は発生しにくくなります。さらに作物自身の害虫忌避機能も強化されます。

このように植物発酵エキスは、葉面微生物の生きた菌体エキスです。化学農薬や植物から抽出した抗菌、殺虫成分のように病原菌を直接殺傷する力はありません。共生する葉面微生物を増やすことによって、その拮抗作用によって病原菌を抑制します。

散布後、余ったエキスは株元の土壌にも散布します。土壌中の有用微生物が増え、土中の病原微生物の増殖を防いでくれます。

材料は散布する作物から採取するのがベター

さまざまな微生物資材も市販されていますが、市販のジュースで果実エキスを作るとき以外は使いません。使う必要もありません。発酵に必要な菌は材料に付着しているからです。

私は、できるだけ散布する作物からとった材料を使うようにしています。というのは、共生微生物と作物には相性があり、キュウリとトマトでは発生する病気（病原菌）が違うように、共生している葉面微生物も違うからです。トマトにはトマト、ダイコンにはダイコンの植物エキスがもっとも高い効果を望めます。それが無理でも、ナス科にはナス科、アブラナ科にはアブラナ科の植物エキスがより効果が高いことを覚えておいてください。

〈植物発酵エキスは有機栄養＆植物ホルモンエキス〉

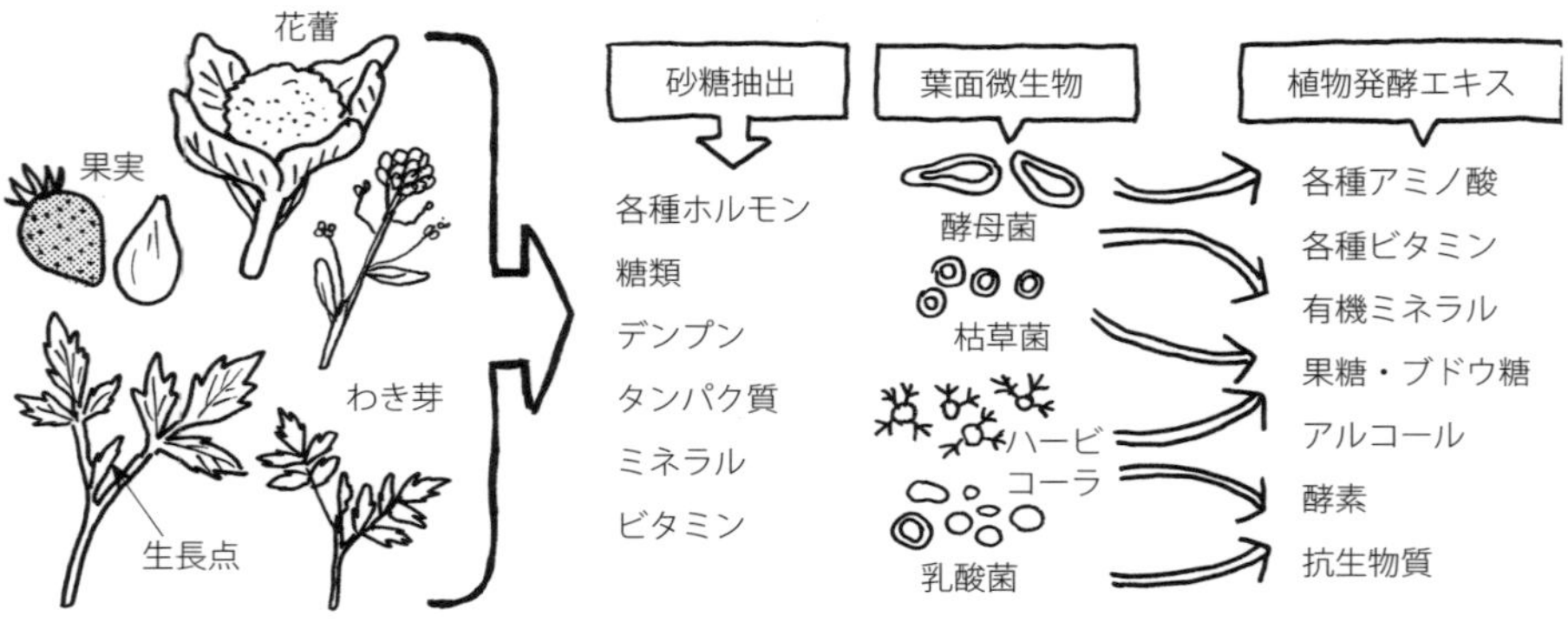
花蕾
果実
わき芽
生長点
砂糖抽出
各種ホルモン
糖類
デンプン
タンパク質
ミネラル
ビタミン
葉面微生物
酵母菌
枯草菌
ハービコーラ
乳酸菌
植物発酵エキス
各種アミノ酸
各種ビタミン
有機ミネラル
果糖・ブドウ糖
アルコール
酵素
抗生物質

3 植物発酵エキスは茎葉エキス、花蕾エキス、果実エキスの三本立て

植物発酵エキスは、有機栄養＆植物ホルモンエキス

植物の細胞液には、アミノ酸や糖などの栄養分の他に、その植物の生命活動を司っているビタミンやミネラル、植物ホルモンなどが含まれています。これらの栄養素やホルモンは、作物の頂芽やわき芽などの生長点に非常に多く含まれています。先端部やわき芽など生長点を多く含む部分を材料にすると、これらの有用な成分を含むエキスを作ることができます。

細胞液は砂糖の浸透圧作用によって抽出され、さらに葉面微生物がその細胞液をさまざまな酵素を出して発酵させ、それらを分解したり合成したりして、植物が必要なアミノ酸、ビタミン、ミネラルなどの栄養やホルモンを作ります。作る過程で出るさまざま酵素も、作物の健全生育にとって大きな力を発揮します。また発酵によってできるアルコール成分は、エキス成分を葉から吸収しやすくし作物を活性化させます。植物発酵エキスを散布すると、これらの有機栄養と生長ホルモンエキスが葉面、根から吸収され、より健全生育を促します。

生育ステージによって使い分ける茎葉エキス、花蕾エキス、果実エキス

素材選びでもうひとつのポイントは、散布する作物の生育ステージに合わせて材料を選ぶことです。生育ステージは大きく分けて茎葉が生長する栄養生長期と、花芽や蕾、花、果実が発育する生殖生長期、その中間の生育交代期とがあります。その生育ステージによって必要な栄養素も生長ホルモンも違います。

〈茎葉エキス、花蕾エキス、果実エキスを使い分け（果菜類）〉

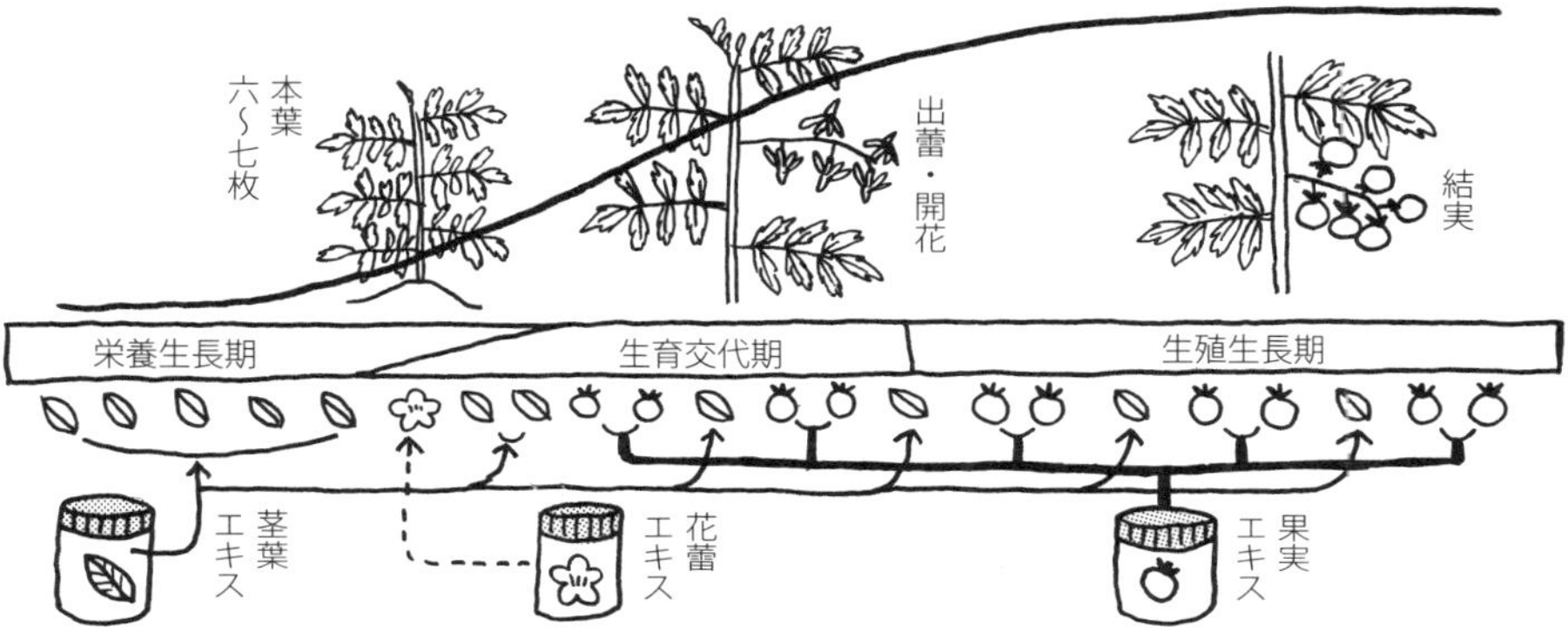

私は、茎葉を発酵させた茎葉エキス、果実花や蕾を素材とした花蕾エキス、果実を発酵させた果実エキスの三つの基本エキスを作っています。野菜には葉菜、根菜、果菜とがありますが、収穫までの生育ステージが異なるので、この三つの植物発酵エキスの使い方も違います。

【茎葉エキス】もっとも基本となる植物発酵エキスです。植物の勢いよく生長している先端部分を素材に作るエキスで、作物の栄養生長を促します。アミノ酸などの有機チッソ成分や生長ホルモンが多く含まれているので、本葉が見えるころから一週間おきに定期的に散布します。

【花蕾エキス】生殖生長を促すリン酸やカルシウムなどの栄養分と生殖ホルモンが多く含まれ、散布すると生殖生長に移行するスイッチが入り、花芽の分化、発育を促します。

花蕾エキスは基本的に果菜類のみに使います。栄養生長と生殖生長の交代期となる本葉六〜七枚目の出蕾期に、果実エキスと混合して散布します。量に余裕があれば、以後も果実エキスと混合して散布すると効果的です。

【果実エキス】果菜や果物の果実を発酵させた果実エキスには、果実を肥大、成熟させるリン酸やカリウムが多く含まれた有機栄養と植物ホルモンが豊富に含まれています。

果菜には六葉期の生育交代期から茎葉エキスと交互に収穫まで散布します。葉菜類にも生育交代期にかけます。さらに葉菜でも根菜でも収穫前に果実エキスをかけると糖度がのって甘くなります。

各エキスの作り方・使い方は次項で詳しく述べますが、植物発酵エキスは、その作物のその時期に、共生する微生物と、必要とする栄養、ホルモン、酵素などを補給する働きがあります。

4 四季の植物発酵エキスの材料

身近にある材料を早朝に採取

私は基本的に自分の育てている野菜の間引きしたもの、摘んだわき芽、摘んだ花や蕾、果実を使っていますが、四季折々、野に山に、畑や田んぼの畦に生えるさまざまな植物が材料になります。左記の表は私が使っている一例です。これはダメ、というものはありません。その季節に一番元気よく生長している植物を探してみてください。

茎葉エキスには、春はヨモギやカラシナなどの野草、それに一気に伸びるタケノコ、夏は旺盛に伸びたクズやクローバーもおすすめです。

材料集めは早朝に行ないます。植物は昼間光合成で作った養分を、夜のうちに体内に転流・蓄積させています。早朝は植物のもっとも「いいとき」なのです。ちょっと頑張って早起きして植物の元気を集めに行きましょう。

花蕾エキスは大量には必要ありませんが、ブロッコリーは花蕾そのものなのでおすすめします。花蕾には細胞液が少ないため、砂糖ではエキスを抽出しにくく、焼酎に漬けてアルコール抽出しています。アルコール抽出では共生微生物が殺菌されてしまうので微生物効果は期待できません。

果実エキスは摘果したトマトなどが中心になりますが、ない場合はパイナップルやブドウなど市販の果物でも代用できます。果実のジュースを発酵させる場合は、イースト菌を少々加えます。

四季ごとに一kgの材料を仕込めば充分

植物発酵エキスは散布する一週間ごとに作るのが、微生物の活性からみて理想ですが、できたエキスを冷蔵庫に入れて微生物を休眠させておき、使う一日前（二〇℃前後のときの場合）に使う量を出して再発酵させれば、半年間くらい利用できます。

一度に作る量の目安ですが、もっとも多く使う茎葉エキスは、仕込んだ材料の重さの半分くらいの量になります。たとえば四ℓの広口ビンには、茎葉約一kg・砂糖三〇〇g）を仕込むことができ、五〇〇ccくらいの茎葉エキスができます。

一〇〇㎡あたりの使用量は、一回に三〇～五〇ccです（一〇〇〇倍に希釈して三〇～五〇ℓ）。五〇〇ccできれば、一〇～一七回分、一週間おきに散布しても二～三カ月分になります。

つまり、一〇〇㎡の家庭菜園の場合、四季ごとに一kgの材料を仕込めば充分なのです。果実エキスはその三割くらいで十分です。花蕾エキスは使用回数が少ないので、材料は一〇〇gもあれば充分です。

［植物発酵エキスのおすすめ植物素材］

	春	夏	秋	冬
茎葉エキス	カラシナ ヨモギ タケノコ シュンギク トマト キュウリ ミニトマト カボチャ ホウレンソウ コマツナ インゲン タンポポ	クズ トマト キュウリ イチゴランナー イチジク タケノコ ゴーヤ ヒマワリ サツマイモ クローバー	イチゴ カボチャ ミカン イチジク ホウレンソウ コマツナ シュンギク ブロッコリー （いい発酵しない）	ナバナ ホウレンソウ コマツナ
花蕾エキス	ブロッコリー シュンギク コマツナ ダイコン ナバナ タンポポ	ブロッコリー カボチャ	ブロッコリー キク	ブロッコリー
果実エキス	メロン（ハウス・摘果） トマト（摘果） イチゴ パイナップル（購入）	トマト ブドウ パイナップル（購入） モモ スギの実 マツの実 イチジク	キウイ リンゴ イチジク ブドウ パイナップル（購入） イチゴ カキ ヤマブドウ	イチゴ キウイ パイナップル（購入）

〈植物発酵エキスの植物材料〉

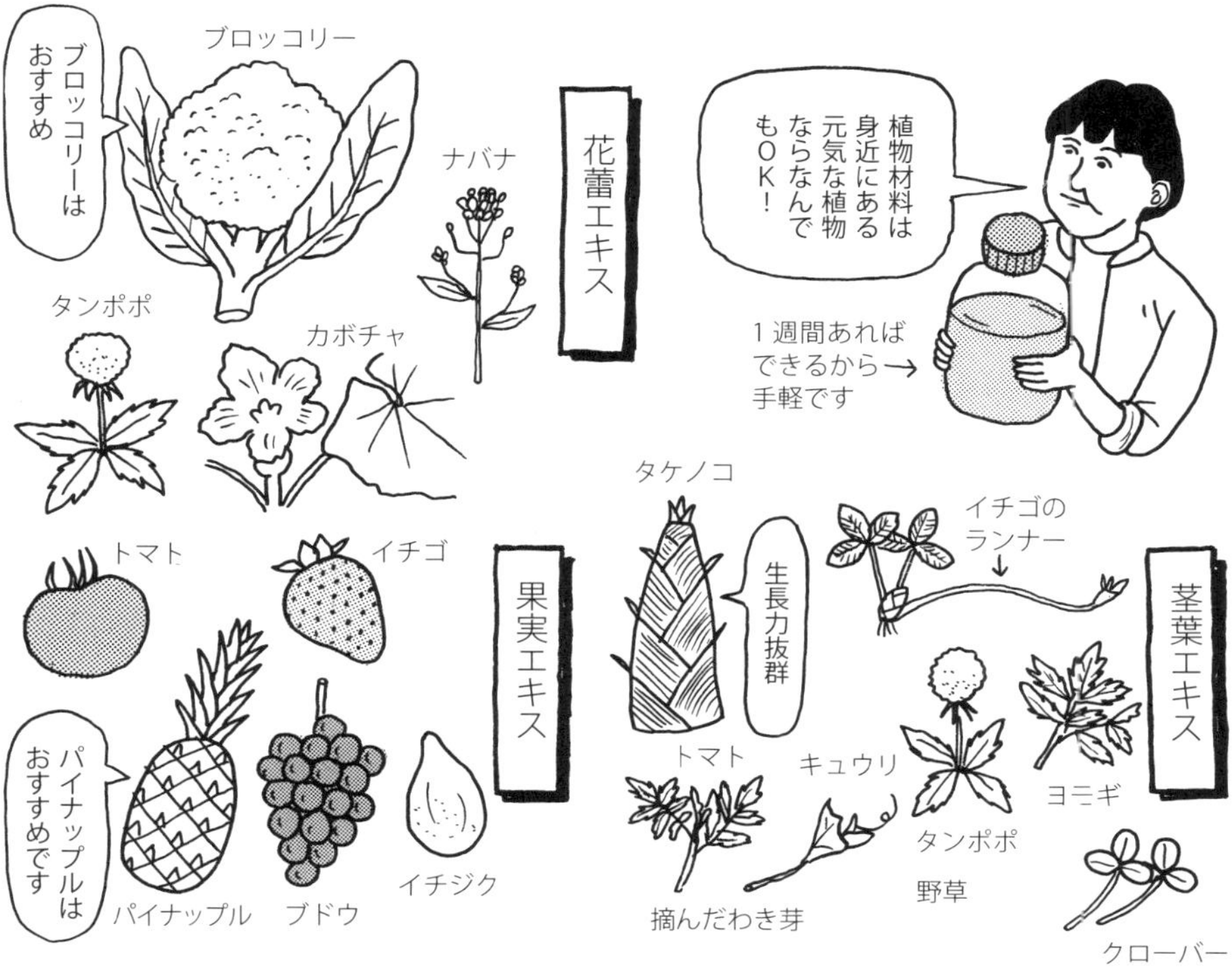

〈植物発酵エキスと混合散布〉

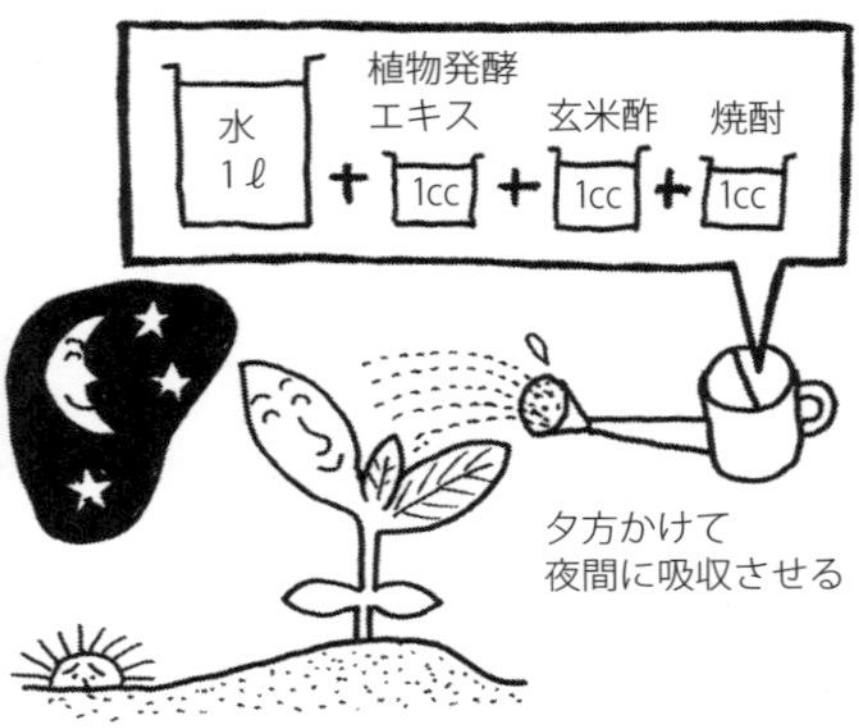

〈酢・焼酎は穀物・イモの発酵エキス〉

5 植物発酵エキスをフォローする自然農薬

酢や焼酎も発酵エキス

手作りの植物発酵エキス（茎葉エキス、花蕾エキス、果実エキス）が定期的に散布する私の基本エキスですが、市販の酢や焼酎もこれに混ぜたり、併用して使ったりしています。花蕾は水分が少なく砂糖では抽出しにくいので、焼酎に浸けて抽出します。酢や焼酎も、もともと穀物やイモを発酵させたエキスです。

明日、霜が来るというときや急に夜温が下がるようなときに、植物発酵エキスに焼酎を一〇〇〇倍になるように混ぜて散布すると低温に対応することができます。トンネルをかぶせる余裕もないようなときに応急処置として重宝する方法です。人間も寒いときは焼酎を飲めば身体が温まります。それと同じだと考えてください。

また、焼酎を混ぜることで発酵エキスの作物への吸収も高まると考えています。日が沈むころに散布して夜間に吸収させることがコツで、日中に散布すると乾いて蒸発してしまいます。

また曇った天気が続いたときや肥料を多く入れ過ぎて病気が出そうなときは、植物発酵エキスに、玄米酢を一〇〇〇倍になるように混ぜると安心です。

酢には作物の新陳代謝を高め、余分な窒素成分を消化させる働きがあります。もちろん常時混ぜてもかまいません。玄米酢の効果が高いと感じて使っていますが、米酢や果実酢、なんでも効果があります。（ただし、工業用・業務用の合成酢は安価ですが使いません）

〈病気は乳酸菌エキスで防除〉

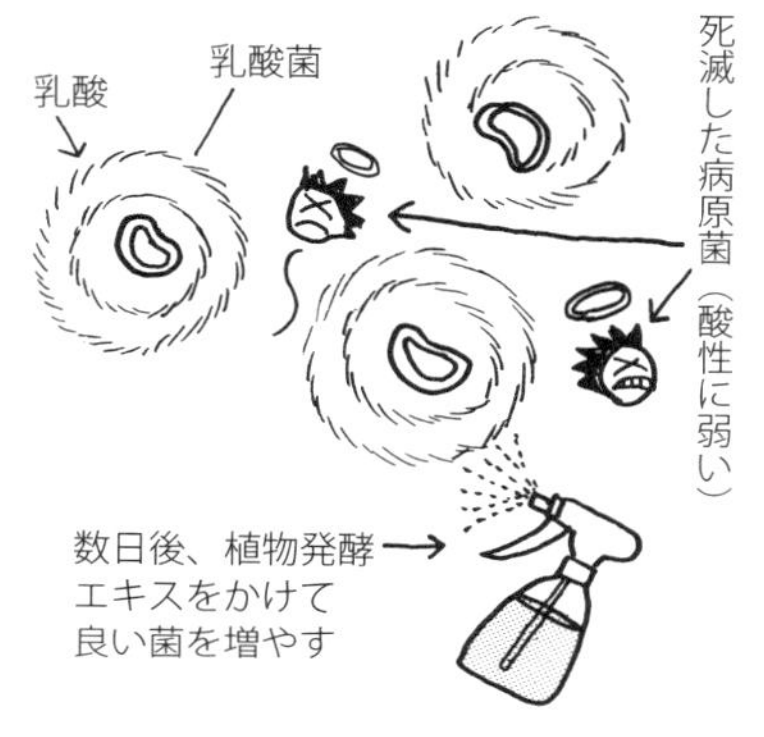

〈昆虫は気門をノリでふさいで防除〉

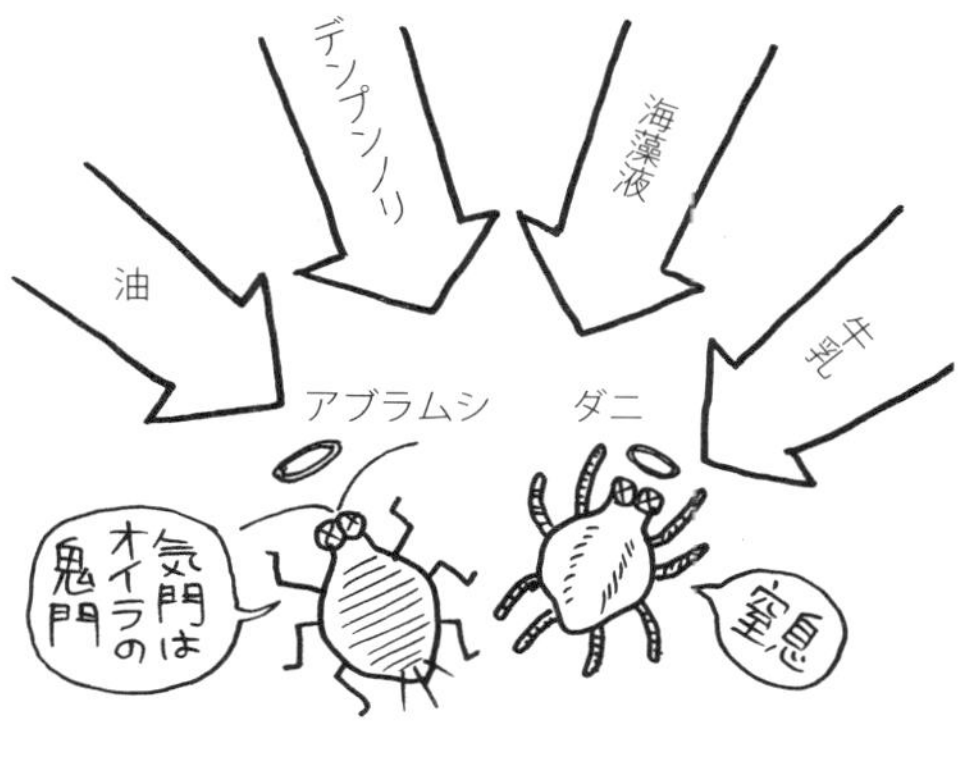

アブラムシやハダニは海藻液で呼吸を止める

アブラムシやハダニなど、小さい虫はなかなか手で捕りにくく、茎葉を傷つけやすいので、よく畑を観察して多発している場合は、できるだけ葉面微生物に影響の少ない防除剤で殺す方策をとります。

アブラムシやハダニなど昆虫類は、気門という小さな穴が腹にあいていて、そこで呼吸をしています。この気門を毒性のないもので物理的にふさげば、窒息死させることができます。

この気門をふさぐ防除剤としては、デンプンノリや油、牛乳などがありますが、海藻を煮詰めたネバネバ海藻液をおすすめします。

病気の防除剤、乳酸菌エキス、ポカリスエット

病気に対しては、乳酸菌エキスやポカリスエットの散布で対応しています。乳酸菌は非常に繁殖力の強い菌で、強酸性の乳酸を作ります。散布すると一時的に葉面にいる微生物の大掃除をしてくれます。乳酸菌エキスの散布後に、植物発酵エキスを散布して有用微生物だけを増やします。

ポカリスエットはpHを変化させて病原菌を抑え、共生菌を増やすために散布しています。散布すると通常弱酸性の葉面を一時的にアルカリ状態にしてアルカリ性に弱い病原菌を抑えます。ポカリスエットは共生菌には影響がなく、共生菌のエサとなります。

基本はテデトールとハオトース

植物発酵エキスは、基本的に直接病害虫を殺傷する防除エキスを必要としない自然農薬です。きちっと一週間おきに定期的に散布すれば、病害虫による大きな被害が出ることは少なくなります。また、植物発酵エキスを散布し

ていると、葉面微生物だけでなく、クモやテントウムシなど害虫を食べてくれる天敵が増えます。農薬を長く使っていない私の畑は歩くとクモの巣でズボンが真っ白になるほどです。害虫は増えようがありません。

とはいっても病害虫がゼロになることはありません。窒素肥料を多くやりすぎてアブラムシが増えたり、乾燥する時期にはハダニ類が出たりします。また、季節の変わり目や、曇天が続いたときには病気が出ることもあります。湿度が高すぎても病気は出ます。

家庭菜園など面積が大きくなければ、基本的には病害虫が発生した部位を「テデトール」、「ハオトース」が一番です。その名の通り害虫は手で捕る、病気の出た葉は摘んで焼却処分することで、それが一番です。畑を定期的に見て回って、病気も害虫も出始めに取り除いてしまうことで大きな被害が出るような事態を防ぐことができます。

米ぬかの散布で増える微生物

お米屋さんにいけば分けてもらえる米ぬかは、微生物がもっとも好むエサです。リン酸やマグネシウムなどのミネラルやビタミンが豊富に含まれているからです。ボカシ肥を作ったり、生ゴミ堆肥を作ったり、微生物を増殖する場合に、米ぬかが使われるのはそのためです。

この米ぬかを、作物の茎葉やウネ・通路にまいて、病気を防ぐ方法が注目されています。米ぬかをまくと、作物と共生し、病原菌を抑えてくれる有効微生物が増えるからです。

共生する葉面微生物は、有機酸やアルカリ物質を分泌して米ぬかを分解吸収するため、瞬時的に葉面が強酸性、ないしは強アルカリ性になります。病原菌はほとんどが強酸性、あるいは強アルカリ性に弱いため、殺傷されます。この共生微生物の分泌する有機酸による酸性化、アルカリ性化の変化は瞬時的なので、作物には障害はありません。

米ぬかは一週間おきくらいに、葉や通路にうっすらとかかるくらいにかけます。散布時期はふった米ぬかが乾かないよう、曇天の日か夕方にかけます（乾くと微生物が繁殖しない）。

米ぬかをまくときは葉や土が湿っていたほうがいい
パラパラ
ダメ！
ひ～～
共生微生物が増えて、病原菌を抑える
パラパラ
いろいろなカビが生えてくる
米ぬかエサだ～

郵便はがき

おそれいります
が切手をはって
お出し下さい

1078668

（受取人）
東京都港区
赤坂郵便局
私書箱第十五号

農文協
http://www.ruralnet.or.jp/
読者カード係
行

◎このカードは当会の今後の刊行計画及び、新刊等の案内に役だたせていただきたいと思います。　はじめての方は○印を（　）

ご住所　（〒　－　） TEL： FAX：	
お名前　男・女　歳	
E-mail：	
ご職業　公務員・会社員・自営業・自由業・主婦・農漁業・教職員(大学・短大・高校・中学・小学・他) 研究生・学生・団体職員・その他（　）	
お勤め先・学校名	日頃ご覧の新聞・雑誌名

※この葉書にお書きいただいた個人情報は、新刊案内や見本誌送付、ご注文品の配送、確認等の連絡のために使用し、その目的以外での利用はいたしません。

● ご感想をインターネット等で紹介させていただく場合がございます。ご了承下さい。

● 送料無料・農文協以外の書籍も注文できる会員制通販書店「田舎の本屋さん」入会募集中！
案内進呈します。　希望□

■毎月抽選で10名様に見本誌を1冊進呈■（ご希望の雑誌名ひとつに○を）

①現代農業　②季刊 地 域　③うかたま　④のらのら

お客様コード

お買上げの本

■ご購入いただいた書店（　　　　　　　　　　書店）

●本書についてご感想など

●今後の出版物についてのご希望など

この本をお求めの動機	広告を見て（紙・誌名）	書店で見て	書評を見て（紙・誌名）	出版ダイジェストを見て	知人・先生のすすめで	図書館で見て

◇ 新規注文書 ◇　　郵送ご希望の場合、送料をご負担いただきます。

購入希望の図書がありましたら、下記へご記入下さい。お支払いは郵便振替でお願いします。

（書名）	（定価）￥	（部数）　部
（書名）	（定価）￥	（部数）　部

1 茎葉エキスの作り方・使い方

材料の採取

〈茎葉エキスの植物素材〉

❶四季の新芽やわき芽を中心に
ナバナ
ヨモギ
タケノコ
キュウリのわき芽
クローバー
クズの茎葉
トマトのわき芽
❷無病・無農薬の健全茎葉を使う
植物発酵エキスは僕らが主役です
葉面微生物
絶対に洗わないこと
❸早朝に採取し、しおれぬうちに仕込む
しんなり
しおれると汁（エキス）も出にくくなるし、僕らも弱ってしまう
葉面微生物
元気
❹ 100㎡の畑なら 1kgで 3 カ月分
茎葉 1kg
砂糖 300 ～ 500 g
これで春は充分

植物発酵エキスの常備エキス

健全な生育を促す茎葉エキスは、葉菜や根菜は収穫間際まで一週間おきに、果菜類も出蕾までは一週間おき、出蕾後は二週間おきに果実エキスと交互に散布するなど、まさに植物発酵エキスの常備エキスです。

茎葉はすべて使えますが、特に新芽やわき芽では盛んに細胞分裂が行なわれており、植物の生長に欠かせないビタミン、ミネラル、ホルモンなどが多く含まれているのでおすすめです。

無病・無農薬で、新芽やわき芽を多く

私は前述（一一二ページ）したように、春は主にヨモギや菜の花の新芽、トマトやキュウリなどのわき芽を使っています。タケノコのように生長の早い植物は生長ホルモンの分泌が盛んです。夏はクズのツル、トマトやキュウリのわき芽を使います。秋はイチゴのランナーやイチジクの葉などを使います。冬は作る作物も限られ、病害虫も少ないのであまり散布する必要もありませんが、ナバナやシュンギク、ブロッコリーなどの茎葉を使います。

ただしいずれも、葉面微生物によって発酵させるので、傷ついたものや病気にかかっているもの、農薬のかかったものは避けます。

早朝に採取し、しおれぬうちに仕込む

栄養分の多い早朝に採取し、しおれて乾かないうちに仕込みます。

季節によっても異なりますが、仕込んでからて約一週間で使えます。春に一kgの材料を採取して四ℓの容器に仕込むと、一〇〇㎡ほどの畑で、夏まで(三カ月間)週一回散布できる量の茎葉エキスができます。

2 茎葉エキスの作り方

必要な材料と容器

必要なものは、「材料の茎葉」「砂糖」「容器」の三つです。

砂糖…材料の重さの約三分の一から二分の一の量を用意します。ミネラルの豊富な黒砂糖が望ましいですが、白砂糖でも問題なく作れます。四ℓ容器で作る場合、材料を一kg、砂糖を三〇〇g、が適量です。

容器…なんでも結構ですが口がある程度広くないと作業がやりにくいです。果実酒を作る際に使う広口で透明なガラス容器は発酵の様子がよく見えておすすめです。私は移動に便利な取手のついた四ℓのガラス容器で作っています。底部に蛇口のついた生ゴミ堆肥などを作る容器があれば、容易にエキスを取り出せるので便利です。容器はあらかじめ熱湯消毒しておきます。

仕込み方の手順

①材料を刻む

表層についた微生物を活かすため、採取した茎葉は洗いません。そのまま浸け込んでもできますが、四~五cmに刻んだほうが汁液が出やすく、また発酵も早く進むので、包丁でざくざくと切ります。

②砂糖をまぶしながら混ぜる

準備した砂糖をまず半分に分けます。半分量の砂糖と刻んだ材料をよく混ぜ合わせます。混ぜ方は自由ですが、ビニール袋に砂糖と材料を入れてボンボン振ると簡単に均一に混ぜることができるのでおすすめします。

③材料をギュウギュウ押し詰める

混ぜた材料を容器に中の空気を押し出すようにギュッギュッと押し詰めます。漬物と同じように、すきまが多い

〈茎葉エキスの作り方〉

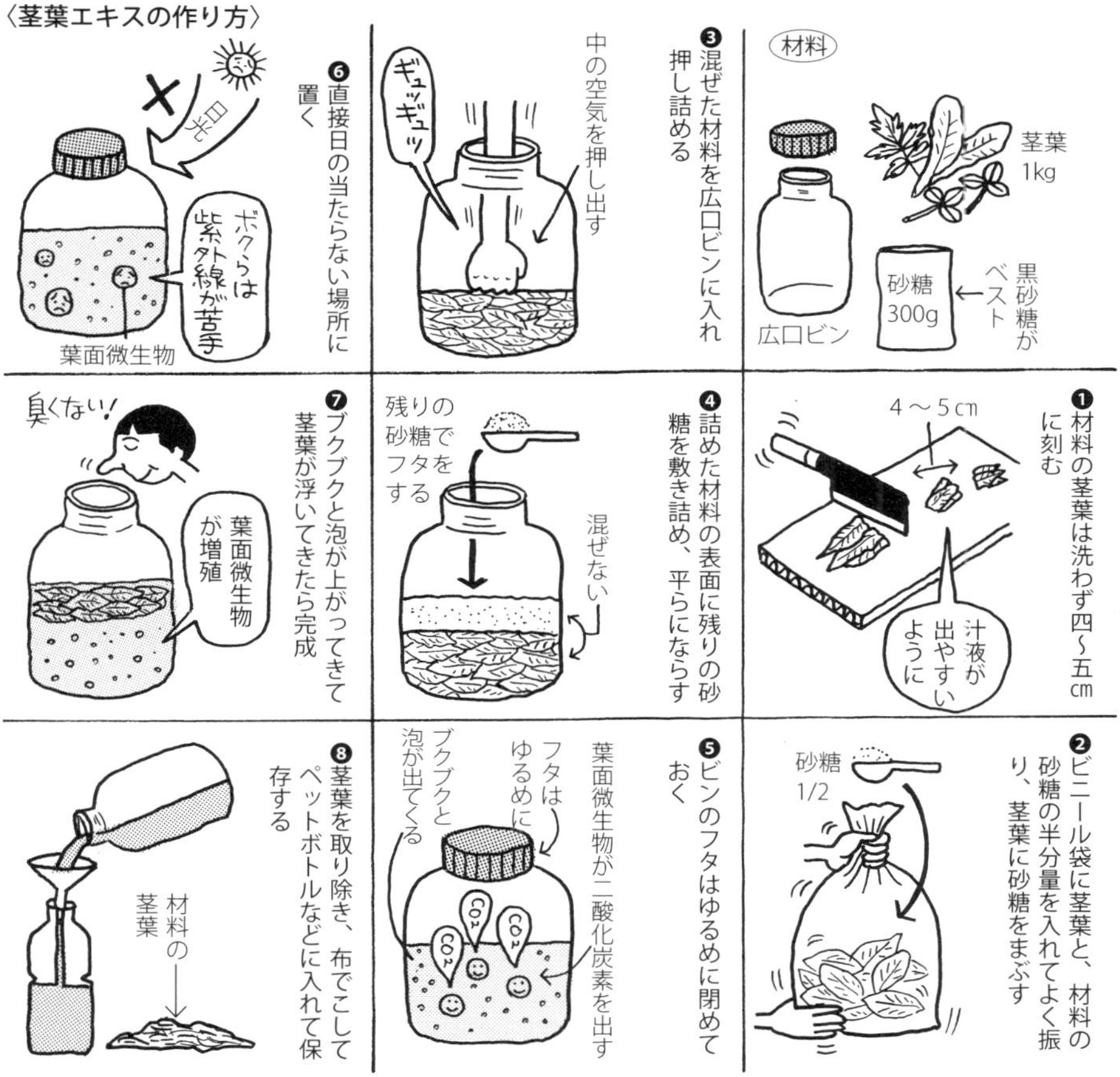

材料
茎葉
1kg
広口ビン
砂糖
300g
黒砂糖がベスト
❶材料の茎葉は洗わず四～五㎝に刻む
4～5㎝
汁液が出やすいように
❷ビニール袋に茎葉と、材料の砂糖の半分量を入れてよく振り、茎葉に砂糖をまぶす
砂糖
1/2
❸混ぜた材料を広口ビンに入れ押し詰める
中の空気を押し出す
ギュッギュッ
❹詰めた材料の表面に残りの砂糖を敷き詰め、平らにならす
残りの砂糖でフタをする
混ぜない
❺ビンのフタはゆるめに閉めておく
葉面微生物が二酸化炭素を出す
フタはゆるめに
ブクブクと泡が出てくる
❻直接日の当たらない場所に置く
日光
ボクらは紫外線が苦手
葉面微生物
❼ブクブクと泡が上がってきて茎葉が浮いてきたら完成
臭くない!
葉面微生物が増殖
❽茎葉を取り除き、布でこしてペットボトルなどに入れて保存する
材料の茎葉

と細胞液が出にくく、雑菌も繁殖しやすいからです。四ℓ容器に一kgの材料なら、容器の半分くらいの高さに平らになるように押し詰めます。

④砂糖をかぶせる

詰めた材料の表面に残りの砂糖を敷きつめ、平らにならします。ちょうど砂糖でフタをしたようになります。

⑤容器のフタをゆるめに閉める

容器のフタはややゆるめに閉めておくか、口を和紙で覆っておきます。発酵が盛んになると葉面微生物が二酸化炭素を出し、ブクブクと泡が出てきます。密閉してしまうと容器内の気圧が高くなり、容器のフタが飛んだり、破裂したりする危険性があります。特に材料を多く入れた場合は注意し、発酵後にフタを開ける場合もゆっくりとあけないと、エキスが飛び散ります。

⑥直接日の当たらない場所に置く

微生物は紫外線に弱いので、容器は直接日の当たらない場所に置きます。

〈失敗の原因〉

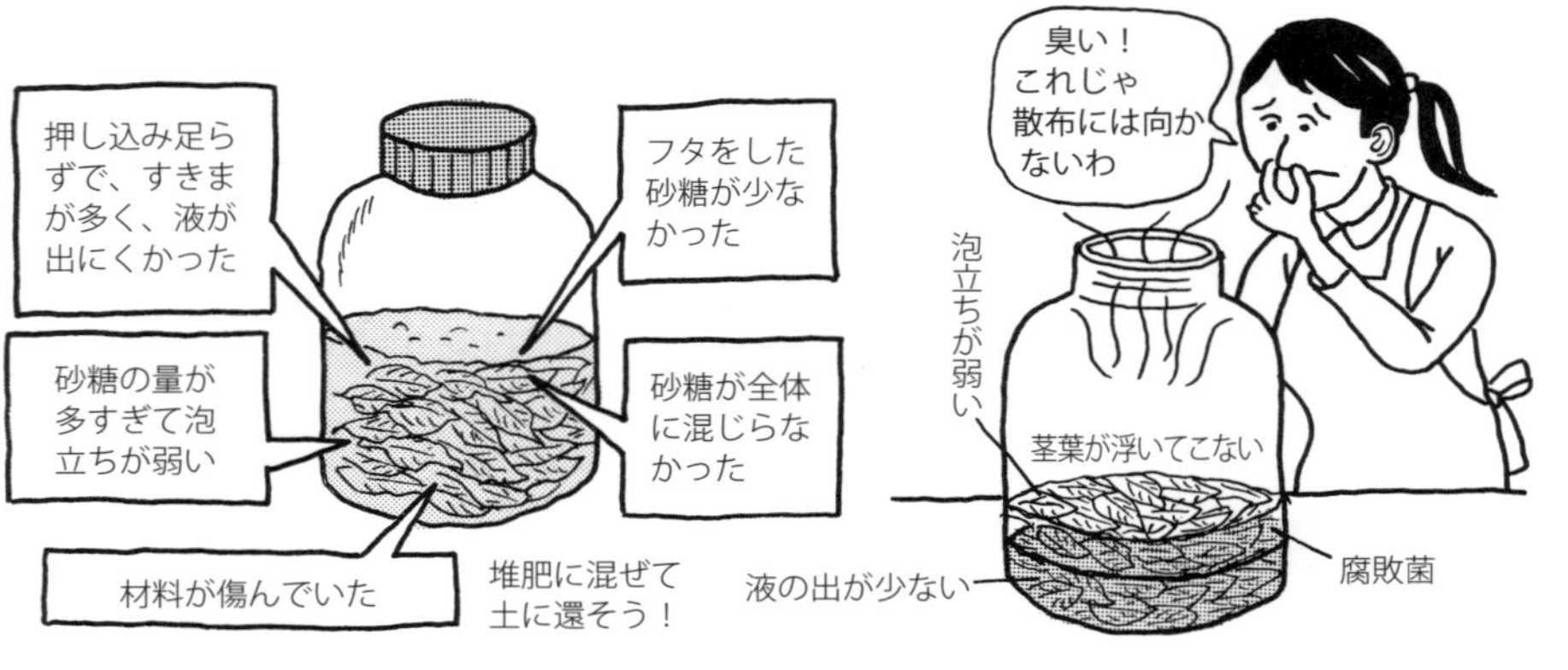
押し込み足らずで、すきまが多く、液が出にくかった
フタをした砂糖が少なかった
砂糖の量が多すぎて泡立ちが弱い
砂糖が全体に混じらなかった
材料が傷んでいた
堆肥に混ぜて土に還そう！
臭い！これじゃ散布には向かないわ
泡立ちが弱い
茎葉が浮いてこない
腐敗菌
液の出が少ない

ブクブクと盛んに発酵し、材料が浮いてきたら完成

仕込んだ翌日には、もう汁液が出始めます。プツプツと泡も浮かんできたら、微生物が砂糖をエサにして活動、増殖し始めた証です。

数日後には材料の高さ以上に茎葉エキスがたまってきて、ブクブクと盛んに泡が出てきます。炭酸ジュースのような細かい泡がプクプクと盛んに上がってきて、材料が浮いてきたら発酵のピークです。このときが、もっとも葉面微生物が多くなっています。砂糖も分解されサラサラした液になってきて完成した状態です。茎葉エキスの散布適期もこのときです。気温や材料によっても違いますが、春秋ならだいたい一週間、気温の高い夏なら三日前後で完成します。水分が少なく硬いものは完成が遅くなります。

完成したら浮いてきた材料は取り除き、木綿のサラシやハンカチなどでこし、ペットボトルなどに入れます。材料をそのままにしておくと、雑菌が繁殖しカビが生えることがあります。

こんなときは失敗です

仕込んで三日経っても汁液の出が悪く、材料が浮いてこなかったり、嫌な腐敗臭がしたら失敗です。腐敗菌が繁殖しているので、作物への散布には向きません。失敗の主な原因は、①押し込みが弱くすきまができていて、エキスが出にくくなっていた、②砂糖がまんべんに充分に混ざっていなかった、③上面にかぶせた砂糖が少なかった、④材料が腐敗していた、⑤材料に葉面微生物がいなかった、などです。

また、腐敗臭はないが、できあがりのエキスがネットリとしているような場合も失敗です。散布には向きません。材料（豆科植物など）や季節によってまれにこのようなことがありますが、

〈焼酎を使ってアルコールを抽出〉

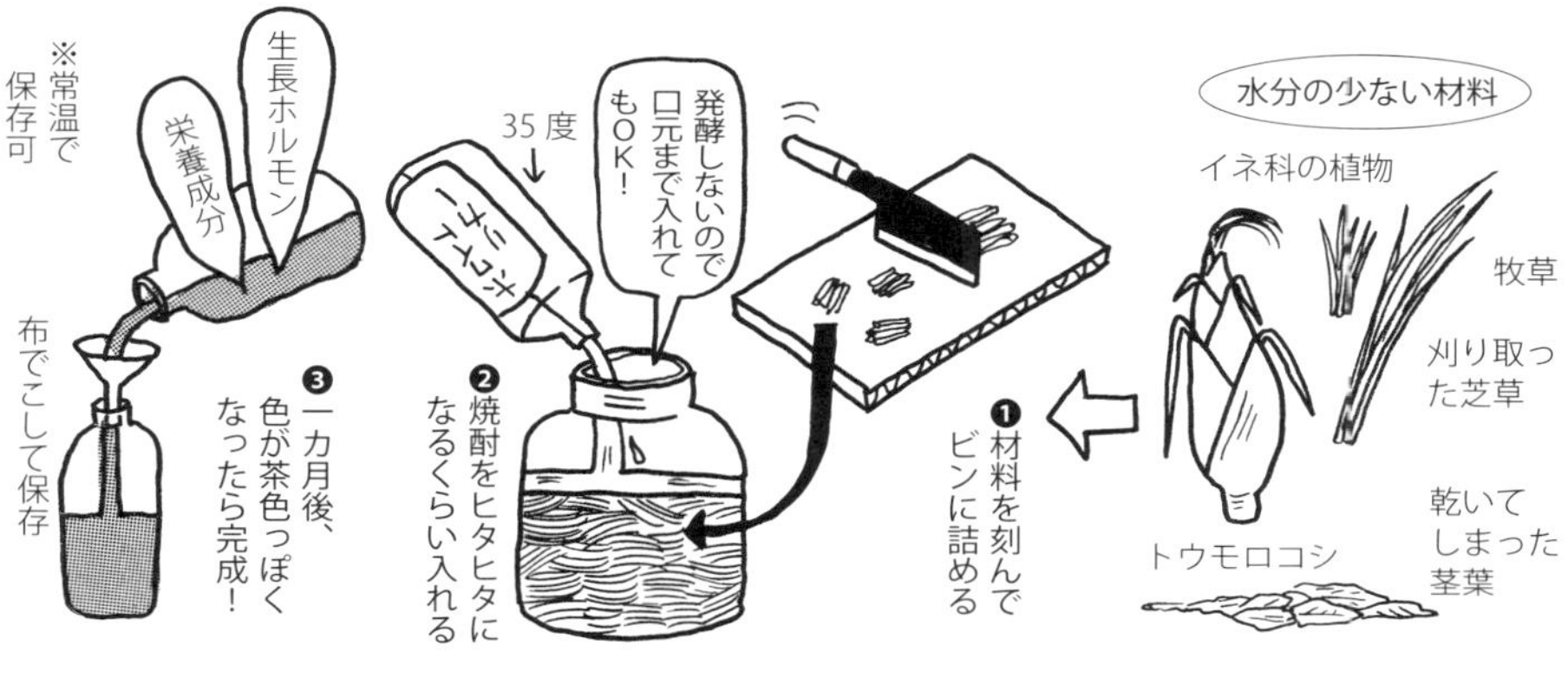

水分の少ない材料
イネ科の植物
牧草
刈り取った芝草
乾いてしまった茎葉
トウモロコシ
❶材料を刻んでビンに詰める
発酵しないので口元まで入れてもOK!
35度
❷焼酎をヒタヒタになるくらい入れる
生長ホルモン
栄養成分
※常温で保存可
❸一カ月後、色が茶色っぽくなったら完成!
布でこして保存

失敗したエキスもむだにせず、堆肥と混ぜるなどして土に還してください。

汁液が出にくい材料はアルコール抽出

体内に水分の少ないイネ科の植物などは、砂糖抽出ではうまく汁液が出てきません。また粘性の高い植物や乾燥させてある素材も砂糖抽出には向きません。これらは焼酎を使ってエキスを抽出します。

材料を刻んで、容器に詰め、ヒタヒタになるまで焼酎（三五度）を入れます。一カ月ほど置いて色が茶褐色に変わってくれれば完成です。

焼酎などを使ってアルコール抽出した場合は、砂糖を使った場合と違い、葉面微生物は死滅してしまうので微生物の働きは期待できません。材料の持つ栄養や生長ホルモンのみの効果になります。ただ、いつまでも常温で保存ができるというメリットもあります。使い方は発酵抽出エキスと同様です。

砂糖が多すぎても失敗

植物に塩や砂糖を加えるとその浸透圧（濃度を一定にしようとする力）で、植物の細胞液だけでなく、微生物の細胞液も抽出されてしまいます。植物細胞は死に、微生物も増殖できにくくなり、さらには死滅します。食塩なら食塩濃度が一五％以上、砂糖なら砂糖濃度が六五％以上になるとほとんどの微生物が増殖できにくくなります。

ところが、乳酸菌や酵母菌などの有用な発酵微生物は耐塩性、耐糖性が強く、腐敗菌が死滅する濃度でも増殖する力を持っています。砂糖を材料の重さの三〇〜五〇％加えると、葉面の共生菌だけが増殖するのです。しかし、砂糖をこの割合以上に加え砂糖濃度を高くすると、共生微生物も増殖しにくくなります。砂糖を多く加えるほど増殖速度が速くなるわけではありません。

〈茎葉エキスを長く使うには〉

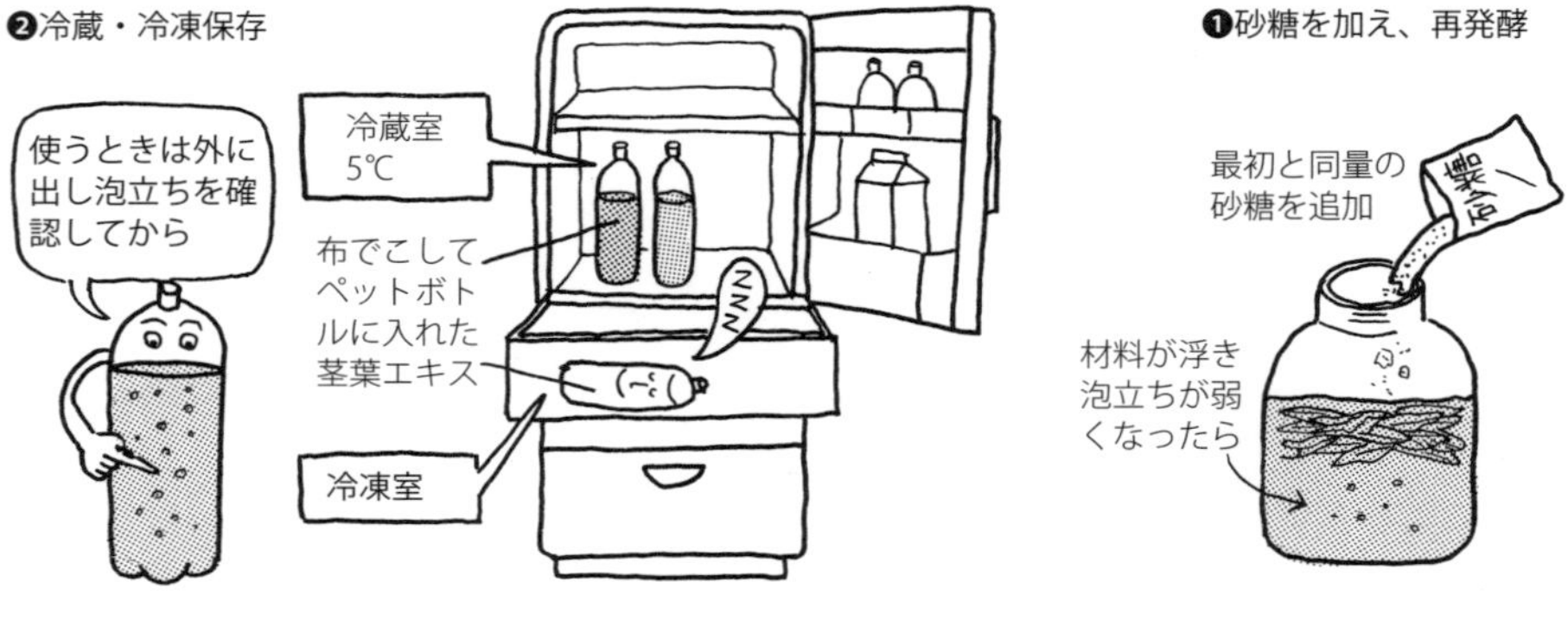
❷冷蔵・冷凍保存
使うときは外に出し泡立ちを確認してから
冷蔵室
5℃
布でこしてペットボトルに入れた茎葉エキス
冷凍室
❶砂糖を加え、再発酵
最初と同量の砂糖を追加
材料が浮き泡立ちが弱くなったら

3 茎葉エキスの保存法

発酵を持続させたいときは砂糖を追加

植物発酵エキスは発酵のピークが一番効果の高いときです。慣れてくれば、散布時期に合わせて発酵のピークがくるように作ることもできますが、発酵を長引かせる方法があります。

材料が浮いてきてブクブクの勢いが弱くなったら、最初に入れた砂糖と同量くらいの砂糖を新たに加えると、発酵をさらに持続させることができます。

数カ月使う場合は冷蔵庫で保存

一kgの材料を仕込むと五〇〇ccくらいの茎葉エキスができます。一〇〇㎡の畑に散布する一回の茎葉エキスの量は、四〇cc（二〇〇〇倍に希釈して四〇ℓ）くらいなので、一二回くらい散布できます。

ペットボトルに入れた茎葉エキスを、そのまま常温に置いておくと、せっかく繁殖した微生物がエサ不足などで死滅してしまいます。そこで五℃前後の冷蔵庫に入れて保存すると、微生物の活動は非常に緩やかになり、発酵速度もゆっくりになり、長く使用できます。

もっと長期に使いたいときは、冷凍庫に入れて凍結させます。凍結させても微生物は休眠するだけで生きているので問題ありません。

冷蔵庫に入れた茎葉エキスを使用するときは、時期にもよりますが使う日の前日に冷蔵庫から出して常温に戻し、再度ブクブクが発生し発酵していることを確認してから散布します。二〇℃以上ときなら一日おけば散布できます。このように冷蔵庫に入れておけばいつでも使えます。

〈茎葉エキスの使い方〉

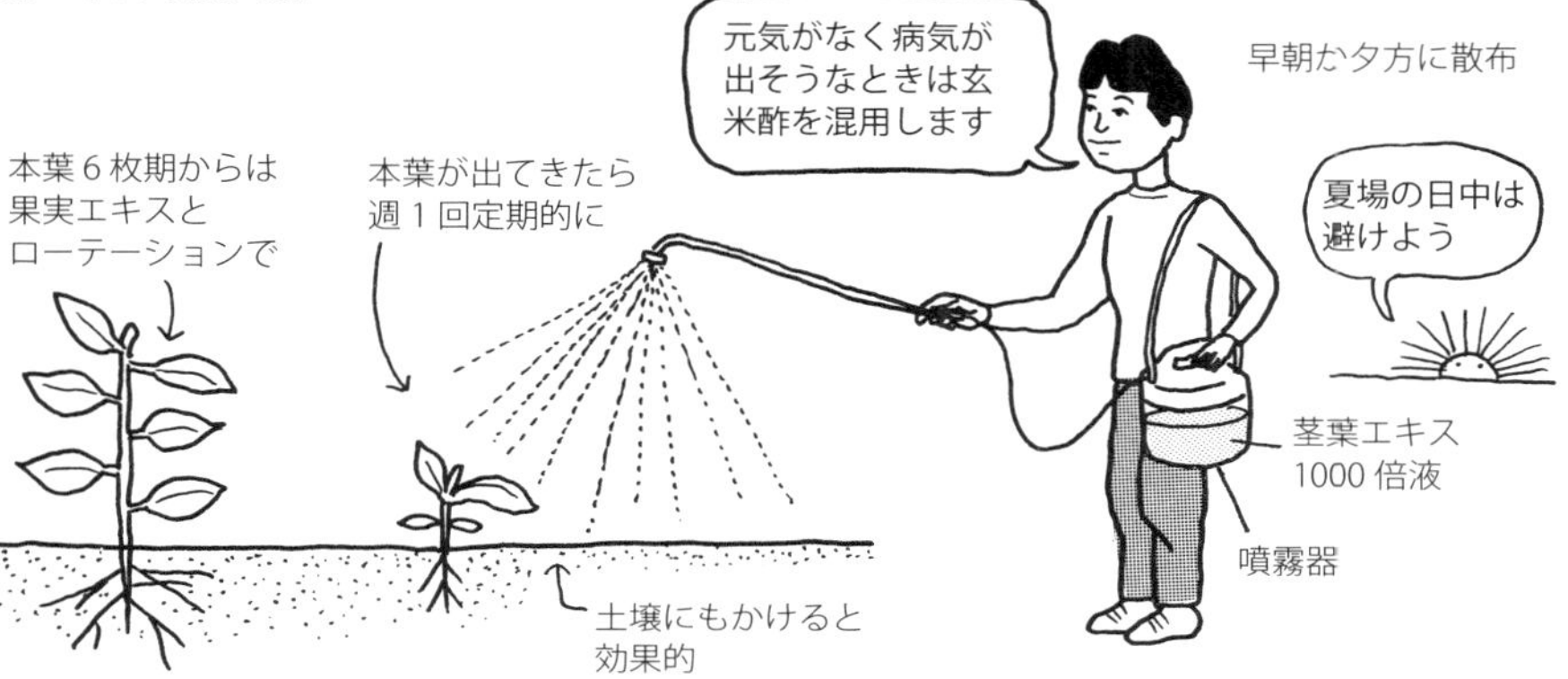
元気がなく病気が出そうなときは玄米酢を混用します
早朝か夕方に散布
夏場の日中は避けよう
本葉6枚期からは果実エキスとローテーションで
本葉が出てきたら週1回定期的に
茎葉エキス1000倍液
噴霧器
土壌にもかけると効果的

4 茎葉エキスの使い方

本葉が出たら週一回定期散布

茎葉エキスは、発芽し本葉が出てきたら週に一度、一〇〇〇倍に薄めて、噴霧器で茎葉全体に定期散布します。果菜類の出蕾後は、茎葉エキス─果実エキス─果実エキス─茎葉エキス─茎葉エキスのローテーションで散布します（一一一ページ参照）。

ジョウロでもかまいませんが、霧吹きや噴霧器で霧状に散布すると作物全体にエキスがよくかかります。特に葉の裏までかかるようにしてください。特に葉の両側にエキスがかかって、水滴が落ちるようになれば充分です。

散布は朝か夕方にするようにします。特に夏場は日中の散布を避けるようにしてください。散布したあとに強い日光を浴びると葉が焼けてしまう危険性があります。また、春先や秋口などに夕方散布する場合は作物が過湿になるのを防ぐため、夜を迎える前に水滴が乾くようにしましょう。

混用散布のパターン

茎葉エキスは単体で使う場合と、他の資材と混ぜて使用する場合とがあります。たとえば作物に元気がない、病気が出てしまいそうだと感じたときは、代謝を促進する玄米酢を茎葉エキスと同量混ぜて使います。一ℓの散布液を作る場合、水一ℓに対して、茎葉エキス一cc（一㎖）、玄米酢一ccを加えて作ります。

また、低温時には、体内代謝を高める焼酎（三五度）を加えます。焼酎は五〇〇〜一〇〇〇倍で使うので、水一ℓに対して茎葉エキス一ccと焼酎一〜二ccを加えて散布します。

花蕾エキスの作り方・使い方

〈花蕾エキスは果菜の生殖促進エキス〉

花蕾エキスで
子作り体勢を促進
本葉六葉期は小学六年生、
もうじき蕾も出てきます
花を作るリン酸
や生殖ホルモン
がいっぱい
詰まっています

アブラナ科の花蕾

1 生殖生長をスムーズに促す花蕾エキス

果菜類の本葉六葉期に散布

花蕾エキスは植物の花や蕾から抽出するエキスです。花や蕾には花芽分化に必要な、リン酸やビタミン、生殖ホルモンなど、生殖器官を発育させるものが豊富に含まれています。このエキスを果菜類に散布すると、花芽分化が促され、栄養生長から生殖生長へとスムーズに移行させることができます。

散布適期は、果菜類の花芽（生殖細胞）が分化し蕾がまもなく目で見えるようになる本葉六葉期です。この時期を生育交代期（出蕾準備期）と呼んでいます。果実エキスと混ぜて葉面散布すると効果的です。またトマト、ナス、キュウリなどは次々と花芽分化をしていくので、以後三週間に二回散布する果実エキスに花蕾エキスを混合散布すると効果的です。

アルコールで抽出して長く使う

花や蕾は確保できる量が少なく、また水分量が少ないため、砂糖による浸透・発酵抽出では充分なエキスを得られないので、焼酎（三五度）などのアルコールに浸けてエキスを抽出します（ブロッコリーは砂糖発酵抽出可能）。

アルコール抽出では、微生物の活躍は期待できません。抽出できるのは花蕾に含まれる成分のみで、葉面微生物を増殖させる効果は期待できません。保存性は非常に優れており、常温でいつまでも保存できます。

〈花蕾エキスのおすすめ材料〉

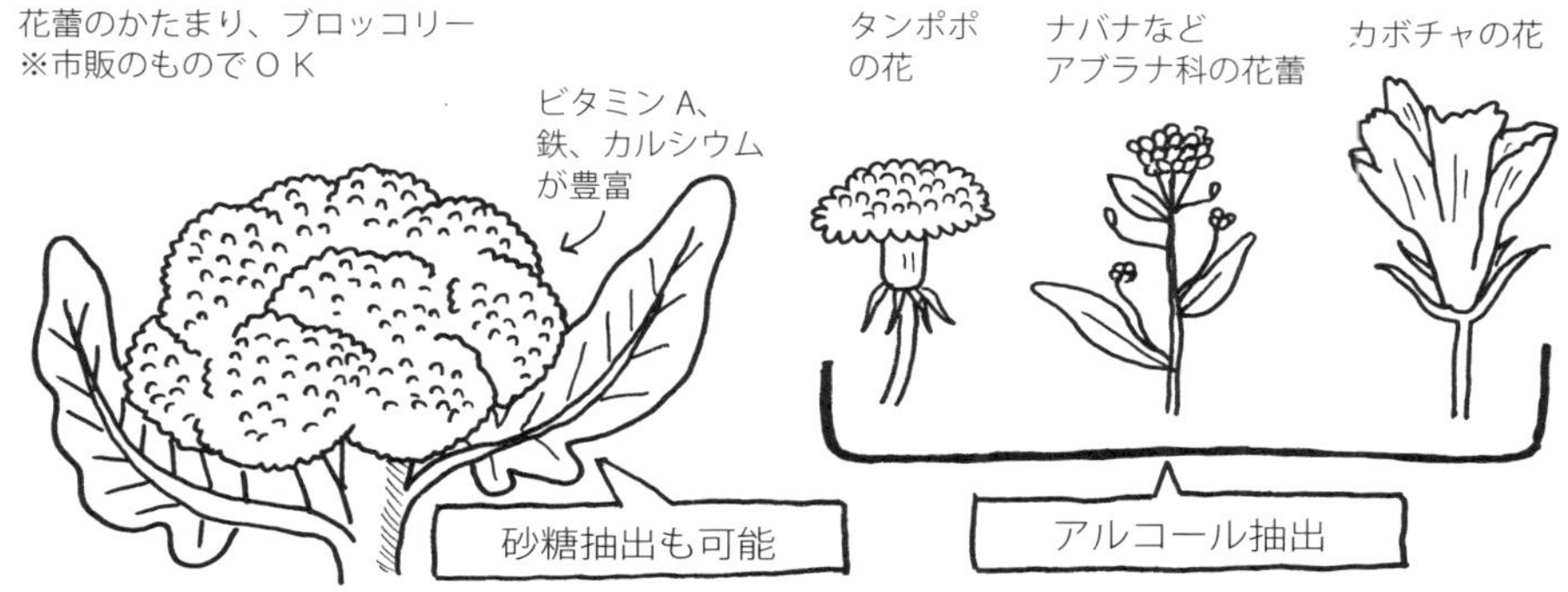
花蕾のかたまり、ブロッコリー
※市販のものでＯＫ
ビタミンA、
鉄、カルシウム
が豊富
タンポポ
の花
ナバナなど
アブラナ科の花蕾
カボチャの花
砂糖抽出も可能
アルコール抽出

2 材料の採取

春から夏にたくさん作って保存

あらゆる植物の花や蕾が使えますが、素材が入手しやすいのは多くの植物が花を咲かせる春から夏にかけてです。秋から冬にかけては花が少なくなりますが、果菜類は少ないので多くは必要ありません。

本来はトマトにはトマト、キュウリにはキュウリのものが良いですが、後述するように花蕾エキスの散布適期はまだ蕾も見えないころなので、ほかの植物の花蕾で作ることが多くなります。

私がよく使うのはアブラナ科の植物です。コマツナやダイコンを育てたら、一部を収穫せずに花が咲くまで育て、その蕾や花を利用します。ウリ科はカボチャの花蕾がもっとも有効です。

おすすめ花蕾材料はブロッコリー

素材として特におすすめなのはブロッコリーです。私たちが食べている部分は丸ごとの花蕾です。二つ使えば充分な量の花蕾エキスを作れます。また、ブロッコリーはビタミンA（カロテン）をはじめ鉄やカルシウムなど非常に豊富なので、効果の高い花蕾エキスとなります。ハウスがなくても寒さに強く、栽培できる期間も長いため通年利用もできます。さらに花蕾エキスはアルコール抽出で行ないますが、ブロッコリーなら砂糖による発酵抽出でも充分にエキスが出ます。作り方は、茎葉エキスや果実エキスと同様です。

材料として使う花蕾には、茎葉エキスと同じように、傷がついたもの、病気にかかっているもの、農薬使用のものは使いません。

〈花蕾エキスの作り方〉

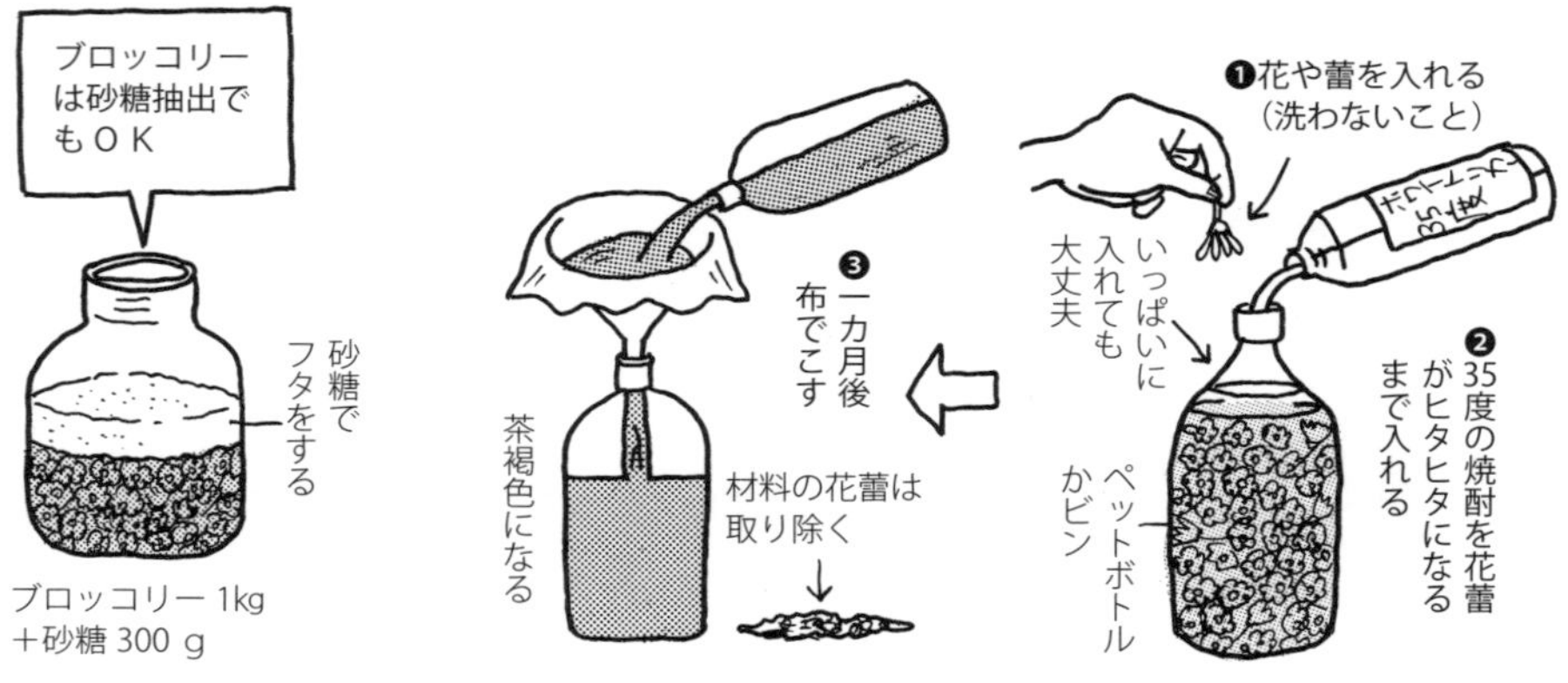
ブロッコリーは砂糖抽出でもＯＫ
砂糖でフタをする
ブロッコリー 1kg
＋砂糖 300 g
❶花や蕾を入れる
（洗わないこと）
いっぱいに入れても大丈夫
❷35度の焼酎を花蕾がヒタヒタになるまで入れる
ペットボトルかビン
❸一カ月後布でこす
茶褐色になる
材料の花蕾は取り除く

3 花蕾エキスの作り方（アルコール抽出法）

花蕾を果実酒用焼酎でひたひた状態に

焼酎は三五度のホワイトリカーなど、梅酒を作る際に利用するものを使います。焼酎のアルコール度数はこれより高くても低くてもかまいません。希釈時に調節してください。

容器は茎葉エキスを作るときと同様の容器か、もしくはペットボトルでもかまいません。焼酎のペットボトルの場合はそのまま使えますが、ジュースなどのペットボトルは水でよく中を洗ってください。材料は茎葉エキスと同様、洗いません。

小さい花や蕾の場合は刻まなくても結構です。ブロッコリーなど大きな素材は四～五cmに刻みます。アルコール抽出では発酵して炭酸ガスが発生することはないので、材料を容器いっぱいに入れてもかまいません。焼酎は材料の上面まで入れます。

薄茶色になってきたら完成

ホワイトリカーの色が茶褐色に変化したら完成です。季節や材料にもよりますが一カ月も置けばまず問題なく使えます。

完成後も、そのまま冷暗所に保存しておけば長く使えます。長く保存しておくほど、溶け出る栄養分が多くなります。

アルコール抽出の花蕾エキスには失敗はあまりありません。砂糖を使った発酵抽出エキスと違って、腐敗するようなこともありません。

使用する際は木綿のサラシやハンカチでこしてから使います。取り除いた素材は堆肥などに加えて畑に戻します。

〈花蕾エキスと果実エキスの混用散布〉

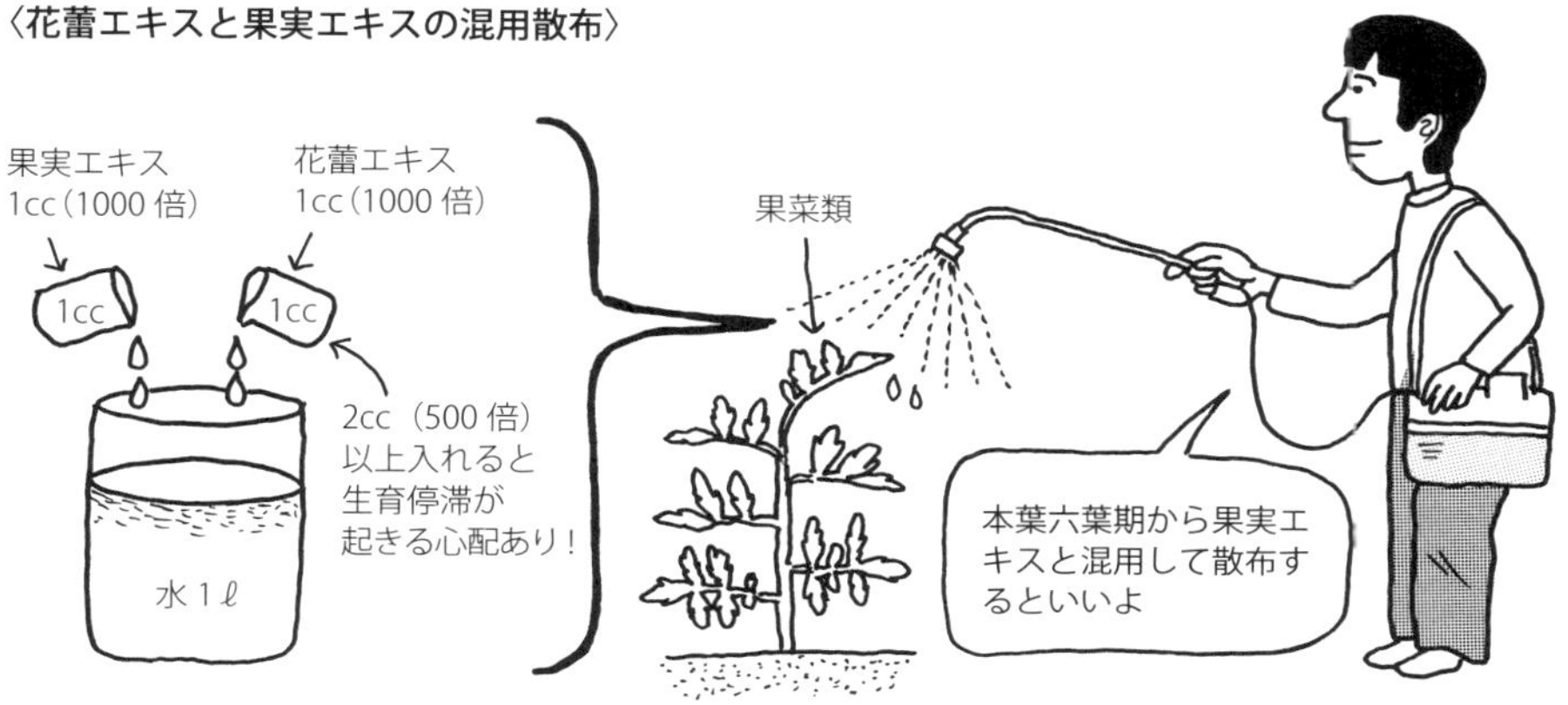
果実エキス
1cc（1000倍）
花蕾エキス
1cc（1000倍）
1cc
1cc
2cc（500倍）
以上入れると
生育停滞が
起きる心配あり！
水1ℓ
果菜類
本葉六葉期から果実エキスと混用して散布するといいよ

4 花蕾エキスの使い方

果菜の本葉六葉期に一、二度散布

花蕾エキスは、前述したように花芽の分化や蕾の発育が重要な果菜類のみに使用し、葉菜類と根菜類には基本的に使いません。

花蕾エキスは、病害虫を抑制することも目的とする茎葉エキスと違って、定期的に散布するものではありません。植物の出蕾準備期を狙ってピンポイントで散布します。本葉が六枚出るころにタイミングよく一度目の散布をします。数日後にもう一度散布すれば充分です。

花蕾エキスは、単独で使ってもかまいませんが、果実エキスと混ぜて散布すると高い効果を得ることができます。霧吹きや散霧器を使って作物全体に吹きかけます。

また、果菜によってローテーションが違いますが、出蕾後は茎葉エキスと果実エキスを一定のローテーションで散布します。

果実エキスを散布する際も、花蕾エキスに余裕がある場合は混合すると効果があります。

五〇〇倍以上の濃いものは避けよう

水一ℓに対して、花蕾エキス一cc、果実エキス一ccを混ぜ、一〇〇〇倍に希釈して散布します。

花蕾エキスも果実エキスも、濃いほうが効果があるだろうと濃いものを散布すると、生育が一時ストップしてしまうことがあります。五〇〇倍くらいまでなら問題ありませんが、それ以上に濃いと栄養生長が停滞してしまいます。

果実エキスの作り方・使い方

〈果実エキスでパワーアップ〉

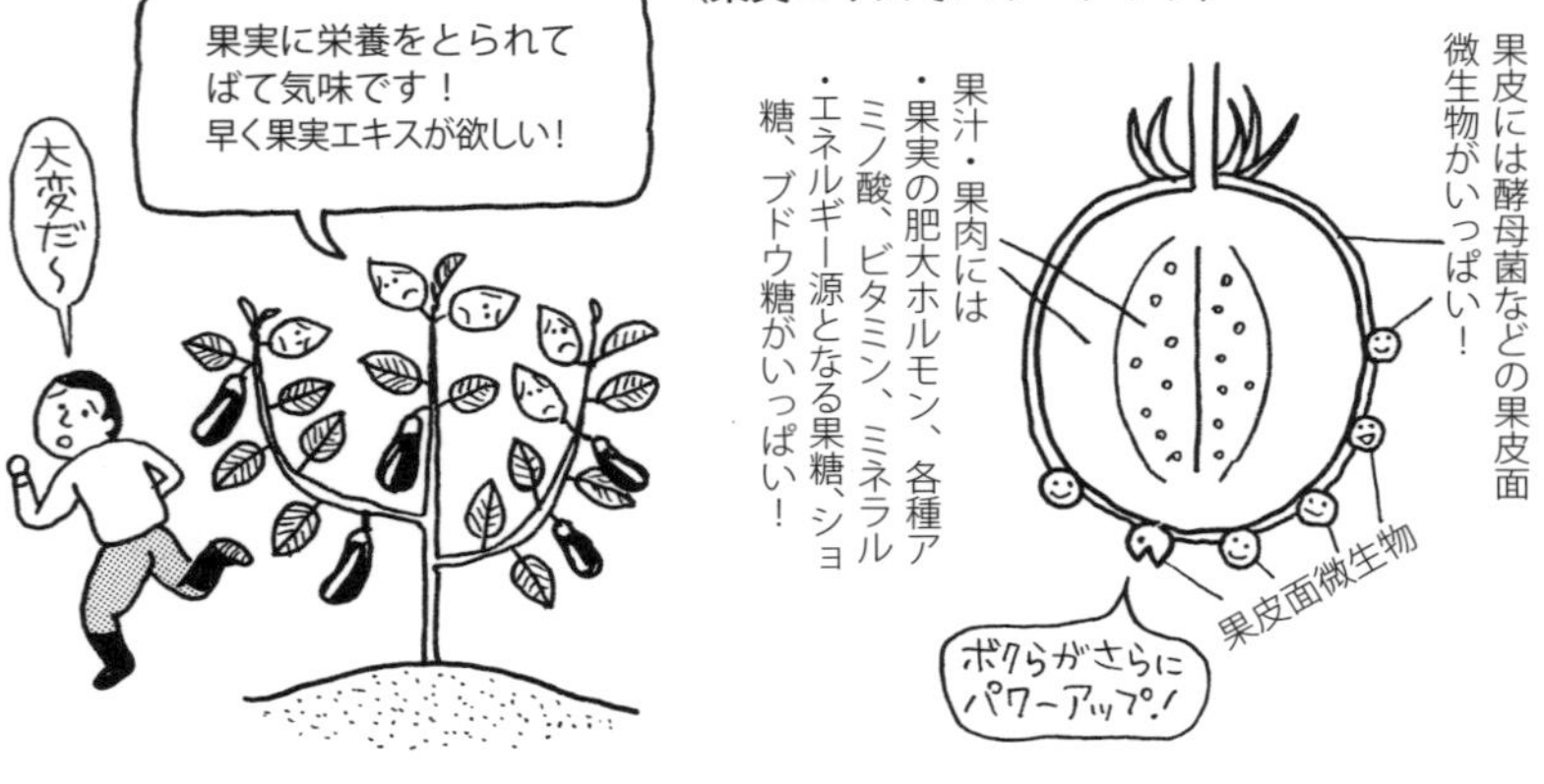
大変だ〜
果実に栄養をとられて
ばて気味です！
早く果実エキスが欲しい！
果汁・果肉には
・果実の肥大ホルモン、各種アミノ酸、ビタミン、ミネラル
・エネルギー源となる果糖、ショ糖、ブドウ糖がいっぱい！
果皮には酵母菌などの果皮面微生物がいっぱい！
果皮面微生物
ボクらがさらにパワーアップ！

1 果実エキスは吸収しやすい総合栄養エキス

ばてやすい出蕾から定期的に散布

　果実エキスは、果実を細かく切って砂糖と混ぜて発酵させて作ります。市販の果実ジュースからもできますが、その場合は砂糖は必要なく、イースト菌（酵母菌）を加えて発酵させます。

　果実には果実の着果、充実・肥大を促す植物ホルモンをはじめ、ビタミン、ミネラルが非常に豊富に含まれております。さらに果糖やブドウ糖、ショ糖が多く、果実の表皮にはさまざまな微生物が付着しています。

　果菜類は出蕾後は、体を育てる栄養生長と花蕾や果実を発育・肥大させる生殖生長とを同時に行なわなければならないため、根や葉の負担が急増します。力がないと疲れ果てて弱り、そこに病原菌や害虫が襲うことになります。

　そこで、吸収しやすいエネルギー源である糖たっぷりの果実エキスを、この出蕾後に定期的に散布すると、根や葉の負担が軽くなるとともに、果実の発育肥大が促され、糖度の高いおいしい果実になります。

　さらに、果実エキスは、葉菜と根菜にも、本葉六葉期の生育交代期と収穫前に、茎葉エキスに混合して散布すると大変効果があります。収穫前に散布すると、そのまま茎葉や根部に運ばれ、糖度の高いおいしい葉菜、根菜になります。

〈市販ジュースで作ろう！〉

〈季節の果物や野菜で作ろう〉

2 果実エキスの材料の採取

摘果した未熟果でもＯＫ

果実エキスにはあらゆる植物の果実が材料になります。果実は未熟なものから成熟したものまで使うことができます。栽培途中で摘果したものも使えます。実りの秋というように、材料は秋に多く採れますが、春も摘果したものなどを利用してエキスを作ることができます。

私はイチゴを栽培しているので、出荷できないイチゴや未熟なイチゴを素材に作ることが多いのですが、他にも春は摘果したトマト、夏はブドウや成熟したトマト、秋にはリンゴやイチジクなど季節に合わせて作っています。

市販のパイナップルやスギ・マツの実もおすすめ

日本では夏から秋にかけて実をつける植物が多く、素材もその時期に多くあります。市販の果物でもかまいません。おすすめ素材はパイナップルやキウイなどです。良質の果実エキスを作ることができます。

そのほか、野山にも実をつける植物は多くあります。五〜六月のスギやマツなどの実でも良い果実エキスができます。実りの時期になったら野山を歩いて材料を探してみてください。他のエキスと同様、病気の果実や傷果は使用しません。

市販の果実ジュースでもできる

手っ取り早く作る場合は、市販のパイナップルやトマト、ブドウなどの果実ジュースに、イースト菌を混ぜて発酵させた果実エキスがおすすめです。（一三二ページ）

3 果実エキスの作り方

砂糖を材料重の二分の一と多めに

果実エキスの作り方は、茎葉エキスの作り方（一一八ページ参照）と同様ですが、砂糖を材料重の二分の一と多めに加えます。果実は水分が多く、砂糖を好む酵母菌が多いからです。

材料にもよりますが、四ℓ容器で作る場合、果実材料一kg、砂糖五〇〇gが適量です。容器はあらかじめ熱湯消毒しておきます。

果実は細かく切って砂糖をよくまぶす

果実の皮の表面に付いている酵母菌などの微生物が発酵の主役です。材料は洗わず、皮をむかず、そのまま包丁で細かく刻みます。細かく切って表面積を多くすることが早く抽出するコツです。切った果実はボールなどにいったん入れておきます。

準備した砂糖をまず半分に分け、半分の量を果実にかけて、材料と砂糖がよくなじむように揉み込みながら混ぜます。

容器にギュウギュウ詰めて砂糖でフタ

砂糖を混ぜた材料を容器に入れ、中の空気を押し出すようにギュッギュッと押し詰めます。すきまがあると雑菌が繁殖して腐敗しやすくなります。ギュウギュウに詰めた材料が、容器の三分の二以下になるように、上部をあけておきます。多いと発酵途中であふれてしまいます。

次に詰めた材料の上に残りの砂糖を敷き詰めます。ちょうど砂糖でフタをしたようになります。砂糖を平らにならしたら容器のフタを閉めて、直接日の当たらない場所に置きます。

材料にもよりますが、果実エキスは糖分が多く発酵が盛んです。フタを密閉すると発生した炭酸ガスで気圧が高くなり、容器のフタが飛んだり、破裂したりする危険性があるので、容器の蓋は密閉せず、少しゆるめておいてください。フタをせず、口を和紙でおおっておいてもいいでしょう。

すぐに抽出、発酵し始め一、二週間で完成

果実は茎葉と比べて水分が多く、材料にもよりますが翌日にはエキスが上面近くまで上がってきます。また糖分も多いので、翌日にはプクプクと泡が立ってきます。泡が盛んに立ってくると、材料も浮き上がってきて、容器いっぱいになります。

このような状態になったら散布できます。春・秋なら二週間、夏は一週間くらいが完成までの目安です。

散布する前に浮いた材料は取り除き、木綿のサラシやハンカチなどでこ

〈果実エキスの材料と準備〉

❶果実を細かく刻む

材料
果実 1kg
リンゴ
トマト
パイナップル
砂糖
500g
果実酒用
広口 4ℓ ビン
熱湯消毒を
しておく

❷砂糖半量を材料とよく混ぜる

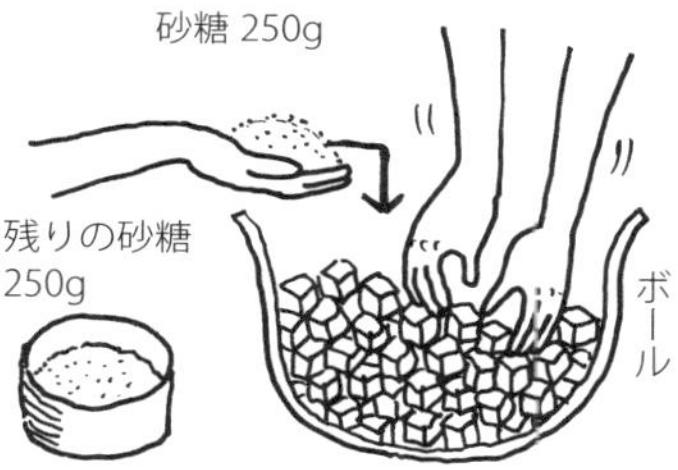
砂糖 250g
残りの砂糖
250g
ボール

❸広口ビンに
砂糖を混ぜた材料
をギュウギュウ
に詰める

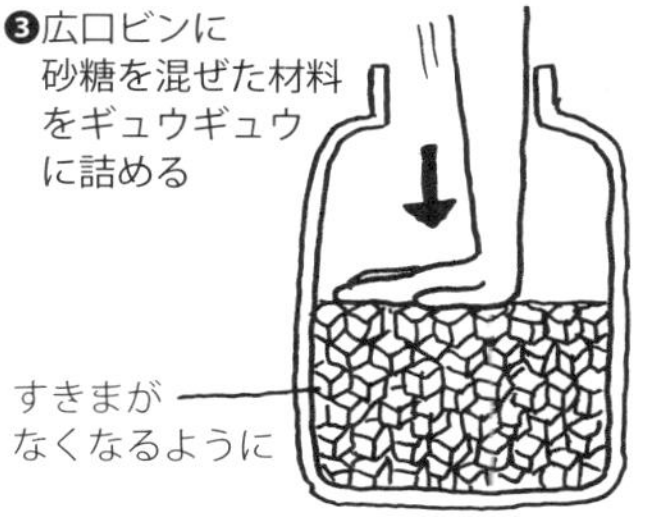
すきまが
なくなるように

❹残りの砂糖を上面に
かぶせる

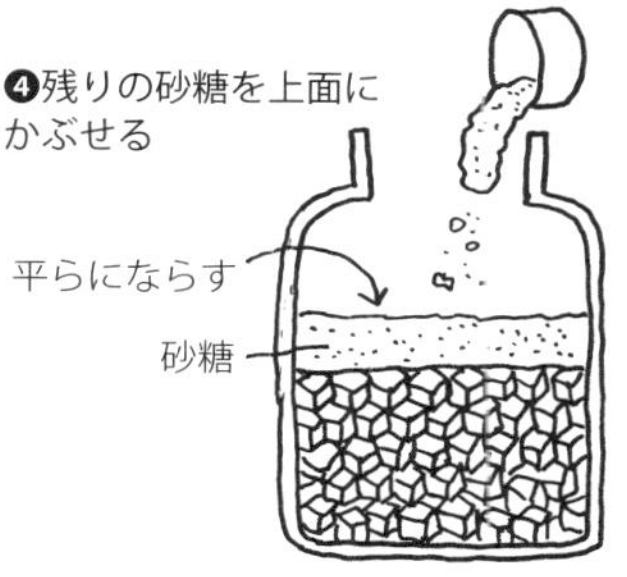
平らにならす
砂糖

❺フタをゆるめに閉め、発酵開始

フタはごく
ゆるめに
汁がたまり
泡が出始める
冷暗所に置く

❻材料が浮き上がって泡が立ってくる

春秋は約２週間
夏は約１週間
冬は約１カ月
で完成！

汁が上面近くまで
上がってくる
材料が浮いてくる
プクプクと泡が
盛んに出る
このときが
散布適期

❼布でこして
ペットボトル
に入れ、保存

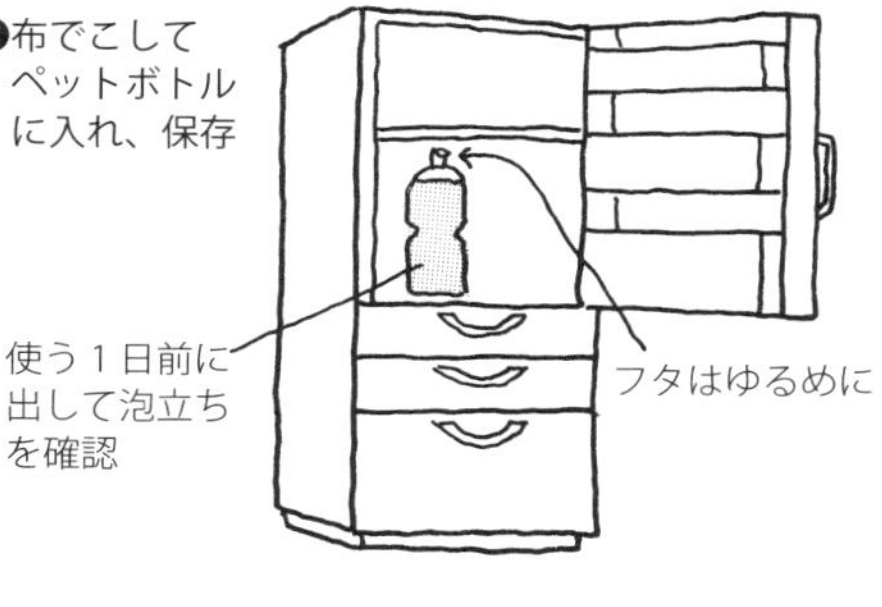
使う１日前に
出して泡立ち
を確認
フタはゆるめに

〈果実ジュースで作る果実エキス〉

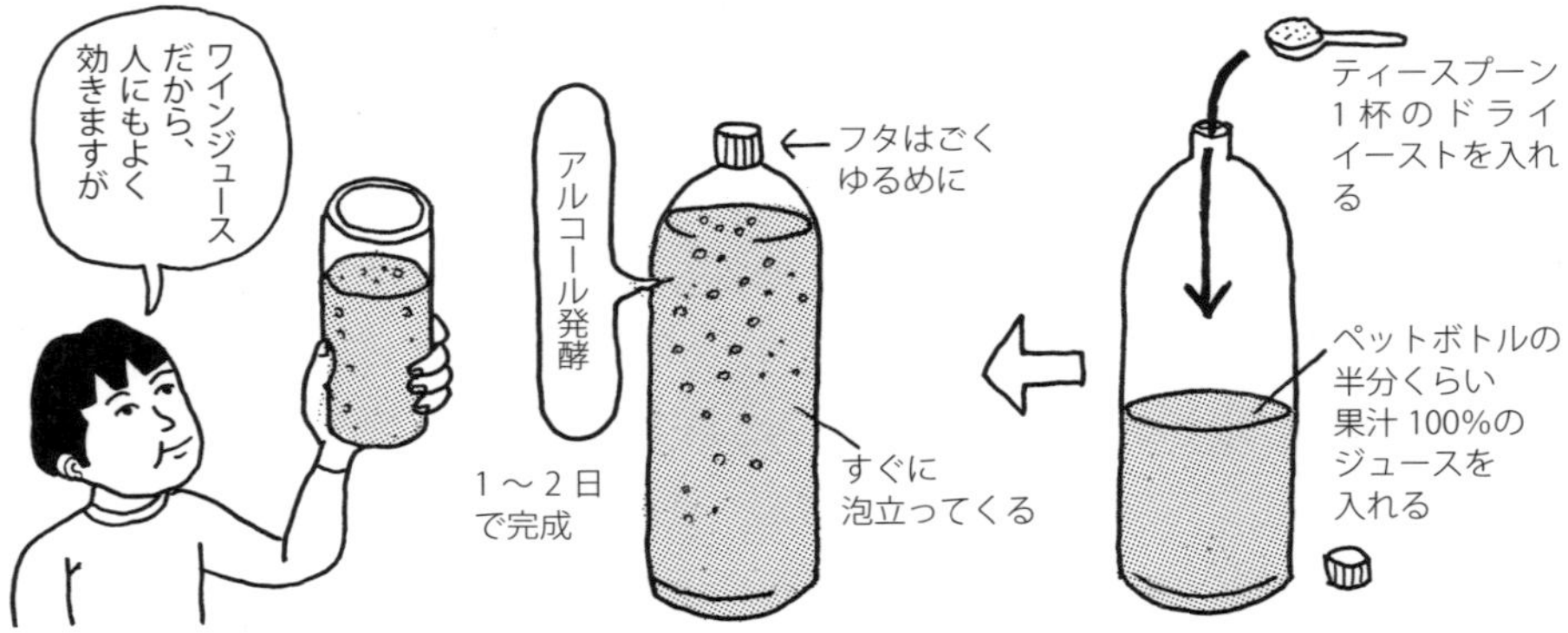
ティースプーン1杯のドライイーストを入れる
ペットボトルの半分くらい果汁 100%のジュースを入れる
フタはごくゆるめに
すぐに泡立ってくる
アルコール発酵
1～2日で完成
ワインジュースだから、人にもよく効きますが

してペットボトルなどに入れておきます。

果実エキスは長期保存も可能

発酵最盛期に使用することが理想ですが、茎葉エキスと同様に冷蔵保存したり、砂糖を加えて発酵を持続させたりすれば、長期間使用できます（一二二ページ参照）。果実エキスは、糖分が多いので、茎葉エキスよりも失敗は少なく、保存中に腐敗する心配もありません。散布する一日前に外に出して再発酵させ、使う前にフタをあけたときに、ビールのように泡が出たら、微生物効果が期待できます。

また、果実エキスは微生物効果もありますが、エネルギー源となる吸収しやすいブドウ糖、果糖などが多いので、発酵が終わった長期保存したものでも効果があります。このような果実エキスは茎葉エキスに混合して散布すれば、微生物効果が高まります。

果実ジュースで作る簡単果実エキス

果実エキスは市販の果実一〇〇％ジュースでも簡単にできます。ただし、ジュースは高温殺菌されているので、市販のドライイーストを加えて発酵させます。酵母菌による発酵なので、アルコール発酵します。

材料は果汁一〇〇％のジュース一ℓ、二ℓの空きペットボトル、ドライイーストをティースプーン一杯です。

作り方は簡単で、空きペットボトルにジュースを入れて（上部半分は空くように）、ドライイーストを加えて終わりです。フタをきっちりと閉めたままにしているとペットボトルが破裂してしまうので、ゆるくしめておき、時々ゆるめてガス抜きをしてください。

一～二日後には発酵が盛んになり、使用できます。果実から作ったものほどの効果は期待出来ませんが、栄養源効果は充分にあります。

〈適期〉野菜の生育ステージと植物発酵エキス散布

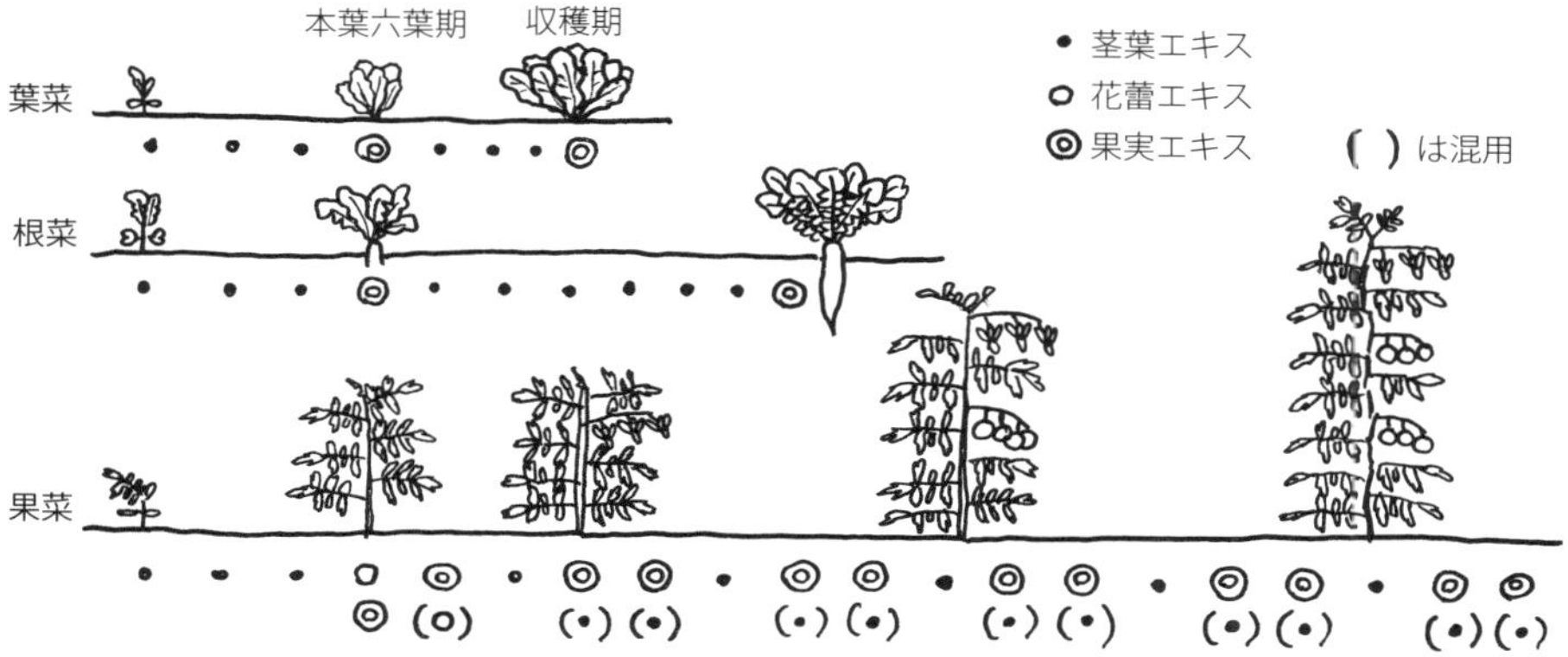

4 果実エキスの使い方

果菜、葉菜、根菜で使い分ける

果実エキスは、作物に勢いをつけたり、果実の着果、充実肥大がねらいで散布します。作物が栄養生長から生殖生長期に移る生育交代期（本葉六葉期）以降に散布します。このタイミングを見定めて散布することが大事です。葉菜類や根菜類には、本葉六枚が出たときと収穫の前日に、計二回散布します。収穫数日前に散布すると葉た根部に糖度ものり、日持ちが良くなります。

果菜類は生育交代期以降も栄養生長と生殖生長を繰り返すので、茎葉エキスと交互に散布することになります。

果菜類には六葉が出たら花蕾エキスと混ぜて散布し、その後、一週間おきに果実エキスを二回散布したら次に茎葉エキスを一回、また果実エキスを二回散布したら茎葉エキス一回、というローテーションを繰り返していきます。

果菜類の中でもキュウリなどのウリ類は、一週間おきに茎葉エキスと果実エキスを交互に散布します。

また、果菜類へ散布する果実エキスに茎葉エキスを混ぜてもかまいません。葉面微生物と果実面微生物の混用散布となり、微生物パワーがアップします。

一〇〇〇倍に薄め、混用散布

果実エキスを単用する場合も、花蕾エキスや茎葉エキスと混用散布の場合も、基本は一〇〇〇倍に薄めて散布します。水一ℓに対して、果実エキスも花蕾エキスも茎葉エキスも一ccです。花蕾エキスと同じく、五〇〇倍以上に濃いと生育が停滞することもあります。霧吹きや噴霧器を使って作物全体に吹きかけます。

そのほかの自然農薬の作り方・使い方

1 おすすめのそのほかの自然農薬

茎葉エキス、花蕾エキス、果実エキスの定期的散布によって、作物は活力が高まるとともにスムーズに生育転換が促され、抵抗力がつき病害虫の発生が抑えられます。

私はこの三つの植物発酵エキスをフォローするものとして、玄米酢、焼酎、海藻エキス、乳酸菌エキス、トウガラシエキス、ニンニクエキスなどの植物エキス、それにポカリスエットや海水も使っています（トウガラシエキス、ニンニクエキスの作り方、使い方は一章を参照してください）。

これらはそれぞれに効能が違い、防除効果が高いものはスポット的に散布し、玄米酢や焼酎などは定期散布の発酵抽出エキスに混用して使います。

たとえば、被害が問題になるほどアブラムシやダニなどの害虫が発生しそうなときは、海藻エキスを散布して気門をふさぎ、物理的に呼吸を止めて窒息死させてしまいます。

病気に対しては、繁殖力が旺盛で、酸性へのpH変化で病原菌を駆逐する力の強い乳酸菌エキスを散布しています。乳酸菌エキスや海藻エキスは病原菌や害虫を直接防除する効果のある防除エキスです。

また、ミネラルの多い清涼飲料のポカリスエットや海水を散布すると、葉面微生物が増殖し、葉面上のpHがアルカリ性になり、病原菌を弱らせることができます。

〈そのほかのおすすめ自然農薬〉

海水
ミネラル補給 微生物の活性
トウガラシ・ニンニクエキス
病害虫の予防、抑制
海藻エキス
ダニ・アブラムシなどの殺虫
乳酸菌エキス
病原菌の殺菌
玄米酢
玄米酢
殺菌・新陳代謝の促進
焼酎
焼酎 35°
寒害防止
ポカリスエット
POCARI SWET
病気の予防

2 玄米酢の使い方

〈こんなとき威力を発揮する玄米酢〉

曇雨天が
続くとき
病気が発生
しそうです
肥料が多く肥満
生育のとき
茎葉エキス
1000 倍
＋
酢
玄米酢
1000 倍

酢は穀物を酢酸発酵させた植物エキスです。酢には殺菌効果と、作物の新陳代謝を高める働きがあります。

植物発酵エキスに玄米酢一〇〇〇倍を混ぜて散布すると、植物発酵エキスの効果が増します。曇った天気が続いたときや、肥料を多く入れすぎて病気が出そうなときは、ぜひ混ぜて散布してください。もちろん常時混ぜてかまいません。

酢は、玄米酢の効果が高いと感じて使っていますが、米酢や果実酢、なんでも効果があります。ただし、工業用・業務用の合成酢は安価ですが使いません。

植物発酵エキスに混ぜて使う場合、一〇〇〇倍の希釈となるように、一ℓの散布エキスを作るのに、水一ℓに発酵エキス一cc、玄米酢一ccを混用します。

〈殺菌力抜群！米ぬかで作る酢酸菌体防除液〉（考案・薄上秀男）

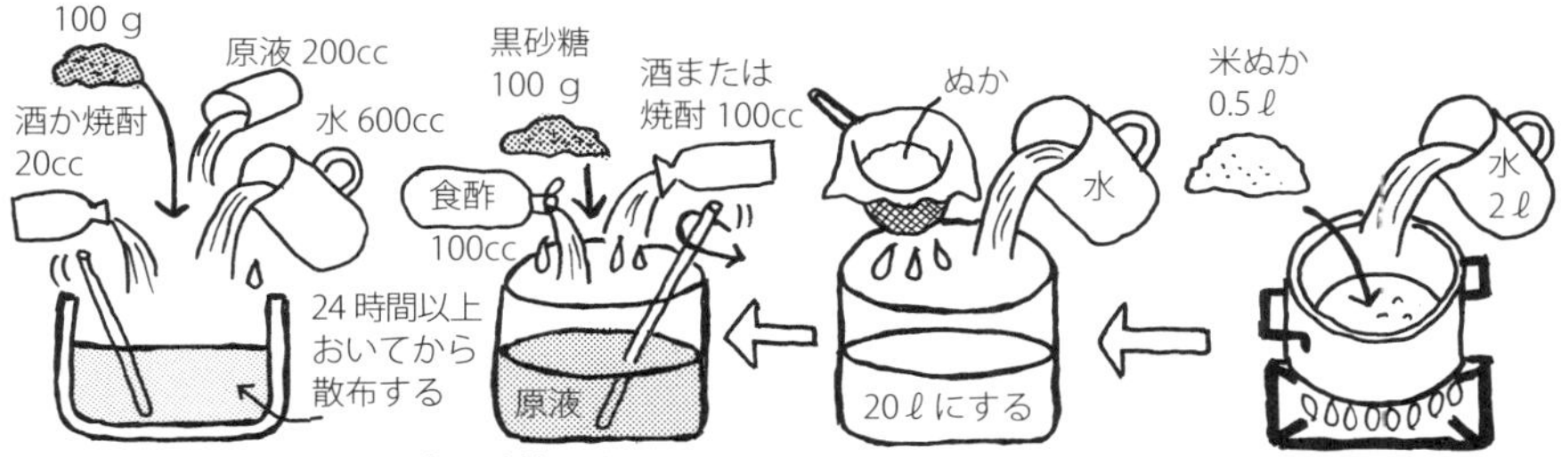

米ぬか
0.5 ℓ
水
2 ℓ
ぬか
水
20 ℓ にする
黒砂糖
100 g
酒または
焼酎 100cc
食酢
100cc
原液
黒砂糖
100 g
原液 200cc
水 600cc
酒か焼酎
20cc
24 時間以上
おいてから
散布する

❶米ぬか 0.5 ℓ に水 2 ℓ を加えて火にかけ沸騰させる

❷ぬかをこして液だけにしたところに水を加え、20 ℓ とする

❸黒砂糖、酢、酒または焼酎を加え、毎日かき混ぜて 4 ～ 5 日おいて原液とする

❹散布するときは上記の材料を合わせて一昼夜おいてから使用する

〈寒害対策には焼酎混用〉

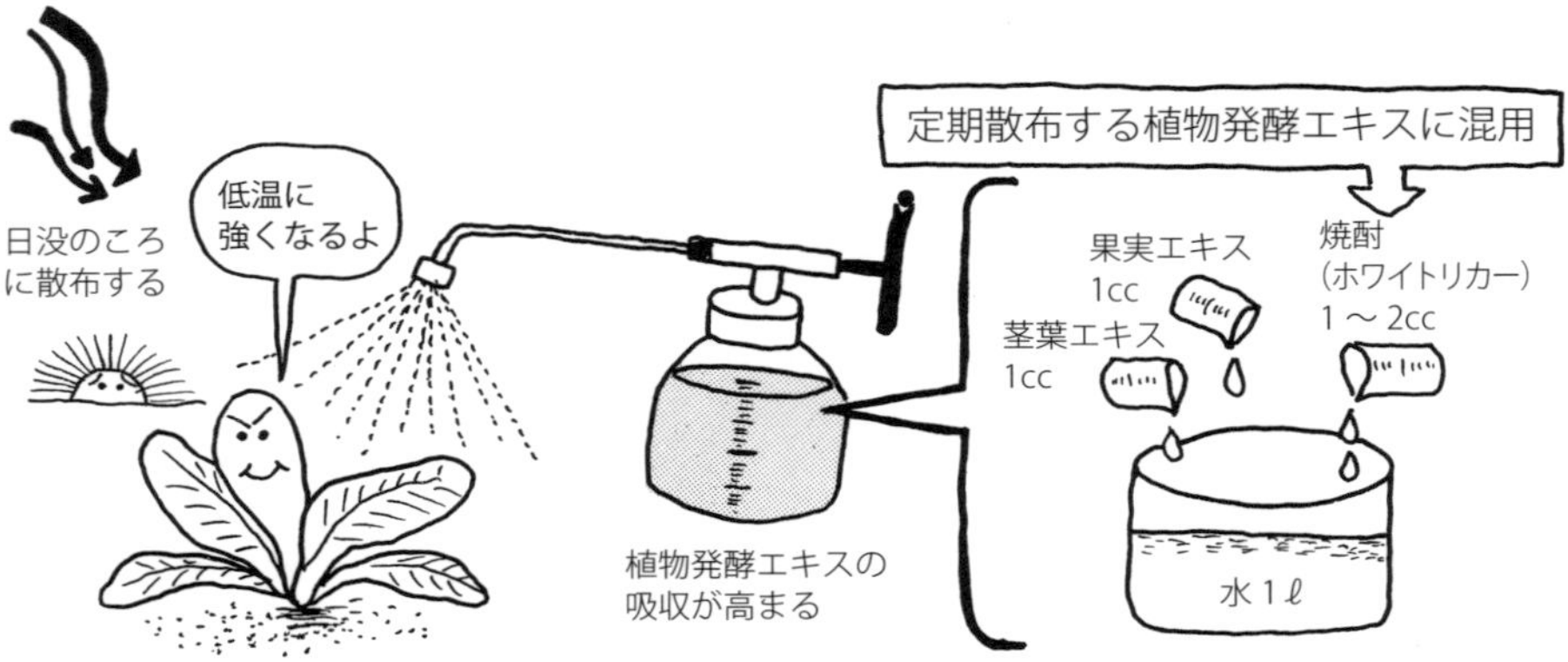
定期散布する植物発酵エキスに混用
日没のころ
に散布する
低温に
強くなるよ
果実エキス
1cc
焼酎
（ホワイトリカー）
1～2cc
茎葉エキス
1cc
植物発酵エキスの
吸収が高まる
水1ℓ

3 焼酎の使い方

植物発酵エキスとの混用で、霜害・寒害予防に

焼酎は穀物を発酵させて蒸留したアルコールです。アルコールには殺菌力もありますが、浸透力が強く、葉面散布すると葉から吸収されやすいのです。花蕾やトウガラシ、ニンニクなど水分の少ないものを焼酎に浸けて抽出するのも、その浸透力、抽出力があるからです。

単用することもできますが、発酵抽出エキスの定期散布のときに混用するのが基本です。発酵抽出エキスに混用すると、エキスの成分の吸収が高まります。酢と焼酎をそれぞれ一〇〇〇倍になるように混用した「ストチュー」で効果を上げている人もいます。

また、明日、霜が来るというときや、急に夜温が下がるようなときは、植物発酵エキスに混ぜて散布すると低温に強くなり霜害、寒害対策になります。アルコールが吸収され細胞液濃度がたかまるからでしょうか。トンネルをかぶせる余裕もないようなときに応急処置として重宝する方法です。

人間も寒いときは、焼酎を飲めば身体が温まります。それと同じだと考えてください。

五〇〇～一〇〇〇倍に混用し夕方散布

焼酎は果実酒用の三五度のホワイトリカーを使っています。これを五〇〇～一〇〇〇倍になるように発酵抽出エキスに混ぜて使います。

散布のポイントは散布後すぐに乾かないように日が沈むころに散布することです。日中に散布するとすぐに乾いてしまい、葉が焼けることがあります。

〈海藻エキスの作り方〉

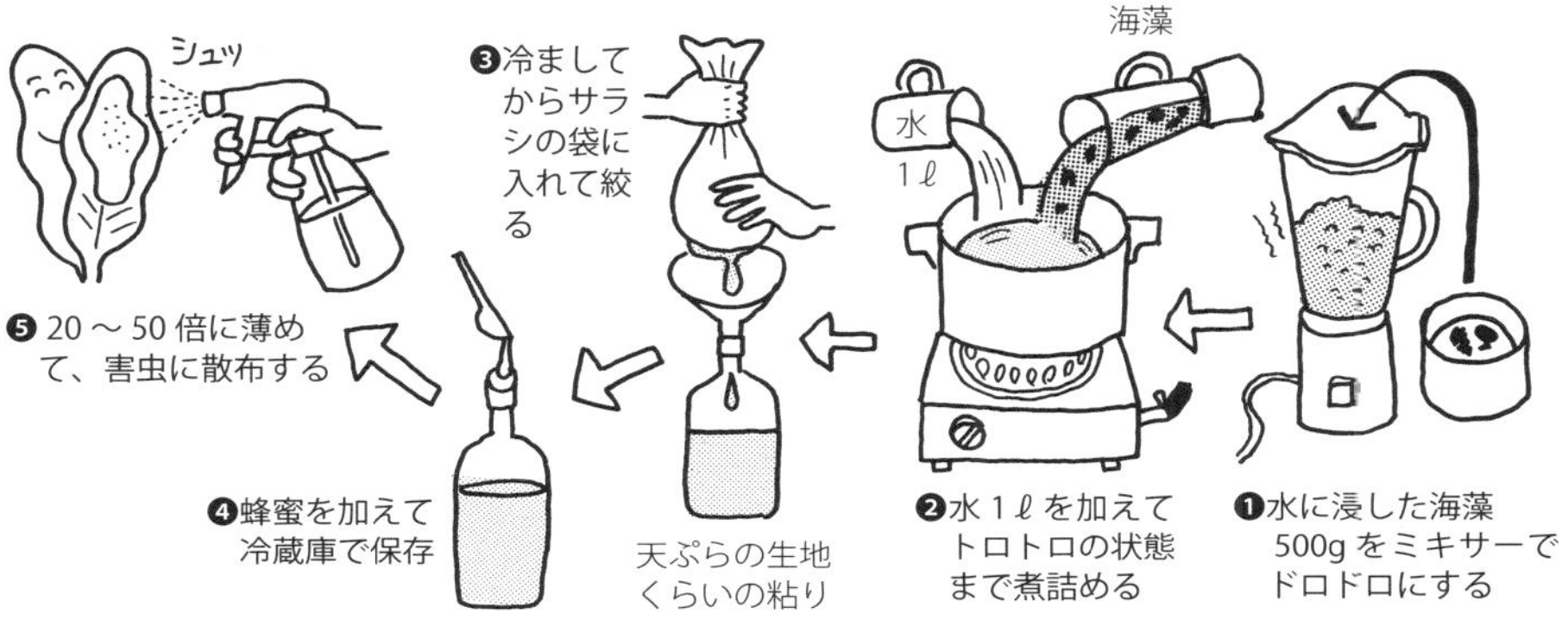
海藻
水
1ℓ
❶水に浸した海藻500gをミキサーでドロドロにする
❷水1ℓを加えてトロトロの状態まで煮詰める
❸冷ましてからサラシの袋に入れて絞る
天ぷらの生地くらいの粘り
❹蜂蜜を加えて冷蔵庫で保存
シュッ
❺20～50倍に薄めて、害虫に散布する

4 海藻エキスの作り方・使い方

海藻のりで害虫を窒息死

アブラムシやハダニなどの害虫の防除には、海藻エキスがおすすめです。海藻のネバネバのりで、害虫の気門をふさぎ呼吸を止めて窒息死させます。毒性はないのでマスクも手袋も必要ありません。海藻にはヨードが含まれているので、病気も予防します。

なお、気門をふさぐ自然農薬としては、蜂蜜や、デンプンから作った洗濯ノリ、食油、牛乳などもおすすめです。

海藻はとろろ昆布、ノリ、テングサなど、粘りのある海藻を選びます。テングサから作った寒天なら溶かすだけなので、容易にできます。

トロトロになるまで煮詰める

乾燥した海藻は水にもどします。大きな海藻はミキサーにかけてドロドロにします。鍋に海藻を五〇〇g入れて、水一ℓを加えて火にかけます。途中で水を足しながら、海藻の原形が見えなくなり、天ぷらの衣の生地くらいの固さになるまで煮詰めます。

冷ましてからサラシでしぼってこし、ビンに入れて冷蔵庫に入れて保存します。こしたときに、天ぷらの生地よりも粘りが弱いときは、蜂蜜を加えると粘りが出てきます。蜂蜜を加えると腐りにくくなり長く保存できます。

五〇倍に薄め害虫にめがけて散布

使用する際は、五〇倍ほどに希釈して散布します。粘質が低く効果が得られなさそうな場合は二〇〜三〇倍ほどに薄め、濃度を高めて使います。濃度は高くても作物に害はありません。害虫の発生を確認したら、集中しているところにピンポイントで散布します。

〈乳酸菌エキスの作り方〉

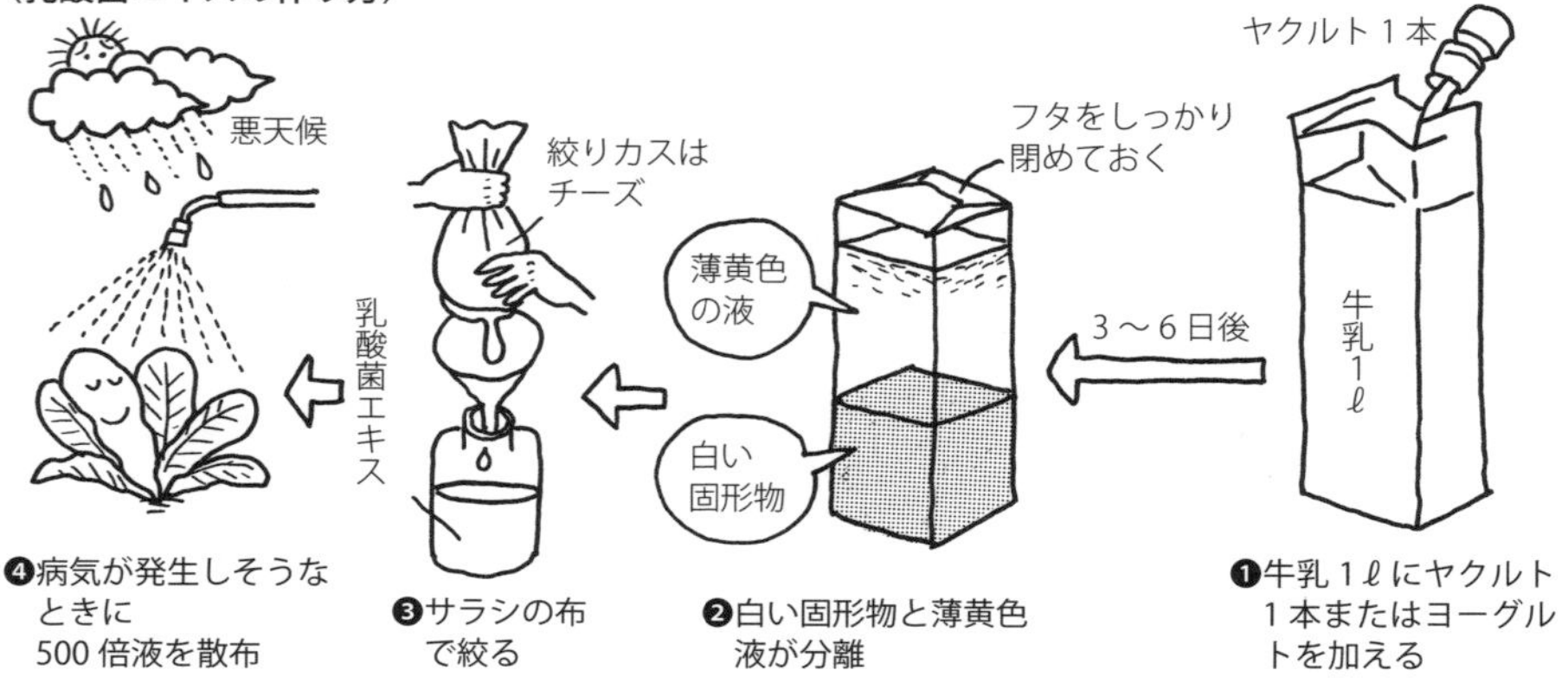
ヤクルト１本
牛乳1ℓ
3～6日後
フタをしっかり閉めておく
薄黄色の液
白い固形物
絞りカスはチーズ
乳酸菌エキス
悪天候
❶牛乳１ℓにヤクルト１本またはヨーグルトを加える
❷白い固形物と薄黄色液が分離
❸サラシの布で絞る
❹病気が発生しそうなときに500倍液を散布

5 乳酸菌エキスの作り方・使い方

強酸性の乳酸で殺菌

乳酸菌エキスは、乳酸菌と乳酸液です。乳酸菌が作り出す乳酸はpH二〜二・五の強酸性で非常に殺菌力に優れており、乳酸菌は「消毒屋」とか「掃除屋」と呼ばれています。繁殖力も旺盛で、葉面散布すると病原菌を一掃します。土壌に散布しても効果があります。

牛乳にヤクルトを加え乳酸発酵

作り方は簡単です。一ℓのパック牛乳に、ヤクルト一本かヨーグルトを一〇〇cc加え、フタをしっかり閉めて暖かいところに置いておくだけです。三〜六日後には、ヤクルトの乳酸菌が増殖して乳酸を作るため、牛乳は酸と混じって固まり、固形物が下層に沈み、上層に薄黄色の液が分離します。この液をすくい取るか、さらしの布でこした液が乳酸菌エキスです（こした固形物はチーズ）。

また、ハクサイなどの塩漬けの漬物の汁も乳酸菌エキスです。漬け込んで上がってきた汁を取って、三、四日おいて乳酸菌を増やせば完成です。いずれも、五〇〇倍に希釈して散布します。

病気が発生しそうなときに予防散布

悪天候が続き、病気が出始めたときなどに散布して防ぎます。また、湿度が高いときや、逆に乾燥しているときに予防散布します。春先急に温度が上がったときも葉面では病原菌が増えているので要注意です。散布は雨の日や晴天の日中を避け、夕方までに乾く時間帯にしてください。乳酸菌エキスは良い菌も殺傷してしまうので、散布数日後に必ず茎葉エキスを散布して良い菌を増やします。

〈ポカリスエットと海水の使い方〉

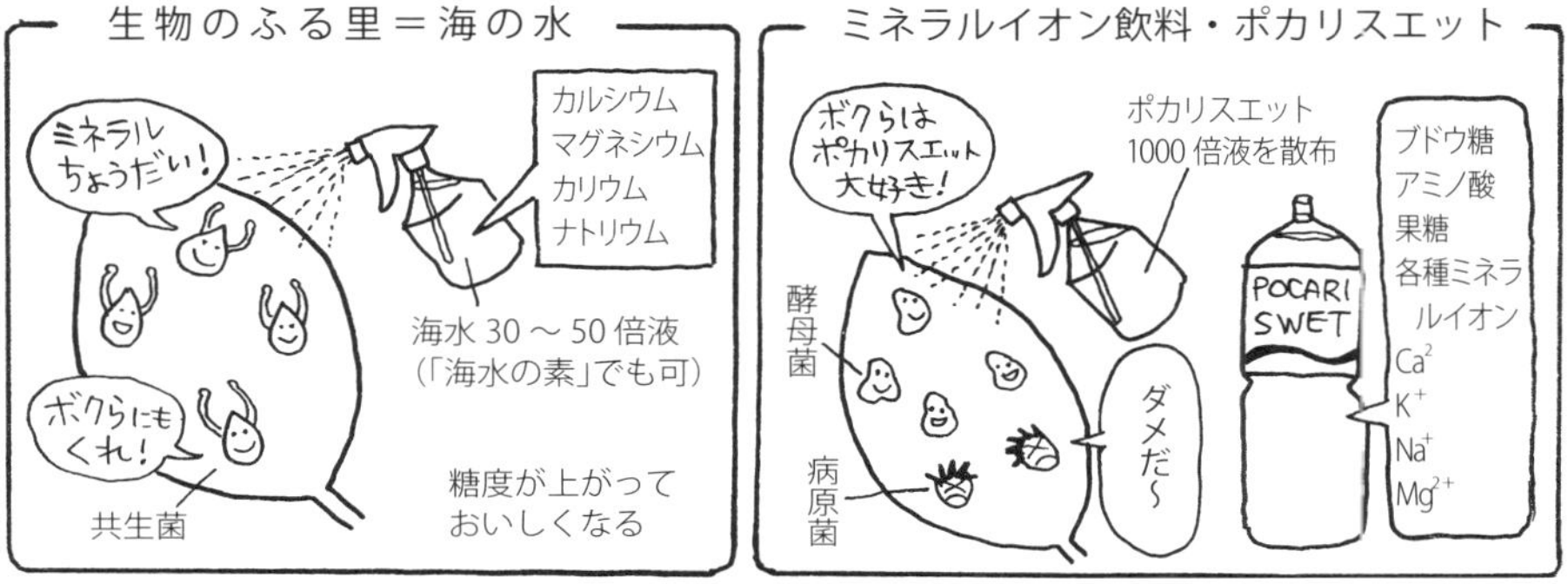
生物のふる里＝海の水
ミネラルちょうだい!
カルシウム
マグネシウム
カリウム
ナトリウム
海水30〜50倍液
（「海水の素」でも可）
ボクらにもくれ!
共生菌
糖度が上がって
おいしくなる
ミネラルイオン飲料・ポカリスエット
ボクらはポカリスエット大好き!
ポカリスエット
1000倍液を散布
ブドウ糖
アミノ酸
果糖
各種ミネラルイオン
Ca2
K+
Na+
Mg2+
POCARI SWET
酵母菌
病原菌
ダメだ〜

6 ポカリスエットと海水の使い方

ポカリスエットでアルカリ殺菌

人間の代謝を良くするアルカリ飲料水ポカリスエットは、植物の病気の予防や発生初期の防除に効果があります。

ポカリスエット自体は酸性の液体ですが、イオン化したミネラルが多いので散布すると葉面が一時的アルカリ性になり、アルカリ性に弱い葉面上の病原微生物はその環境の変化で弱ります。一〇〇〇倍に薄めて散布します。また酸性の乳酸菌エキスと交互に散布すると、いっそうpHの変化が大きくなり、効果的です。

ポカリスエットは、アミノ酸やブドウ糖、イオン化されたミネラルが多いので、葉からも吸収され、アルカリ性に強い酵母菌などの共生微生物のエサともなります。乳酸菌エキスと同様、生育が思わしくないときや、病気が発生しそうなときに、混用せずに単体で散布します。

海水でミネラル補給、発酵促進に

海水にはミネラル分が多いので、散布すると有用微生物がよく増殖します。堆肥やチップ、シイタケのホダ木の廃木などに、一〇倍に薄めた海水で水分調整（水分八〇％）すると、発酵微生物の増殖が活発化し、早く腐熟します。

また、海水を三〇〜五〇倍に薄めて葉面散布したり、水代わりにかけるとミネラル補給になります。葉菜でも収穫間際にかけると糖度が上がりおいしくなります。

海から遠い地域では、熱帯魚の店で売っている「海水の素」が代用できます。

ハハコグサ……………………46,61
ハブソウ…………………………67
ビール……………………………56
ヒガンバナ……………………35,68
ヒキオコシ………………………46
ヒノキ…………30,40,43,60,63
ヒバ………………………43,46
ビワ……………………61,91,94
ブドウ…………………112,129
ブドウ糖………………………102
ブロッコリー……112,118,125
ボカシ肥…………………………90
ポカリスエット…115,134,139
【ま】
マツ………………30,40,44,129
マムシグサ………………………35
マリーゴールド…………………67
ミカン……………………………46
ミミズ……………………………68
ミント……………………………30
ムクロジ…………………………49
木酢液…2 章及び ,55,59,61,70
モモ……………………………129
【や】
ヤクルト………………………138
ユキノシタ………………………49
ヨーグルト……………………138
ヨモギ……………41,61,91,94,
109,112,117
【ら】
リンゴ…………………………129
レタス……………………………60
ローズマリー……………49,66
【わ】
ワケギ……………………………31
ワサビ……………………………31

病害虫 索引

【あ】
青枯れ病………………61,89,95
アオムシ………50,58,63,65,66
アザミウマ………………………61
アブラムシ…44,50,54,61,62,
63,96,97,98,106,115,116,
134,137
アリ………………………………62
アワノメイガ……………63,68
萎黄病……………………………95
萎凋病………………………79,95
ウイルス…………30,59,61,62
ウドンコ病……47,52,53,58,59,
81,91,93,94,95
ウンカ……………………………97
黄化えそ病………………………61
【か】
ガ（蛾）…………………………65
カイガラムシ……………50,63
カタツムリ………………………56
カビ⇒糸状菌
カメムシ………………63,68,97
コオロギ…………………………50
コガネムシ………………………63
コナジラミ……………………106
【さ】
細菌………………………59,61
サビ病……………………47,58
糸状菌…………………30,47,59
尻ぐされ………………57,100
スス病……………………………62
【た】
立枯れ病…………………………95
ダニ………50,53,55,63,98,134
鳥獣害……………………………90
つる割れ病………………79,95
テッポウムシ……………………63
【な】
ナメクジ…………55,56,63,64
軟腐病……………………58,61
ネキリムシ………50,57,63,65
根腐病……………………………95
ネコブセンチュウ…56,63,67,70
根こぶ病…………………89,95
【は】
灰色カビ病…………47,58,60,79
バクテリア⇒細菌
ハダニ……………96,115,137
ハモグリバエ…………30,63,66
ベト病…‥7,58,60,81,91,93,94
【ま】
モグラ……………………………68
モザイク病…………47,58,61,62
モンシロチョウ…………58,66
【や】
ヨトウムシ……50,51,56,57,63,
65,98,104

自然農薬と素材 索引

【あ】
アサガオ……49
アシタバ……41
アセビ…… 35,51,55,62,64,66,68,91,98
アマチャヅル……41
アミノ木酢エキス（魚腸）……91,101
アルミシート……62
イースト菌……112,128,132
イタドリ……46, 61
イチゴ……118,129
イチジク……118,129
エビスソウ……67
オウレン……49
オオバコ……32,40,42
オトギリソウ……49,68
【か】
海水……134,139
海藻（エキス）…4,91,102,115,134,137
カキ殻……57,91,100
カキドオシ……46,60
カボチャ……125
カラシナ……109,112
カルシウム木酢エキス……91,100
カワラヨモギ……41,60
カンゾウ……46
寒冷紗……66
キウイフルーツ……129
キトサン……95
キナ……29
キハダ……49,62,63,65,66
牛乳……54,115,137,138
キュウリ……117
キョウチクトウ……49
キランソウ……36,49
キンレンカ……49,62,63
クエン酸……55,57,63,64
クサノオウ……35,49,63,65
クズ……112,117
クスノキ… 33,50,55,62,63,65,66,68,91,98
クマザサ……32,40,43
クララ……49,61,68
クレゾール……56
クローバー……112
ケシ……29
コーヒー（カス）…29,56,62,67
米ぬか……64,116,135
米のとぎ汁……52
コルチカム……46
【さ】
魚のアラ……101
砂糖……109,118,130,135
サンショウ……46
シキミ……35,51,62,68
重曹（炭酸水素ナトリウム）……52,59
シュンギク……118
ショウガ……46,59,62
焼酎……114,124,134,136
食酢（穀物酢，米酢，果実酢）……53,59,61,114,134,136
スイカズラ……46
スイセン……46,61
スギ……30,40,44,129
スギナ……47,59,60
炭……88
正露丸……68
セリ……37,46
洗濯ノリ……137
センダン……36,46,66,68
センブリ……49
草木灰……56,95
【た】
タイム……49,58
タケニグサ……35
タケ……41,112,117
卵の殻……57,91,100
タマネギ……31,60,61
タンポポ……125
ツクシ……47
トウガラシ……29,50,62,91,93,96,134,136
トウモロコシ……68
ドクダミ……32,35,37,40,42,65,91,97
トマト……109,112,117,129
【な】
ナス……60,64
ナズナ……41
ナバナ……118,125
ナフタリン……30
ナンテン……48
ニーム……91,99
ニチニチソウ……46
乳酸菌（エキス）……52,115,134,138
ニラ……31,47,62
ニンジン……61
ニンニク…31,47,59,60,61,62,63,91,93,96,134
ノビル……46,47,60
【は】
ハーブ……58,91,94
灰⇒草木灰
バイケイソウ……49
パイナップル……112,129
蜂蜜……137
ハッカ……58,97
バナナ……64
ハナミョウガ……49

[著者紹介]

1章

白水　善照（しろうず　よしてる）

1951（昭和 26）年生まれ。福岡県宮若市在住。ブドウと露地野菜を作り、自宅併設の直売所で販売している。無農薬野菜は人気商品で、お客さんには自然農薬の作り方も教えている。

2章

名木　酢太郎（なぎ　さくたろう）

1935（昭和 10）年生まれ。静岡県在住。
木酢液と木炭を活用した無農薬有機栽培を研究実践している。現在はこれまでの経験をもとに農家、家庭菜園家への指導も行なっている。

3章

高田　幸雄（たかだ　ゆきお）

1960（昭和 35）年生まれ。千葉県我孫子市在住。サラリーマンを経て、自然農法を学び農家になる。野菜全般を作り直売所で販売するかたわら、研修生の受け入れ等後輩育成にも尽力している。

コツのコツシリーズ
自然農薬のつくり方と使い方
植物エキス・木酢エキス・発酵エキス

2009年6月30日　第1刷発行
2018年8月 5 日　第9刷発行

編者　一般社団法人 農山漁村文化協会

発行所　一般社団法人 農山漁村文化協会
郵便番号　107-8668　東京都港区赤坂7丁目6-1
電話　03（3585）1141（営業）　03（3585）1147（編集）
FAX　03（3585）3668　振替　00120-3-144478
URL　http://www.ruralnet.or.jp/

ISBN978-4-540-08299-3

DTP制作 / 條　克己
印刷 /（株）光陽メディア
製本 / 根本製本（株）

定価はカバーに表示　乱丁・落丁本はお取り替えいたします。